バーボンの歴史

Reid Mitenbuler
リード・ミーテンビュラー
白井慎一＝監訳
三輪美矢子＝訳

Bourbon Empire:
The Past and Future of
America's Whiskey

原書房

ウイスキー業界はマーケティングのために歴史をつくり変える傾向がある。この短命に終わったブランドの1930年代の広告では、本当は理不尽だった白人と先住民とのあいだの酒の取り引きが双方に利益をもたらす平和的なものとして描かれている。(写真／フィルソン歴史教会)

ジョージ・ワシントンのマウント・バーノンの蒸溜所。19世紀初期に火事で焼失するまで国内最大の蒸溜所だった。写真の施設は2009年、アメリカ建国の父と結びつくことでウイスキーのイメージ向上を図ろうとした業界団体の資金によって再建された。(写真／合衆国蒸溜酒会議)

「凍った水の商売」のために池から氷を切り出す風景。19世紀のはじめには巨大な氷のブロックがマサチューセッツ州から遠くインドまで運ばれるようになった。冷たいカクテルのおいしさを伝えることが、新たな市場の形成につながった。(写真／アメリカ議会図書館印刷・写真部門)

ケンタッキー州アンダーソン郡の蒸溜所。1870年代。南北戦争以前の典型的な建築。前景に写っている家畜が使用済みマッシュを食べている。家畜は蒸溜所の副収入源で、ウイスキーより稼げることもあった。(写真／ジャック・サリヴァン)

ケンタッキー州ローレンスバーグの蒸溜所。1900年。蒸溜所が次々に統合して少数の大手事業者に集約され、個々の蒸溜所の規模は拡大した。(写真／ジャック・サリヴァン)

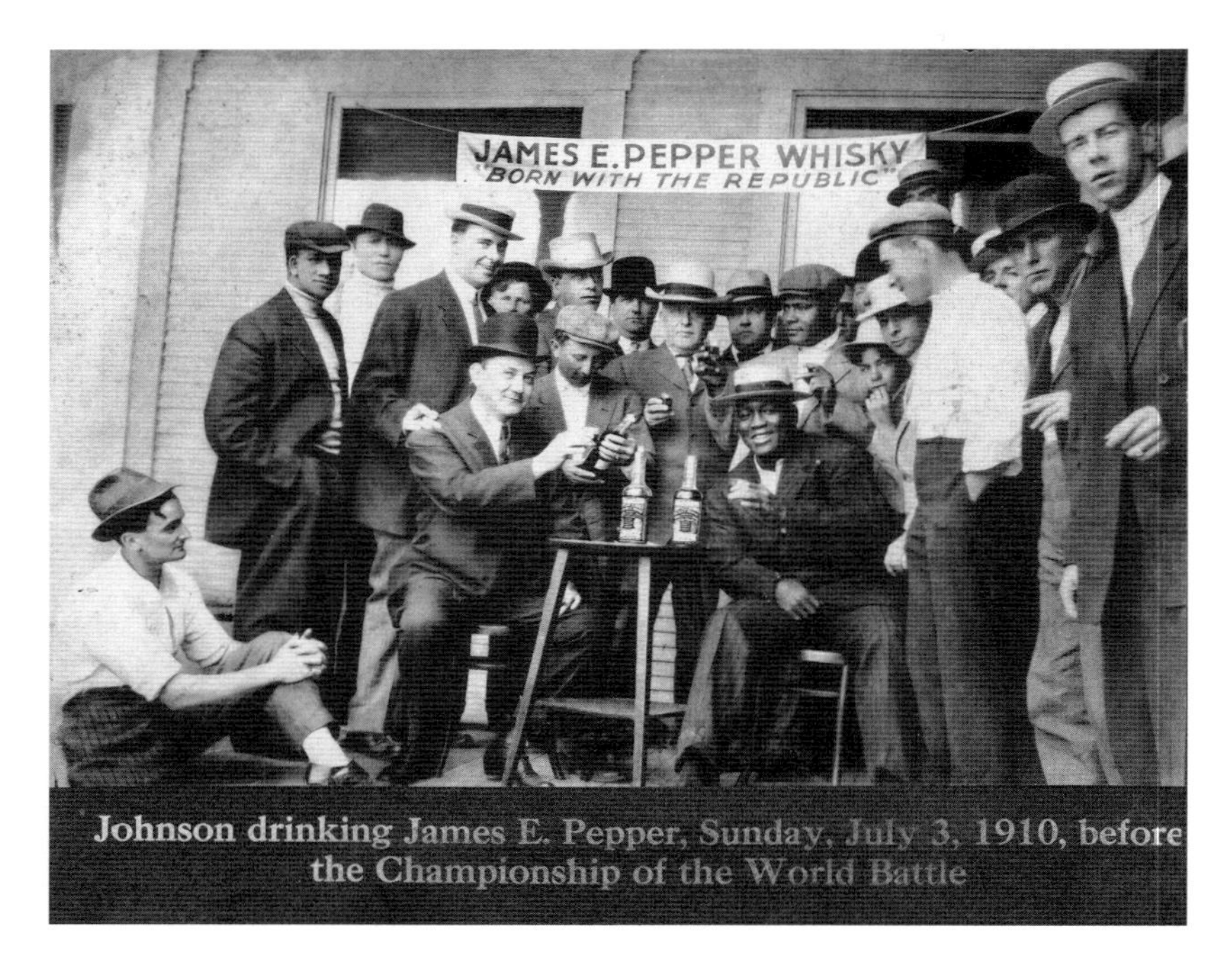

南北戦争後にブランド名の使用が一般的になると、スポーツの試合がマーケティングの格好の舞台になった。1910年、ネバダ州リノで行なわれた「世紀の一戦」で、ジェイムズ・E・ペッパー・ウイスキーはボクシング界の伝説ジャック・ジョンソンを後援。ジョンソンは「白人の期待の星」ジム・ジェフリーと対戦した。（写真／ジョージタウン・トレーディング・カンパニー）

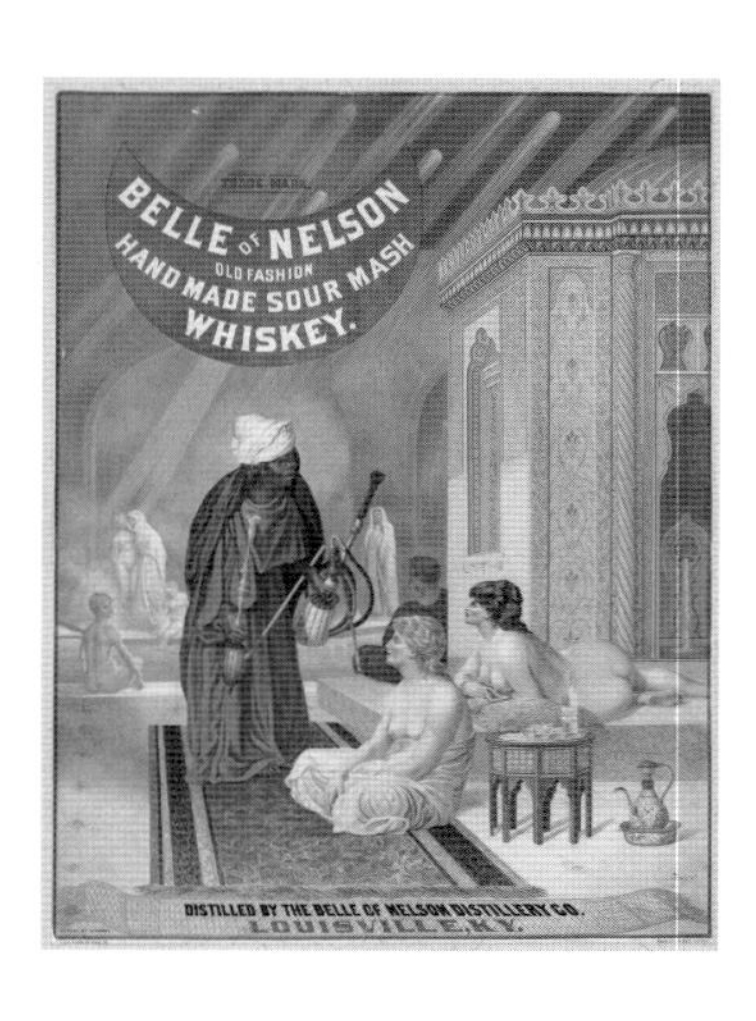

スポーツに加えてセックスもウイスキーの売り上げを伸ばすのに効果があった。各ブランドは古代ギリシアや中東を思わせる異国風の背景にヌードの女性像を描き込むことで広告を古典美術のように仕立て、規制をかいくぐった。（写真／アメリカ議会図書館印刷・写真部門）

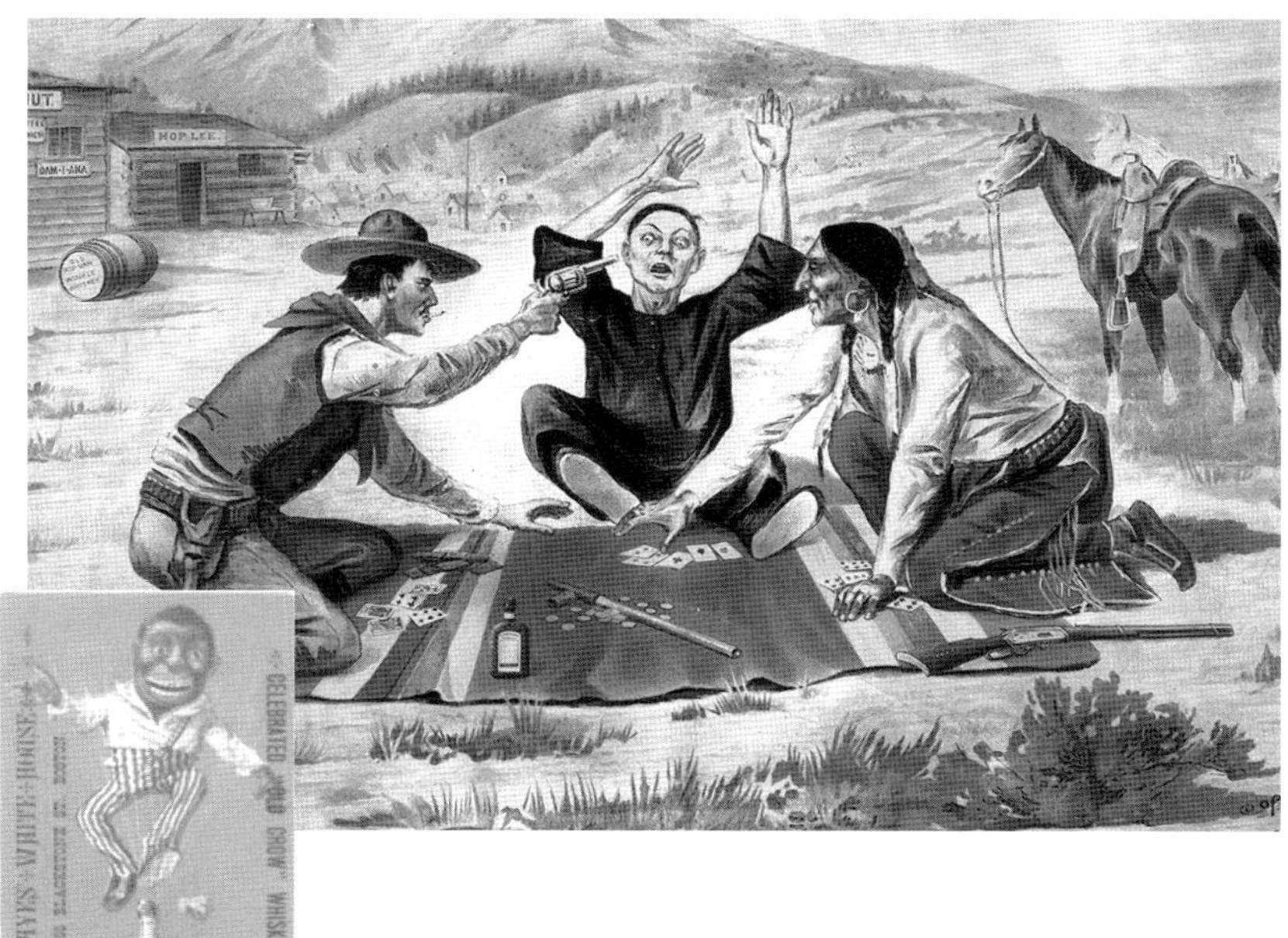

禁酒法時代以前のウイスキーの広告。マイノリティは偏って描かれることが多かった。（写真／ジャック・サリヴァン）

禁酒法以前の合衆国最大の蒸溜業者ジョゼフ・グリーンハット。各地に所有する自邸で歴代の大統領をもてなした（下の写真はイリノイ州ピオリアに現存する屋敷）。腐敗まみれの無責任なウイスキー業界に君臨したが、政府の規制によって業界が様変わりし、グリーンハットの名前は歴史から消え去った。彼はまた自動車王ヘンリー・フォードの反ユダヤ主義の標的になり、ユダヤ人蒸溜業者はアメリカ人のモラルとビジネスを弱体化すべく陰謀をめぐらしていると批判された。そうした批判は、禁酒法活動家が移民を攻撃する手口の典型例だった。（写真／ピオリア公共図書館）

「現代ウイスキー産業の父」コロネル・エドモンド・H・テイラー・ジュニア。業界規制の強化と商標保護、生産基準の制定を求めて戦った。（写真／バッファロー・トレース・ディスティラリー）

19世紀終わりに建てられたオールド・テイラーの蒸溜所。当時の蒸溜施設のなかでは別格の美しさを誇っていたが、業界統合と20世紀後半のバーボン人気の低下によって2015年の現在は廃墟になっている。かつてここで製造されていたブランドは競合企業に売却された。（著者撮影）

化学者が混ぜ物をしたウイスキーの検査をしているところ。1906年頃。同年に純正食品・薬品法が成立した。（写真／アメリカ議会図書館印刷・写真部門）

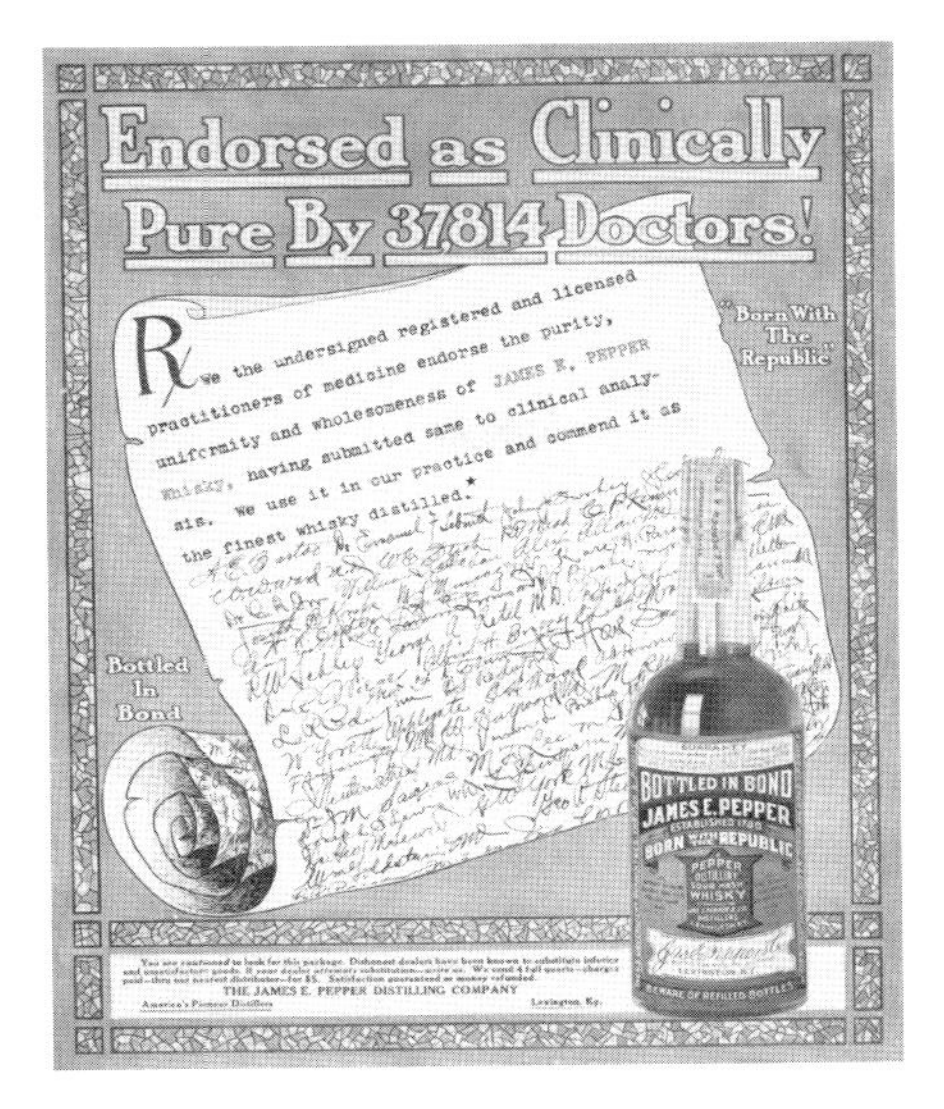

ジェームズ・E・ペッパー・ウイスキーの広告。定評あるブランドでさえ、ウイスキーの医学的効能を誇張するなど根拠の疑わしい主張をすることがよくあった。（写真／ジョージタウン・トレーディング・カンパニー）

禁酒法時代の初期に、ウイスキーを下水溝に流しているところ。のちに犯罪組織がウイスキーの取り引きを私物化し、アメリカ人が粗悪な蒸溜酒に耐える時代がやってくることを予言する光景。（写真／アメリカ議会図書館印刷・写真部門）

典型的なラックハウスの外観と内部。建物は納屋のような構造になっていて、樽をどこに置くかでウイスキーの熟成具合が変わる。気温の比較的高い上層と低い下層では風味の異なるウイスキーが生まれる。（写真／上は著者、下はバッファロー・トレース・ディスティラリー）

合衆国南部の消費者をターゲットにしたウイスキーのラベルと広告。マーケティングに力を注ぐのは少数の全国ブランドだけという時代が訪れる以前、ウイスキー・メーカーは地域の市場の需要に応えていた。年数表示の目立つ上のものは南北戦争時代の連合国大統領の名前を冠したジェフ・デイヴィスのラベルで、かのスティッツェル・ウェラー・ディスティラリーが生産していた。ウイスキーは熟成年数が長いほどよいとは一概に言えないが、若さがセールスポイントになることもめったにない。そのため、消費者教育の名目でそうした専門情報を公開した企業は、すぐに競合他社より目立つ存在になった。（写真／上はフィルソン歴史協会、下はジャック・サリヴァン）

アメリカの支配階級一族の御曹司W・フォーブス・モルガン。禁酒法時代後の1930年代、ウイスキー業界のロビー機関のトップとして業界のイメージ回復にかかわった。業界の汚れた過去から国民の目を背ける役割を演じたこの根まわしの好手を、『タイム』誌は業界の「看板役」と呼んだ。(著者撮影)

左から右に、カール・ビーム、デイヴィッド・ビーム、ベイカー・ビーム、ブッカー・ノー、T・ジェレマイア・ビーム。1960年代。ケンタッキー州の開拓時代から続く由緒正しいビーム家だが、成功したのは現代のビームたちのおかげだ。彼らはバーボンの名門一族として何代にもわたりウイスキー業界を盛り立て、競合ブランドにも数多くの縁者を送り込んだ。(写真／ジムビーム)

「ついに彼らは正真正銘のウイスキー人となったのだ」シャピラー家の5人兄弟（写真上、蒸溜所の幹部チャールズ・デスペインとともに）。禁酒法時代が終わってまもなく兄弟はヘブンヒルを立ち上げた。創業初期は蒸溜所の敷地付近にかつて住んでいた農民ウィリアム・ヘブンヒル（写真左）のイメージを借りて、さも歴史ある企業であるかのように見せていた。2014年までにヘブンヒルは合衆国最大の家族経営の蒸溜所となり、エヴァン・ウィリアムスやエライジャ・クレイグをはじめとする多数のラベルの蒸溜酒を製造している。（写真／ヘブンヒル・ディスティラリー）

20世紀半ばまで、蒸溜所はウイスキーの高度な工業製品としての側面を強調するようなラベル（上）や名刺（下）を使っていた。だがやがて、農業国であったアメリカの過去を美化して懐かしむ風潮が生まれたことで、農業のイメージが有効なマーケティングツールとなり、工業のイメージは姿を消した。（写真／上はフィルソン歴史協会、下はジャック・サリヴァン）

ウイスキー業界の専売行為を調査する公聴会で自信たっぷりに演説するシーグラムの幹部。1939年。20世紀、アメリカン・ウイスキーの取り引きのほぼ4分の3をトップ企業4社が支配していたが、シーグラムはそのうちのひとつだった。（写真／アメリカ議会図書館印刷・写真部門）

ジュリアン・〝パピー〟・ヴァン・ウィンクル。老舗蒸溜所スティッツェル・ウェラー・ディスティラリーに君臨したマーケティング教祖のヴァン・ウィンクルは、20世紀後半に人気を博した「ウィート・バーボン」の仕掛け人でもあった。そのヴァン・ウィンクルが他界し、スティッツェル・ウェラーが閉鎖してから何年もたったあと、彼の孫が祖父の名前にちなんだブランドをバッファロー・トレースに生産委託して売り出した。（写真／バッファロー・トレース・ディスティラリー）

ケンタッキー州ルイビルのヴェンドーム・コッパー・アンド・ブラス・ワークスにて製造中のハイブリッド・スチル。ヴェンドームの開発したスチル技術はアメリカの大小の蒸溜所の多くで使われている。(著者撮影)

ニューヨーク州ウエストパークのコッパーシー・ディスティリング。彼らのような新しい蒸溜業者は「グリーン・モルティング」などの古い技術を掘り起こし、直火加熱式のポットスチルを使うなどしてアメリカン・ウイスキーの再発見と復興を進めている。(著者撮影)

真実より真実らしいものはなにか？
物語である。

——ユダヤのことわざ

物語と、本当の物語と、物語がどう語られたかという物語がある。
それから、あなたの顧みなかった物語が。それも物語の一部だ。

——マーガレット・アトウッド

ローレンに

バーボンの歴史

目次

段落末の＊は著者の、文中の［……］は翻訳者による注記である。

序章　焦がしたオーク樽

一九六四年、数人のアメリカ下院議員が頭を悩ませていた。彼らの机の上には、バーボンを「合衆国特有の産品」と宣言するための決議案が載っている。大半の議員はすぐに決議を通すつもりだったが、何人かが待ったをかけた。議案が通れば、この庶民的なウイスキーは、野球やアップルパイと並ぶアメリカの由緒正しき銘品になる。それだけ重みのある認定を与えるとなれば、もう少し正当な根拠を示すべきではないかとの声が上がったのである。もちろん、バーボンの控えめな出自が最大の問題だったわけではない。じつは議案の陰で、業界を代表しているもののあまり評判のよくないロビイストがうろついていたのだ。過去一〇年間、司法省は〝ビッグ・フォー〟と呼ばれる一部の会社の、強欲で独占的な商売のやり方を調査していた。彼らは当時、アメリカの酒類取引のほぼ四分の三を牛耳っていた。調査は上院でも行なわれ――かのキーフォーヴァー委員会が担当した――その結果、〝ビッグ・フォー〟の上層部と組織犯罪の親玉たちとの、禁酒法時代［一九二〇～三三年］の密売業にまでさかのぼる関係が明らかになった。とはいえ、バーボンをアメリカの原産品として称える決議にたいした政治力が要るはずもない。政治家とロビイストとのあいだの疑念は払拭され——その裏でバーボンがたっぷりふるまわれたのは間違いない——決議は採択された。

翌日、バーボンがアメリカの象徴に即位したというニュースは、二、三の新聞の三面記事として載っただけで、ほとんどメディアの話題にならず、じきに決議も忘れ去られた。

それから半世紀後、不幸な船出をしたその決議が世間の注目を集めるようになる。メーカーのマーケティング担当者やフードライターが、バーボンはアメリカ独自の伝統品だとあの連邦議会までもが公式に宣言したと消費者に知らせることで、バーボンの権威に磨きをかけようとしたのだ。彼らにとって決議はいわば承認印を意味し、その結果、無数のバーボンのボトルに見られる開拓時代の図柄は——個人主義、自給自足、実利主義、不屈の精神など——アメリカ特有の価値を示していると証明された。さらに言えば、アメリカ人が自分たちだけで誇りに思っていたそれらの精神に普遍的な価値が認められたのだ。二〇一四年、国立公文書館がケンタッキー蒸溜酒協会主催の展示会のためにこの決議の原本を貸し出すと、蒸溜酒協会の会長は集まった人々に向かって、この決議は「バーボンの独立宣言」です、とまで言い切った。われわれのもっとも慈しむべき歴史の一部です、と。

ところが、ポール・バニヤン［アメリカの伝説に登場する巨人のきこり］、ジョニー・アップルシード［西部開拓初期の伝説的人物。開拓地にリンゴの種を植えてまわったと言われる］、首なし騎士［伝説『スリーピー・ホロウ』に登場する首を斬られた騎士の亡霊］といったアメリカの伝説的な逸話と同じように、バーボンをめぐる決議の物語もしだいに誇張されるようになった。いつしか人々は言葉を飾り出し、「合衆国特有の産品」という、単にバーボンの生産地を明示するだけの味気ない法律用語の代わりに、「アメリカ生え抜きの蒸溜酒」という、パンチの効いた表現を使い出した。バイタリティにあふれてはいるものの紛らわしいこの表現は、バーボンを取りまくイメージに「親しみやすさ」という、やや安っぽいがマーケティングにはもってこいのムードを醸成するのに一役買った。今日では、このキャッチーだが不正確な言葉がバーボンの代名詞になっている。そして二〇〇七年、ケンタッキー州の上院議員ジム・バニングが、毎年九月を「バーボン歴史月間」にする決議を提案したとき、彼が議会に出した案には、もとの決議文が誤って引用されただけでなく、もとの決議が意図した以上に壮大な理想をバーボンに結びつける感傷的な文言まで盛り込まれた。「家族の継承、伝統、長きにわたって受け継がれたもの」といった文言だ。

しかし、バーボンがそうした称賛にどれだけふさわしいものであったとしても、一九六四年の決議を生んだのは感傷でも愛国心でもなかった。むしろ、冷徹なビジネスだ。この決議を推した真の黒幕はルイス・ローゼンスティールだ。〝ビッグ・フォー〟のひとつで当時の世界有数の酒類企業シェンリー・ディスティラーズ・コーポレーションの社長である。ことの起こりはその一〇年以上前の朝鮮戦争中に、第二次世界大戦時のようなウイスキー不足に陥るのではないかとローゼンスティールが胸算用を誤ったことにさかのぼる。ウイスキー不足に備えて、ローゼンスティールは自社の蒸溜所に目いっぱいの増産を命じ、六億三七〇〇万ガロン（約二四億リットル）を超えるアメリカン・ウイスキーの在庫を貯めこんだ。アメリカ国内のほぼ八年分の需要に相当する量である。だが、ローゼンスティールの期待とは裏腹に戦争はすぐ終わり、ライバル会社によれば、シェンリー社は国内の熟成ウイスキー在庫のおよそ三分の二にあたる余剰を抱え込むことになった。ビジネスとしては大損害である——確かにアメリカ人はウイスキーをたくさん飲むが、この在庫量に比べれば需要は微々たるものだ。しかもウイスキーは木樽で熟成しているあいだに、年あたり三パーセントから七パーセントの量が蒸散してしまう。ローゼンスティールの投資の大半も、売る前にあとかたもなく消えてしまいかねなかった。

そこでローゼンスティールは数千万ドルをつぎ込んで巧妙な広告キャンペーンを張り、ウイスキーを売りやすくするための規制変更を求めて連邦議会に働きかけた。そうしたロビー活動の大半は、税の優遇措置といった業界全体の利益につながることだったが、なかには〝ビッグ・フォー〟の内部から激しい反発を受けた活動もあった。ルール変更がシェンリー社を不等に利する可能性があると判断したシェンリー社をのぞく〝ビッグ・フォー〟の幹部たちは——たとえそれがウイスキー産業のためになる変更であっても——業界の主要ロビイスト集団である「ディスティルド・スピリット・インスティテュート（蒸溜酒協会）」を使って攻撃を開始した。

税法改正をめぐって両者の対立がいよいよ深まった一九五八年、ローゼンスティールは仲間を裏切り、みずからロビイスト団体を立ち上げるという対抗措置に打って出た。「バーボン・インスティテュート（バーボン協会）」と名づけられたその団体を率いたのは、ノルマンディ作戦のときにオマハ・ビーチで駆逐艦を指揮した元海軍中将のウィリアム・マーシャルだ。マーシャルは海外市場の拡大を狙うローゼンスティールのために、バーボンを国際貿易の保護対象にするという決議を協会の壮大なロビー戦略に織り込むことにした。「合衆国特有の産品」と宣言することで、バーボンはスコッチ・ウイスキーやフランスのコニャックやシャンパンと同じように地理的表示の指定品となり、ローゼンスティールのようなアメリカの生産者が海外で競争力を持てるようになる。それに加えて、アメリカの商人にとっては、招かれざる外部者が国外からバーボンと名のついた酒を輸入してくることから国内市場を守ることもできた（決議に反対する少数派のひとりはニューヨーク州の政治家だったが、その男は、メキシコ北部の都市シウダー・フアレスの蒸溜所製の格安バーボンを輸入して利益を得ているマンハッタンの女性相続人二名の代理人でもあったのだ）。

一九六四年の決議前、ローゼンスティールは海外戦略の総仕上げを行なった。世界中のアメリカ大使館にバーボンをひとケースずつ送り、三五〇〇万ドルをかけて全世界的な販促キャンペーンをかけたのだ。当時、海外の市場でバーボンはほとんど知られていなかった。しかしローゼンスティールは、その潮流を覆すべく強気の賭けに出たわけだ。酒の商売にかかわって半世紀近く、彼は失敗らしい失敗をしたことがなかった。いまやり手の商売人となったローゼンスティールが商売のいろはを覚えたのは、あのなんでもありの禁酒法時代だった。カルヴァン・クーリッジ大統領（一八七二～一九三三）が「アメリカ国民の本分（ビジネス）は商売（ビジネス）である」と宣言した時代である。やがて有名になったその格言は、連邦議会が一九六四年の決議を採択したときも、ローゼンスティールの耳もとでこだましていたに違いない。もっとも彼はその頃にはすでにアメリカでもっとも裕福な男のひとりになっていたが。

◉

アメリカで生産されるどんなものにもまして、バーボンは「資本主義」を体現している。ある者にとってはうす汚い、ある者にとっては甘美な響きを持つこの「資本主義」という言葉は、われわれアメリカ人のビジネスのやり方だけでなく、政治や文化のあり方にまで大きな影響を与えた。もともとバーボンに代表される初期のアメリカン・ウイスキーは、農家が余った穀物の価格を維持するために、穀物から蒸溜酒をつくったことがはじまりだった。やがて、こうしてできた酒は西部開拓の最前線である辺境地帯（フロンティア）で事実上の通貨となり、アメリカ各地の新生経済を結びつける役目を果たした。一七九四年、ペンシルベニア州南西部の農民が起こしたウイスキー税反乱で、ウイスキーに対して課税すべきかどうかの議論が湧きあがった。このとき初代財務長官アレクサンダー・ハミルトン（一七五五〜一八〇四）と次期大統領トーマス・ジェファーソン（一七四三〜一八二六）の理想が衝突、その結果、アメリカ人のビジネス精神が決定されたと言っても過言ではないだろう。両者の激しい対立のはてに小規模な家内工業は工場に白旗をあげたのである。ビジネス界の俗説によれば、「ブランド」という言葉がアメリカ人の語彙に入ってきたのは、蒸溜所ごとにウイスキーの樽の端に焼き印を押して、ほかの蒸溜所の樽と区別したのがはじまりだという。ウイスキーはその後も進化を続け、辺境地帯生まれの蒸溜酒バーボンは、ニューヨークのマディソン街で市民権を得るまでになった。そして、バーボンの近代的なマーケティング・スタイルがアメリカの商業システムの規範として世界中に広まっていった。

このようにバーボンはアメリカの歴史を形づくったと言えるが、アメリカの歴史もまたバーボンを形づくった。バーボンの製法を決定づけたのは、アメリカ人の西部移住だ。西部では、主原料として、ライ麦のような従来の穀物ではなくトウモロコシが手に入りやすかった。また、おもに樽のなかで熟成中に生み出されるバーボンの風味は、じつは交易のパターンの変化によって生じた副産物であった。国が拡大するにしたがい、人々はいつもより遠くまで運んだ樽入りのウイスキーのほうが、木香が移って味がよくなることに気づいたのである。さらに産業革命のもたらした科学の進歩は、今日のさまざまな技術革新さながらにバーボンにも変化をもたらした。とどめは政府へのロビー活動だった。ロビー活動というこの奇妙な術策は、経済学者のアダム・スミスがいうところの国富を築く「見えざる手」の導き役として、これまでそうであったように、今後もウイスキーの生産基準や規制に影響を及ぼし続けるだろう。

しかしながら、一九六四年の決議の簡潔な文言にこうした歴史はひとつも登場しない。そこでは、バーボンとはすなわちアメリカという国の物語である、とは語られていない。そのつましい出自も、野心や功名心も、必要に迫られた発明も、目のくらむような富も汚職も、失脚も贖罪も出てこない。それだけでなく、教科書の歴史やウイスキー業界が注意深くつくり上げた神話が、往々にして派手で耳ざわりのいい物語にゆがめられていることも決議では伝えられていない。本当のアメリカは、ルイス・ローゼンスティールのような男たちとバーボンのボトルに刻まれた開拓時代の象徴的人物たちによってつくられたのだ。バーボンはアメリカ的精神の鏡といわれるが、そこに映し出されるイメージは――人種や階級や性別や宗教などに対するわれわれの考え方の変遷をウイスキーのラベルがどう反映しているかということでもあるが――理想からほど遠いものだ。

バーボン以外の酒には確固としたイメージがある。ビールはどんなに高価で稀少なクラフト・ビールでも大衆向けだし、ワインは総じて洗練されたおしゃれなイメージである（ガソリンスタンドで買ったワインだろうとそれは変わらない)。ところが、バーボンは変幻自在だ。状況や飲み手によって、高級にもなれば粗野なイメージにもなる。革椅子に深々と沈み込む年配の男たち――先祖代々の肖像画を掲げた部屋でくつろぐ権力者たちの姿に重なるときもあれば、手錠をはめられたカウボーイを思い描くときもあるかもしれない。「ウイスキーをワンショット」[「ショット(shot)」には銃の発砲という意味がある]という表現は、ウイスキー・カウボーイたちが酒場での弾薬の売り買いでいくら儲けたかに由来するという。このように、興味深いが眉唾ものの可能性が高い俗説もいろいろある。

もちろん、そうした以前のイメージは急速に変わりつつある。今日では、女性たちがそうした男の牙城を崩して、男性と同じようにバーボンを楽しんでいる。荒くれ者のカウボーイもウイスキー・マニアに取ってかわられた。マニアたちはグラスの縁からおもむろに香りを嗅ぎ、「ハイビスカス」だの「濃厚なオーク」だの「煮詰めた果物」だのと、神妙に香りを表現しては、自分のテイスティングノートに書き込んでいく。

テイスティングノートといえば、個々のブランドを念入りに分析した格づけに厖大なページ数を割いている書籍もたくさん見かける。そうした情報源はウイスキーを理解するための第一歩としては役立つだろうが、バーボンについて知りたければ、結局は、ウイスキーの歴史をよく知ることがいちばんだと思う。格づけは、主観的かつ恣意的なものにすぎず、業界の仕掛けるマーケティング戦略に影響されやすい。だが現在、ある種の属性――樽での熟成期間、プルーフ、それぞれの製法で使われる穀物の配合など――が、ほかの属性より注目されるようになっている。なぜだろう?

その答えは、味というちばんの楽しみとは別のところにある。われわれは味覚だけでなく頭でもウイスキーを味わう。経済的、政治的、文化的な産物としてブランドの格式やイメージを知ることは、自分なりの鑑賞の「ルール」づくりには役立つ。

ローゼンスティールが一九六四年の決議のためにロビー活動を行なったとき、彼は広告キャンペーンにも二一〇〇万ドル（現在の一億六七〇〇万ドルに相当）を投資することで、抱えていた大量の在庫と同じスタイルのウイスキーが好まれるように消費者の嗜好を操作しようとした。当然ながら、消費者にとってはいいことばかりではなかったが、ローゼンスティールは気にもとめなかった。彼にとって重要なのは在庫が少しでもはけることだったからだ。今日、有名シェフや食品業界のまわし者たちが、何を買うべきか、何が「最高」かと怪しげなアドバイスをしているのを見るにつけ、いまなおローゼンスティールの当時の広告キャンペーンの影響が残っていると感じざるをえない。そうしたアドバイスの多くはただの雑音にすぎず、今日の酒屋の棚に並んでいるボトルの謎を解くにはほとんど役に立たない。だが、歴史を知り、頭で鑑賞するための「ルール」がどうして生まれたのかを学べば、マーケティング戦略に惑わされることなく、もっと客観的な商品選びができるようになる。幸い、学ぶ過程は楽しいものだ。「ルール」を学べば、もっともよいボトルとは隠れた名品であり、往々にしてもっとも高価なものでも、もっとも話題に上っているものでもないということがわかるだろう。

◉

このように一九六四年の決議の実態はロマンティックではなかった。だが今日では、のちに付加された感傷的な解釈がひとり歩きしている。今世紀、その感傷に後押しされてバーボン人気は復活したが、その復活を本当に支えているのは、バーボンの「正統性」である。「正統性」ということの言葉は、長く続いた伝統と誠実さを形容するのに使われる。われわれはしばしば、バーボンを飲むことで、ものごとがいまよりずっとシンプルだった時代とつながるようなイメージを抱くことができる。現代の混乱から逃避したいがためにそういうイメージを求めるのである。今世紀のバーボンの売り上げは、ローゼンスティールの一九六四年決議以後いまだかつてないレベルまで上昇した。混乱に満ちた変化の時代にバーボンがよく飲まれるのはけっして偶然ではないだろう。今日、経済は好調だが、新しい産業は旧来の産業をばらばらに解体し、格差ばかりを生んでいる。エリート教育を受けた賢い政治家たちが国を率いているにもかかわらず、いまのアメリカはかつてなくいらだち、進むべき道を探しあぐねているように見える。最新のテクノロジーによって多くの人々とつながるようになったものの、本物の会話は減り、ほとんどが小さな画面のぼんやりした光を通じてのコミュニケーションになった。こうした変化はアメリカ帝国の衰退をもたらすだろうと予測する専門家もいるが、本当にそうなるかどうかは私にはわからない。わかるのはただ、われわれはいまこの瞬間に一杯のバーボンを必要としている、ということだ。

いまや、バーボンは人々に安らぎを与える飲み物である。世のなかは日増しに複雑になっていくのに、バーボンはシンプルなままで、基本的には、主原料のトウモロコシに他の穀物をバランスよく配合して醱酵させ、アルコールを蒸溜することでできあがる。しかも、効率重視の新しい産業にかき乱される現代において、バーボンは見事に非効率的なままだ。よりおいしくするために熟成に一〇年近くを費やし、焦がしたオーク樽のなかで静かに木の香りを染み込ませながら、できあがるときをじっと待つ。ビジネスの現場ではあらゆるものの納期がどんどん短くなっているというのに、バーボンは頑として急がない。バーボンを「飲む」とは、「ゆっくり口に含む」ことであり、蜂蜜やスパイスやバニラの濃縮した香りが舌の上でほどけていくのにまかせるということなのだ。バーボンの持つ強いアルコールの刺激は、辛抱強く味わう者には褒美を、せっかちにあおる者には罰を与える。

このようにわれわれはバーボンに過去の揺るぎない価値を連想しがちだが、その伝統やまっとうさといった物語は必ずしも表向きの説明通りとは限らない。それは一九六四年の決議の裏の物語からも読み取れる。例として、ディアジオ社が所有するブランド「ブレット」をみてみよう。ディアジオ社は今日、世界最大の蒸溜酒メーカーだが、ローゼンスティール引退後のシェンリー社の所有ブランドの大部分を取得し、そのほかにも数社の買収も行なっている。ブレットの広告には、〝辺境のウイスキー〟あるいは〝偉大なバーボンの末裔〟と謳われている。酒屋の棚に並んでいれば、いちばんに目につくボトルだろう。墓石のような形で、ラベルの文字は西部劇のお尋ね者ポスターを彷彿とさせ、アメリカのテレビドラマ『デッドウッド～銃とSEXとワイルドタウン』［原題「Deadwood」、日本でも二〇〇七～〇九年に放映］の小道具にも使われた。だが、このブランドの裏事情は少し異なる。一九九〇年代まで、ブレットはさほど目を引くボトルではなかった。辺境地帯で生まれたという話は、巧妙なマーケティングによってつくられたイメージにすぎない。二〇一四年現在、ブレットを所有する英国の巨大企業ディアジオ社は、バーボンの生産を競合会社であるケンタッキー州のフォアローゼズに委託している。そのフォアローゼズ自体も、日本のキリンビールに買収された。

そうした現実からは、開拓者の声も聞こえなければ、多くの人々がおそらく「正統」だと考えるイメージも浮かんでこない。だからといってブレットを非難するのはお門違いだろう。というのも、たいていのブランドは歴史と伝統を強調するために真実を少し大げさにしたり、ゆがめたりしている。場合によってはそれ以上のことをやっているブランドも少なくない。たとえば、ミクターズの発祥は一七五三年にさかのぼり、独立戦争［一七七五～八三年］時にジョージ・ワシントン（一七三二～九九）が当時のミクターズのウイスキーを部隊に支給したとされている。いかにももっともらしいエピソードだが、実際には、ミクターズが現在のようなブランドになったのはつい最近の一九九〇年代のことだ。現在のミクターズを立ち上げた会社はそもそもウイスキーをつくってすらいなかった。おおむね品質のよい他のメーカーから仕入れて、ラベルをつけて売っていただけだ。ミクターズというブランド名も、使われずに失効していた商標を拝借したにすぎない。ちなみに、二〇世紀半ばにこの名称を考えたのはルー・フォアマンという広告の得意な経営者だ。フォアマンはマイケル（Michael）とピーター（Peter）という息子ふたりの名前を組み合わせてこの名前（Michter's）を生み出した。だが、それではあまりに無粋だったので、もう少し夢をもたせるために、ジョージ・ワシントンの話を盛ったのだ。*

＊　二〇一二年、ミクターズはケンタッキー州ルイビル郊外のシャイヴリー地区に蒸溜所を建て、自

社の蒸溜酒を製造する計画を立てはじめた。二〇一五年初頭、その計画は完成に近づいている。

ブレットやミクターズのような有名ラベルのこうした裏話は、ブランドの信頼性を損なうと考える者もいるかもしれない。しかし、信頼性はさておき、こうした事実がブランドの伝統を奪うとまではいえないだろう。ブレットなどのブランドはただ、バーボンとそれを取り巻く業界の長い歴史を象徴しているだけなのだ。一九世紀に酒類の近代的なマーケティングがはじまって以来、各ブランドは偽りの物語をつくっては、伝統や歴史を求める消費者にアピールしてきた。華やかなつくり話は、それ自体がバーボンの「由緒正しい」伝説の一部であり、多くのブランドの成功に欠かせないものである。ボトルに刷られたそうした物語や年号に事実はほとんどないと言っていい。だからといって、「それは本当の話ですか?」と訊くのは野暮というものだ。代わりに「その酒はうまいですか?」と訊ねてみよう。たとえ物語が真実でなくても、瓶のなかのバーボンはいつだってうまいはずだから。

それに、本当の話を聞いてしまったら、たぶんあなたは大半の「正統な」辺境のウイスキーを口に運びたいとは思わなくなるはずだ。当時のウイスキーは、コンクリートの墓に葬られた死人が驚いて飛び起きかねないほど品質にばらつきがあり、素人がつくったものを運搬用の容器のまま売りさばいたり、ほかの材料を混ぜて味をごまかしたりしていた。辺境で売られるウイスキーは政府の規制などおかまいなしに、現在では死体の防腐処理に使われている薬品を使って実際より熟成しているように見せかけていた。ノスタルジーに浸りたい気持ちはわかるが、いまの人々が飲みたいと思うのは、辺境地帯でつくられた昔のウイスキーよりむしろ、すったもんだの末に成立した一九〇六年の「純正食品・薬品法」よりあとにつくられた近代的なウイスキーのほうだろう。

現実はロマンティックさには欠けるが、おもしろさにかんしてはつくり話の上を行くことが多い。偉大なアメリカの物語も、つるりとした表面をめくれば、数々の矛盾や驚くべきリアルな真実が現れる。一七七六年のアメリカ独立宣言は、「すべての人間は生まれながらに平等である」と宣言しているが、それに署名した男たちは奴隷を所有していた。探検家のダニエル・ブーンは、荒ぶる辺境の独立のシンボルとしてアライグマの毛皮で縁なし帽をつくったが、本人は野暮ったいと敬遠し、高級なビーバーの毛皮の山高帽を愛用していたという。トーマス・ジェファーソンがバーボン好きから愛されるのは、彼の提唱した方針のおかげでウイスキー産業が栄えたからだが、彼自身はウイスキーを社会の〝毒〟と呼び、代わりにワインを飲むよう国民に説いていた。

バーボンもまた矛盾から生まれる。農地でつくられる穀物を原料とするバーボンは、農業の領域に片足を置きつつも蒸溜施設はむしろ工場のようであり、つまり片足は工業の領域に置いている。今日のクラフト蒸溜酒のブームを考えてみるといい。統合企業(コングロマリット)のせいでウイスキーから個性が失われたと非難する人々はたくさんいるが、そうした巨大企業の多くも、最初は少量生産のクラフト蒸溜所だった。大きくなったのは、なんといっても良いものをつくっていたからだ。ビール業界や精肉業界ではこういったことはあまり起こらないが、実際ウイスキー業界では、大企業がもっとも評判のよいブランドをつくり出すことも少なくない。クラフト・ムーブメントというくくりのなかでウイスキーについて語るときは、ほかの食品について語るときとは違った議論が必要だろう。

だが、バーボンでもっとも矛盾に満ちているのは、ブランド名にまつわる物語より、業界を築いた当事者たちの物語だ。ルイス・ローゼンスティールは生涯で何百万ガロンものウイスキーを売ったが、彼の名前にちなんだブランドはついぞつくられず、ボトルに顔が刻まれることもなかった。確かに、そんなラベルがあったとしても滑稽なだけだろう。ローゼンスティールは、琥珀色の色つき眼鏡（一九七〇年代にアトランティック・シティで働いていた編集者がかけていそうなもの）をかけていた。そのうえ一〇代の頃顔面を蹴られたせいで斜視だった。この怪我のせいでローゼンスティールは酒の世界に入ったのだ——プロのアメリカンフットボール選手になる夢をあきらめた彼は高校を中退し、おじが経営するケンタッキー州の蒸溜所で働きはじめた。

もしローゼンスティールが自分の名前をブランドにつけようとしたとしても、彼の傘下にあった代理店はやめておけと忠告したはずである。食品業界の頂点にいる男をあがめながら酒を飲みたい人間はいない。広告業者たちは、バーボンはアメリカ人がアメリカ特有のイメージを求めて金を払うめったにない商品なのだとローゼンスティールに言い聞かせたに違いない。彼らは言ったことだろう。こういうものは、理想や憧れを——われわれアメリカ人がどう見られたいかを——描いていなくてはならないのですよ、あなたのようなやり手の実業家を前面に出すのはお門違いです、と。

それだけではない。ローゼンスティールというユダヤ系の名前が偏見によって敬遠される恐れもあった。当時有力なユダヤ人たちは、長い歴史のなかでそうした障壁を乗り越える術を身につけており、たとえば「エライジャ・クレイグ」や「エヴァン・ウィリアムス」といった、遠い昔に死んだWASP［アングロサクソン系白人プロテスタントの略称］の名前をブランド名に冠することで大成功をおさめ、根強い偏見をうまくかわした。そうした名前の男たちは、瓶の中身にはなんの関係もなかったが、少なくとも既存のイメージには沿っていた。ローゼンスティールにはほかにも前面に出ないほうがいい理由があった。有罪判決こそ受けなかったが、禁酒法時代に密売の容疑で捕まったことがあったのだ。それに、かの有名な性的冒険にまつわる逸話もあり――女も男も相手にし、性的に限界というものがなかった――、彼の自宅で開く盛大なパーティには政治家や地下組織の犯罪者たちが集まっていたという。

ローゼンスティールがどのようにしてウイスキーを「商品」に育て上げたかという話になると、彼の評価は賛否が分かれる。ローゼンスティールは悪質な合併を繰り返し、結果的に多くの蒸溜所をつぶして、個性的な味のバーボンをいくつも消し去った。反面、今日の多くのバーボンがよい味を保っているのはローゼンスティールのおかげでもある。彼は、ロビー活動で課税にかんする業界の規制を変えた立て役者だった。熟成期間を延ばしても蒸溜業者が利益を上げられるようになった法改正により、今日傑出しているブランドのいくつかが生まれたのである。

そこに最大の皮肉がある。ローゼンスティールはボトルの顔にはなれなかったが、ボトルに登場する開拓者たちの姿にはぴったり重なるからだ。彼らと同じように、ローゼンスティールも独力で道を切り開いてきた野心家で、勝負運の強いギャンブラーだった。彼は〝シュターカー〟だった。〝シュターカー〟とはイディッシュ語［中欧、東欧系のユダヤ人が用いてきた言語］で憧れと恐れの両方を兼ね備えた人物を指す言葉で、やると決めたことは必ずやりとげ、どんな手を使おうがけっして謝らない人物のことを指す。彼は、リンドン・ジョンソン第三六代大統領（一九〇八～七三）など、数人の政治家の懐を肥やしたことで誹(そし)りを受けたかもしれないが、一方では一億ドルを慈善事業に寄付してもいた。敵にまわすと恐ろしい相手だったが、友人には忠実だった。このようにローゼンスティールは矛盾に満ちた人物だったが、言い換えれば、彼はアメリカ人だったということにほかならない。彼もまた、バーボンをバーボンたらしめた多種多様なアメリカ人のひとりだったのだ。もちろん、連邦議会を説得してバーボンを「合衆国特有の産品」に仕立てたいちばんの功労者はローゼンスティールだったことは間違いない。

アメリカ生え抜きとは、まさしく彼のことだろう。

第1章　ビッグバン

バーボン・ウイスキーが最初につくられたのはヴァージニアの沼沢地だ。時はアメリカ入植者の約三分の一が「ポウハタン族の蜂起」で虐殺された一六二二年頃にさかのぼる。およそ四〇〇年後に訪れたその場所は、気持ちのいい場所になっていた。ジェームズタウンから三〇キロ余り川をさかのぼったところにある、沼沢地の真ん中に位置するバークレー農園。トウモロコシから蒸溜酒をつくった最初のアメリカ人のひとりといわれるジョージ・ソープが、短いあいだだったが暮らした場所だ。バーボンをどのようにつくっていたのか、くわしいことはわからない。そのためソープについては伝説のように語られることが多い。ただひとつ確かなのは、新世界で儲かりそうなものを盛んに探っていたソープが、アメリカ原産のある穀物に目をとめたことだ。アメリカでよく育つトウモロコシを、ヨーロッパ人のつくるビールや蒸溜酒の原料だった大麦の代用に使えないかと考えたのだ。現在、バークレー農園は実際にウイスキーを蒸溜する博物館となっている。歴史家の推測によると、私が訪れた広々とした芝地は、ソープが自作のスチル（蒸溜器）を置いていた場所であり、彼はここでポウハタン族に撲殺されて四肢を切断されたという。
　不幸な死を迎えたソープだが、生前はなにかにつけて人と異なる考え方をする人物だった。新世界の富を求めて海を渡ってきたソープは、入植者仲間の先住民に対する偏見に満ちた態度を非難した。博愛主義者で好奇心の強い探検家でもあった彼は、新しい土地とその先住民に夢中になった。同胞たちはなじみのない土地の穀物に懐疑的だったが、ソープはトウモロコシを擁護する手紙をロンドンに書き送り、これで飲み物をつくれば入植者の士気が上がり、不衛生な飲み水が一因であった死亡率を引き下げられるかもしれないと期待した。そのためのスチルは持っていたものの、まさか自らが蒸溜業者になって会社を興すつもりはなかった――次の世紀になってもアメリカでは家内制工業が主流で、大陸をせっせと切り売りしては旧世界の帝国経済を支えていた。むしろ、ソープは新しいすみかへの好奇心に満ちたアマチュアだった。未知の穀物を実験することでイングランド時代の趣味を再現しようとしたのだ。そうしてできあがった液体は絵の具のような味で、今日われわれがバーボンと呼ぶものよりアルコール度も低かった。それでも、新世界にしかない穀物を蒸溜したことは、旧世界の伝統を離れて独自のアメリカン・ウイスキーづくりに向かう第一歩となった。数世紀後、これがトウモロコシを主原料としたさらに精度の高いウイスキーへ進化するのだが、その先駆けとなったソープの実験は、いわばバーボンの〝ビッグバン〟だった。

◉

ソープの暮らしたバークレー農園は、ジェームズタウンの郊外に一六一九年に建設された。ジェームズタウンはさらにその一〇年前、ヴァージニアの沿岸自体が未開の地だった頃につくられた、北米大陸におけるイングランドの最初の入植地だ。開拓初期にヴァージニアへ移ってきたソープやほかの入植者たちは、飢えや病気が猛威をふるい、まれに人食いにも出くわすという〝寂しい荒野〟へ、命の危険を覚悟でやってきた。もし旅行代理店というものが当時あったなら、別の場所をすすめたに違いない。

ソープの名前は現代のウイスキーのどのブランドにも存在せず——彼の悲惨な死にざまを考えると、華やかな広告コピーには使いづらいのだろう——、わざわざ予算をかけて彼の名前に光を当てようと考える者もいなかった。一因としては、ウイスキーをつくるのが早すぎたこともあるだろう。ウイスキーがアメリカでよく飲まれるようになったのは彼の死から二世紀ほどたってからだ。それまでウイスキーは、エールやシードル（リンゴ酒）、そしてラム酒などの蒸溜酒が主役をつとめるアンサンブルのほんの端役にすぎなかった。ウイスキーは一八世紀の終わりから一九世紀初頭にようやく日陰者の立場を抜け出したが、そのときソープの代わりにスポットライトを浴びたのは、開拓者が移住したオハイオ川流域で名を馳せた蒸溜業者たちだった。二〇世紀半ばには、ウイスキー業界はケンタッキー州とテネシー州にほぼ集約され、蒸溜業者たちはソープのような人物ではなく、自分たちの故郷の人気者にまつわるエピソードを好んで語った。そうしてソープの伝説は消えていった（今日のウイスキー関連書籍のほとんどがせいぜい脚注にしかソープの名前を載せていない）。

とはいえ、アメリカ独自の穀物で蒸溜酒をつくるアイデアの発祥地が、バークレー農園のソープ家だったのはほぼ間違いないだろう。ソープの実験から数世紀かけて、アメリカン・ウイスキーの象徴であるバーボンの生産にまつわるルールや基準はゆっくりと発展し、体系化された。今日、バーボンと名のつく蒸溜酒は、連邦政府の規則によって合衆国内で製造されたものと限定されている（ただしアメリカ国内であればケンタッキー州に限らない）。また、原料の五一パーセント以上がトウモロコシであること、内側を焦がしたオークの新樽で二年以上熟成させることも義務づけられている。トウモロコシ以外に配合する穀物は蒸溜所に任されているが、一般的には大麦麦芽や少量のライ麦を混ぜて、トウモロコシの甘みにスパイシーなアクセントを加えることが多い（より穏やかな味にするために、ライ麦ではなく小麦を使うこともある）。一六〇プルーフ［アルコール度数八〇度］以下で蒸溜、一二五プルーフ［アルコール度数六二・五度］以下で樽詰めするなど、ボトリングにおけるプルーフの数値も注意深く定められている。

このようにバーボンづくりには決まりごとが多い。しかし、だからこそバークレー農園は特別なのだ。ジョージ・ソープがすべてをはじめたのは、あらゆる決まりごとが書かれる前だったのだから。

◉

ジョージ・ソープは、イングランド南西部のグロスタシャーで生まれた。のちに三人の男性と共同でヴァージニアに「バークレー・ハンドレッド」という名の植民地を築くことになるソープは、故郷では顔の広い法律家としてイングランド議会に勤めていた。一六一九年、彼はブリストルからアメリカに向けて出航した。妻と八歳の娘と三人の幼い息子をイングランドに残して。大西洋の向こうで落ちついたら家族を呼び寄せるつもりだった。およそ三か月の航海の後、彼を乗せたマーガレット号はヴァージニアにたどり着いた。

マーガレット号には酒がたっぷり積まれていた。船の記録によると、「ビール五樽半、シードル六樽、シェリー酒一一ガロン、アクア・ヴィテ一五ガロン」が積まれていたという。アクア・ヴィテとは蒸溜酒一般を指す言葉で、一四世紀にパリ大学のアルナルドゥス・デ・ビラ・ノバ（一二三五頃～一三一三）という錬金術師でもある医者が、最初にこの言葉を使ったという記録がある。ビラ・ノバは、蒸溜されたアルコールの謎――健康効果や、不死につながる可能性――を熱心に解き明かそうとした。彼は、アルコール性の蒸溜酒は太陽の光を濃縮したエッセンスであり、日光をたっぷり受けた果物や穀物を醱酵して蒸溜したものだと考えた。アクア・ヴィテについては、「不老不死の水……命を長じ、不機嫌を払い、気分を明るくし、若さを保つ」と書き残している。ラテン語で「生命の水」を意味するその言葉は、翻訳されてスウェーデン語の「アクアヴィット」、フランス語の「オー・ド・ヴィー」、ゲール語の「オスケバウ」に変化した。ゲール語の呼び名は「ウシュク・ベーハ」になった後で「ウシュク」に縮まり、それがいつしかイギリス諸島の人々が大麦麦芽などの醱酵した穀物からつくる粗製ビールを蒸溜した酒のことを指して「ウイスキー」と呼ぶようになった。*

＊ アイルランドとアメリカでウイスキーは一般的に「whiskey」とつづられるが、スコットランドとカナダでは「whisky」とつづられることが多い。その理由としてスコットランドの印刷業者が活字を節約したからだという言い伝えがあるが、本当のところはわからない。アメリカのメーカーズマークのバーボンは、スコットランド移民だった創業者に敬意を表して「whisky」のつづりを採用している。

マーガレット号に積まれたアクア・ヴィテが、ウイスキー（穀物の蒸留酒）、ジン（同じく穀物の蒸留酒だが、セイヨウネズなどの天然香料で香りづけしたもの）、ブランデー（フルーツの蒸留酒）、ラム酒（糖蜜などサトウキビの副産物の蒸留酒）のどれだったかは定かでない。古い史料は蒸留酒の名前を区別せずに使う傾向があるからだ。* いずれにしても、酒の種類より大事なのは、アメリカで最初に感謝祭（サンクスギビング）を祝ったのがソープたちだったという事実だ。あのマサチューセッツ州プリマスの有名な感謝祭より一年以上前にすでにこの地で感謝祭が祝われていたと、バークレー農園の現在のスタッフは力説する。一六一九年一二月四日、船旅のリーダーだったジョン・ウッドリーフ船長は一同を開けた草地に連れていき、神への感謝を述べると、アクア・ヴィテも含め、船に備蓄されていたカビ臭い残り物を分かち合って食べたという。

＊　たとえば、一八世紀の蒸留マニュアルではよく、現在のジンに近い蒸留酒の製法が「オスケバウ」の製法として紹介されている。また、一九世紀のアメリカの文献で、ウイスキー（やそれ以外の蒸留酒）のことを「ラム酒」と説明しているものもある。

今日、この歴史的重大イベントを記念して、石膏で装飾された目立たないレンガの東屋（あずまや）が建てられ、ヴァージニアの感謝祭が、正確には「ピルグリムより一年と一七日前」だったことを訪れる者に告げている。それは、こんなふうにも読めなくはない。「わかったか、マサチューセッツ」

この話から見えてくる感謝祭は、たいていのアメリカ人が小学校で習う「感謝祭ことはじめ」とはずいぶん異なっている。バークレー農園の感謝祭では、入植者たちはごちそうではなく残り物で祝った。一九五八年からバークレー農園では、より本物に近いこの感謝祭を毎年再現しているが、今日の招待客は残り物ではなくケータリング料理を分け合ってもよいことになっている。一九六三年には、ジョン・F・ケネディ大統領（一九一七〜六三）が、マサチューセッツ州だけでなくヴァージニア州にも感謝祭の発祥地を名乗る権利があると正式に宣言した。だが、気にとめる者はあまりいなかった――感謝祭の物語はすでに完成してしまっていた。

最初の感謝祭の地から七〇メートルほど離れたところからはトウモロコシ畑が広がっている。ヴァージニアにはじめて着いたソープは、すぐにトウモロコシの重要性を悟った。ここではトウモロコシがよく育ち、地元の先住民の部族はおもに三種類のトウモロコシを貴重な食料源として栽培していた。彼らの言葉でトウモロコシを意味する「メイズ maize」は、「私たちを支えてくれるもの」という語源そのままに、最初の白人入植者たちを飢え死にから救ってくれたものの、故郷ロンドンのイングランド人たちは偏見を拭おうとしなかった。メイズは「獣しか食わない」と書いたヨーロッパ人もいた。

だがソープはトウモロコシを愛した。アメリカに渡った目的のひとつはタバコや絹などの試作だったが、トウモロコシも十分金になりそうだった。彼はロンドン時代に意気投合した先住民の集団から栽培方法を学び、王女ポカホンタスの従者として幼い頃大西洋を渡ったという少年を使用人に雇い入れた。少年を気に入ったソープは、アメリカに着くと先住民のための大学をつくり、キリスト教に改宗させてイギリス風の暮らしを教え込んだ。学生たちはトウモロコシを育てて自活した。

ソープは教育活動にまじめに取り組んだ。布教も熱心に行なったが、その時代にしてはかなりの進歩主義者だった。植民地にはびこる偏見を非難し、先住民の信頼を得るには寛容になる必要があると説いた。植民地議会の支援を受けて先住民の関心を引こうとしたが、同じ入植者のなかにはそのやり方を嫌う者もいた。ソープは先住民を敵視する使用人を厳しく罰し、先住民たちが植民地を自由に歩きまわれるように規則を変えた。イングランド人の飼っている二匹のマスチフ犬がどう猛で困ると言われたときは、その二匹を公開で首つり処刑した。また、強力なポウハタン連邦のオペチャンカナウ酋長――大きな体躯の威風堂々とした男で、名前はアルゴンキン語で「白い魂を持つ男」を意味する――に支援を求めるために、彼の伝統的なテントをイギリス風の家に変えてやった。家には鍵がついており、オペチャンカナウはその見慣れない道具をおもしろがって、何百回も開けたり閉めたりして長いあいだ遊んだという。その道具が泥棒や侵入を防ぐためのものだと聞いても、彼にはそれがまるで神がつくったものにしか見えなかった。

祖国の同胞から嘲笑されることはあったが、トウモロコシはソープの新生活にだんだんと欠かせないものになっていた。大好きなイギリスのビールをつくる原料が足りなくなると、天命が下ったのだと悟り、残り少ない麦芽の代わりにアメリカで豊富に採れるトウモロコシを使うことにした。マーガレット号の積荷記録からわかるとおり、初期の入植者には蒸溜酒よりビールのほうが人気だった。たとえ船で運びにくく、よけいに場所を取り、蒸溜酒より傷みやすくても、たとえ食べるものはアメリカで採れるトウモロコシやカボチャやパースニップや松笠でかさ増しを余儀なくされることになっても、故郷を思い出させてくれるビールは、彼らにとって苦労して運ぶ甲斐のあるものだったのだ。だが、ソープだけはロンドンの友人たちに、イギリス伝統のビールより「インディアンのトウモロコシでつくった飲み物」のほうが好きだ、と書き送った。同胞たちから田舎者呼ばわりされたことは想像に難くない。彼はアメリカ人になりつつあったのだ。

しかし、厳しい植民地での生活には、もっと日持ちがして重量の軽い酒のほうが向いていた。バークレー農園の建設から一年後の記録では、ビールの輸入量が減り、アクア・ヴィテの輸入量が四倍以上に跳ね上がっている。当時の医学では、気温の変化の激しい北米の気候と闘うのに蒸溜酒はおあつらえ向きだと考えられていた。人々は暑いときに汗をかくと体内の熱が奪われると信じており、熱を補うために熱い酒を飲んだ。寒いときも酒が体を温めてくれた。ロンドンの友人ジョン・スミスへの手紙のなかで、ソープは死亡率の高さや水質の悪さを憂い、ほかの入植者たちが「よい酒がない」とこぼしていると書いている。ソープはその問題をどうにかしようとしたのである。

現在、感謝祭の発祥地とトウモロコシ畑のあいだの泉の近くには、小さな草地がある。バークレー農園のスタッフによると、どうやらここにソープのスチルがあったらしい。今日、その場所には、水飲み器に改造されたウイスキーの樽が置いてあり、「一六二一年にここで最初にウイスキーが蒸溜された」という看板が立てられている。ほかには蒸溜所を思わせるものは何もない――記録によると、ソープは銅のスチルをひとつ持っていて、それで蒸溜を行なったらしきことが記されているようだが、それ以上のことはわからない。

それでも、当時の似たような蒸溜法からソープがどのようなウイスキーをつくっていたかはかなりの部分が推測でき、それは今日の製法に近いものだったようだ。彼はまずトウモロコシを干し、コーンミールのような粉状に挽いたと思われる。それからいよいよ調理する。トウモロコシ粉に湯を加えて、専門用語で「マッシュ」と呼ばれる薄い粥のような状態にする。そのまま置いておくと、マッシュのなかの野生酵母が粥を「スイートマッシュ」というぶくぶく泡立つ液体に変える。この醱酵の過程は数日続き、醱酵のピークになると液体の表面が動き出して熱を持ち、酵母の芽胞(がほう)が糖をどんどん食べてアルコールに変える。この状態になると、無数の小さな泡が表面ではじけてガスを放出するのだが、そこから発せられる新鮮なパンのような匂いは遠くまで届く。近づくと、サワードウ・パン〔天然酵母のサワー種を原料とするアメリカの伝統的なパン〕の元種のようなすっぱい匂いになる。泡だらけの醱酵液をのぞきこむと、はじける小さな泡からガスが吹き出しており、含まれている微量のアルコール分のせいで目に刺激を感じるほどだ。

もちろん、これはうまくいったときの話で、そうでないときもある。ソープの時代には器材も製法も原始的だったので、ときには〝魔法〟がかからないこともあった。問題となるのはたいてい温度だ。寒い時期には醱酵の温度を保つために、ほかほかと湯気を上げる馬糞で桶のまわりを囲んだと思われる。マッシュがうまく醱酵しなかったら、動物の死骸を放り込んで醱酵を促した可能性もなくはない。

とにかく、すべてがうまくいったと仮定しよう。泡立ちが落ちつくと、醱酵の終わったマッシュは——ホップの苦みのない薄味のビールのようなものだ——蒸溜するためにポットスチルに移される。ポットスチルの上部には「ワーム」と呼ばれる薄い銅管がつながっており、ワームは冷水の入った桶のなかまで伸びている。スチルの下では一定の強さで小さな火が焚かれ、その熱で気化したアルコールはワームのなかを通り抜け、そこで冷やされてふたたび液体にもどる。こうしてできた透明な液体は、おそらくアルコール度数を上げるために、同じスチルでもう一度蒸溜されたのだろう。今日のもっと高性能なスチルには通常「ダブラー」と呼ばれる別の蒸溜装置がついており、この過程を繰り返す。

ふたたび蒸溜されて出てくる透明な液体は、一般には「ホワイトドッグ」と呼ばれている。[*] 味の特徴を耳ざわりよく表現した、なかなかうまい言葉だと思う。濃縮されたトウモロコシの力強い(ハスキー)香りが鼻をとらえ、口に含むとぴりっとした刺激に思わず咳き込んでしまう。ホワイトドッグをつくるうえで蒸溜業者が苦心するのは、出てくる液体のいちばん澄んでいる中間部分を取って、はじめと終わりの部分が混入しないようにすることだ。はじめと終わりにはコンジナーやアルデヒドといった化学物質が含まれている。これらは少量なら風味をよくするが、多すぎると雑味が出てしまうのだ(この中間部分を「ハート」、はじめと終わりの部分を「ヘッド」や「テイル」、「フェイント」と呼ぶこともある)。うまく取り出せたホワイトドッグは、穀物の香りが豊かで飲むに足る酒であるが、これを取り出せるようになるまでには熟練した技術と繰り返しの練習が欠かせない。たいていのことと同じく、最初から満足のいくものをつくるのは難しい。現代人がソープのバーボンを飲んだら、おそらく灯油の缶のふたをこじ開けるのに使うドライバーで口のなかを刺されたような刺激を感じるだろう。だが、ソープは鑑賞のためにつくっていたわけではない。生き延びるためにつくっていたのだ。当時、蒸溜酒は薬品の一種であり、そのアルコール成分が不衛生な飲み水から身を守ると考えられていた。それに、余った分がほかのものと交換できるとも期待されていた――実際、どんなものとでも交換できたが、入植者の多くが先住民の土地と交換できることに間もなく気づくようになった。

＊　アメリカ人はホワイトドッグと呼ぶことが多いが、スコットランドの蒸溜業者は「ニューメイク」と呼ぶことが多い。

ホワイトドッグは木樽で何年か寝かせることで格段に味がよくなる。この段階で、ウイスキー特有の琥珀のような色と風味がつく。バークレー農園の最初の入植団には樽職人がいたので、ウイスキーの貯蔵と運搬に使える樽をつくっていた可能性もあるが、その目的で使われたかどうかは定かでない（ソープの酒は陶器の壺に貯蔵していたのではないだろうか。多孔質の木樽より気化で失われる量が少ないからだ）。樽は内側を炭化（チャー）させることによってカラメル化した木の糖分が液体にしみ込み、風味がすばらしく増すのだが、当時はたとえ木樽を使っていたとしても、内側を焦がしてはいなかったはずだ（ウイスキーを熟成させるためのこの技術は一九世紀になるまであまり一般的ではなかった）。ソープの粗野なウイスキーは、おそらく果物やスパイスを加えて味を調えていたのだろう。

ソープがバークレー農園で暮らした期間は短く、ウイスキーづくりの技術を磨いたり実験についてくわしく記録したりするには足りなかった。それにウイスキーは彼のいちばんの関心事ではなかったので、入植者に売ったり交易に使ったりしたのかどうかも書き残されていない。ソープはほかの仕事に忙しく取り組み、先住民との関係をかなり改善することに成功していた。入植者の家に何度も食事に招かれる先住民も出てきた。ただしこれは友好の証というより、拡大する農園の労働力を得るのがおもな目的だったようだ。

ソープもまた、親しくなったオペチャンカナウ酋長にキリスト教に改宗するつもりだとほのめかされた。そこまで進展したことに喜んだソープは、期待に満ちた報告をロンドンに書き送った。

だが、オペチャンカナウのほのめかしは策略だった――昔からある人心掌握術を使って敵を取り込もうとしていたのだ。オペチャンカナウは、新参者の一〇年以上にわたる無礼な行為に内心恨みを抱いていた。恨みを書き連ねたリストは長く、そこにはアルコールも含まれていた。

北アメリカ東部の先住民は、アルコールをたしなむ伝統がなかったという点で地球上でもめずらしい民族である（南西部の部族は、スペインの探検家がブランデーを持ち込むずっと前からトウモロコシの醱酵酒をよく飲んでいた）。オペチャンカナウのような東部の先住民は、酔いをもたらす液体をはじめて口にしたとき、水平線にヨーロッパの船団のマストをはじめて見つけたときと同じくらいの衝撃を受けたに違いない。多くの部族がアルコールの作用を表す新しい言葉をつくったが、残念ながら、そうした酒との出会いが楽しいものであることはめったになかった。一六〇七年の最初の渡米団のひとりで、ジェームズタウンの入植者クリストファー・ニューポート――後年、彼の名にちなんだ大学がつくられる――は、のちにバークレー農園となる土地に向かって川を上っていたとき、出会った地元の酋長に手持ちの酒を分け与えた。酋長は酔っぱらってふらふらになり、毒にやられたのだと思い込んだ。ニューポートは折を見て酋長にまじないじみた言葉をもごもごとつぶやき、朝にはよくなっているはずだと告げた。はたして酋長は酔いから覚め、ニューポートは奇跡の遣い手としてその名が広く知られるようになった。ところが、同様の手口がそのうち相手を酩酊させてから取り引きの交渉をするという習慣に変貌し、多くの場合、先住民の側がわずかな見返りと引き替えに広大な土地を失うはめになった。ニューポートの出来事から数年後、ある入植者がこんな露骨な言葉を残している。「インディアンを殺すなら強い酒さえあればいい。とことん酔わせてやれば、こっちの命は守ったままでどんなことでもやりたい放題だ」

それから一〇年、オペチャンカナウの見守る前で、白人たちはジェームズ川の二二〇キロ上流まで進入し、上げ潮のようにじりじりと農園の境界を広げていった。一六二一年から二二年の初頭にかけて好機をうかがいながらも、オペチャンカナウは不吉な予感がしていた。新参者をこのままのさばらせていたら、自分たちの文化は廃れてしまう。悪気のかけらもないソープでさえ、オペチャンカナウにとっては敵だった。ソープのつくっていた学校は、先住民の伝統と信仰を攻撃の対象にすると公言しているようなものだった。彼らが言う「統合」とはそのじつ、服従と絶滅にほかならなかった。

一六二二年三月二二日、いつもと変わらぬ朝だった。先住民の男たちが取り引きする野鳥と毛皮を持って農園にやってきた。そのうちの何人かは入植者と朝食をとり、それ以外の者は畑や作業場でたわいもない話をしていた。いつもと変わらない光景だった。だが、入植者のなかには、オペチャンカナウが襲撃を計画していることをライバル部族から耳にしていた者もいた。そのときソープは使用人と自宅にいたが、先住民の動きがおかしいことに気づいた使用人から、すぐに逃げたほうがいいと告げられていた。しかし、ソープはその忠告を受け流した。彼は、自分以外の入植者は先住民の風習をろくにわかっていないと思い込んでいたので、これまでもしばしば忠告を無視することがあったのだ。

彼はその忠告に従うべきだった。その後まもなく、先住民が襲撃を仕掛けてきた。彼らは道具だろうが武器だろうが近くにあるものを手あたりしだいに手にとると、郊外の農園一帯で計画的な殺戮をはじめ、入植者約一二四〇人のうち、少なくとも三四七人を殺害した。とくにソープはひどく扱われ、撲殺された後に切り刻まれた。ロンドンの家族宛ての手紙には詳細なことは書かれていなかったが、歴史家のなかには四肢を切断されたのではないかと考えている者もいる。攻撃してきた先住民はソープのウイスキーで酔っぱらっていたと記す古い史料もなかにはあるが、それはまったく根拠がないとバークレー農園のスタッフは否定していた。

今度は入植者側が報復に出た。先住民への方策がさらに強化され、暴力が暴力を生む連鎖に陥った。オペチャンカナウが捕まったのは、襲撃から二〇年以上たってからのことだ。そのときには百歳近くになっていたが、新たな蜂起を指揮していたのである。彼はジェームズタウンで投獄中に、牢の見張りに背中を撃たれて死んだ。今日、彼らの文化の存在をしのばせるものは、川や国立公園、軍事基地などの地名にかろうじて残っているにすぎない。ラパハノック、シェナンドー、クアンティコ——東部の海岸線を望む州間高速道路I‐95を走れば、そうした場所を通ることができる。

◉

アメリカにおけるウイスキーの起源は華々しいものではなかった。ソープの運命と彼のトウモロコシ蒸溜酒の質からもわかるように、形になるまではまだまだ長い道のりが必要だった。もしソープが現代のバーボンを口にしたら、彼のスチルから最初に滴った喉の焼けるような液体とはあまりに違う、甘いオークの香る今日のウイスキーに衝撃を受けるだろう。大麦以外の穀物粒を醱酵させて蒸溜酒をつくるという試みは、ソープの時代のずいぶん前にも大麦の代用として行なわれていたが、彼の死後から一世紀以上たってもまだ一時しのぎにすぎなかった。そうした古い時代の蒸溜酒はさまざまな名前で呼ばれたが、多くはゲール語の「オスケバウ oskebaw」から派生し、のちに Uisce betha（一四〇五年）、uskebaeghe（一五八一年）、uscough baugh（一六〇〇年）、usquebagh（一六八二年）、usquebae（一七一五年）と変化して、最終的に「ウイスキー」に転訛（てんか）した。一七三一年に書かれた製法書にオスケバウのつくり方が載っているが、これは初期のジンに似ている。大麦麦芽を原料につくったものに砂糖やクローブ、コリアンダーやシナモンの味をしみ込ませていたようだ。

こうした蒸溜酒は大西洋の両側でつくられたが、熟成させたとしてもごく短期間で、輸送に使う樽から移った香りをのぞけば風味もほぼなかったという。一八世紀から一九世紀初期に書かれた別の製法書によると、アメリカ人はその頃、ソープがトウモロコシで実現したような革新的な蒸溜酒ができないかと試行錯誤を繰り返していたらしい。彼らは余剰農産物を手当たりしだいに醗酵させて蒸溜し、実験を重ねていた――ニンジン、カブの仲間のターニップ、ビルベリー、サトウカエデの糖液……。そして、熟成させないがゆえの口当たりの悪さは、ハーブや香料でごまかしていた。

だが、独立革命前の数十年間、そうした蒸溜酒はいずれもラム酒に比べれば日陰者でしかなかった。ラム酒の原料であるサトウキビと糖蜜は、西インド諸島の英国の支配地域から、北アメリカ東海岸の急速に工業化が進む植民都市へと運ばれていた。糖蜜はサトウキビを精製するときに出る副産物だが、ラム酒以外には使い道がなかった。そのためにも、ラム酒づくりは、イギリス政府が各地に散らばる帝国の多様な経済を結びつけるのに欠かせない実利的な手段だった。ところがイギリスと植民地のあいだで戦争が起こり、ラム酒の交易が脅かされるようになった。その結果、今日われわれが飲んでいるものに近いウイスキーが――独立前夜のアメリカを原産とする穀物でつくられたものが――姿を現しはじめたのである。

第2章　ライ麦と独立戦争

二〇〇七年、ワシントンDCは初代大統領ジョージ・ワシントンの幻のウイスキー復活に湧いていた。ワシントンゆかりの蒸溜所が首都からほんの十数キロ郊外のマウントバーノンに再建されて、いよいよオープンの日を迎えたのだ。最初にボトリングされるウイスキーは最高額で落札されることになっており、見物人もおおぜいやってきていた。

イベント会場を行き交っているのは、ワシントンの各界名士のほかにレポーターやカメラマンが五〇人、ヨーク公アンドルー王子の姿もあった。アンドルー王子は、テープカットの役目を果たすとともにスコットランドとアメリカの友好促進のために来席していた。当時、独立戦争からもどったジョージ・ワシントンに蒸溜所の建設を勧めたのがスコットランド系の農場監督者ジェームズ・アンダーソンであり、ワシントンはその勧めに応じたのだった。こうしてマウントバーノンは短期間ながらアメリカ最大のウイスキー蒸溜所になった。再建されたスチルの初詰めボトルを競り落とすことは、歴史の一部を手に入れるにも等しい。それはウイスキーとかの有名な「建国の父」を、そして、この国で最古の遺産を結びつける歴史でもあった。

オークションの会場には、『ワイン・スペクテーター』誌と『シガー・アフィショナード』誌の創刊者であるマーヴィン・シャンケンが来ていた。シャンケンは二〇年前、トーマス・ジェファーソンが所有していたとみられるフランスワインをめぐって億万長者のマルコム・フォーブスと入札合戦をくり広げ、国際的なニュースになった人物だ。ひげを生やした愛らしい顔立ちの快楽主義者で、よりよい人生を送るためであれば惜しみなく金をつぎ込む男だった。あるとき、マンハッタンの自宅の高級アパートメントで妻に葉巻を吸うのを禁じられた彼は、隣の部屋を購入して喫煙ラウンジに改装した。今回のオークションでも、ワシントンのウイスキーの最初の一本を手に入れるためにかなりの額で入札するのは間違いないと言われていた。競りがはじまると、シャンケンは期待を裏切ることなく一〇万ドルの大金で落札した。一本のアメリカン・ウイスキーに払われた金額としては、これまでの記録をはるかに上まわる額だった。

だが、シャンケンがボトルを競り落としたとき、ほとんどのアメリカ人の記憶から初代大統領がウイスキー業にかかわっていたことや、アメリカ最大の蒸溜所を経営していたことは抜け落ちていた。一七九九年のワシントンの死から一〇年後、蒸溜所は火事で焼け、じきに瓦礫を草の絨毯が覆いつくした。その後、ワシントンの蒸溜所はアメリカ人の記憶から忘れ去られていった。彼の死後一世紀がたって、少数の反禁酒法支持者が蒸溜所の記憶をよみがえらせようとしたが、初代大統領をウイスキーと結びつけるのは名誉を貶めるという禁酒運動家たちの強い声で阻止された。彼らは、その結びつきが自分たちの大義を危うくすることのほうを恐れていたのかもしれない。

こうして蒸溜所は長い眠りについていたが、一九九五年、ひょんなことから考古学者によって発見された。禁酒法はすでに遠い昔のことであり、ウイスキーが新たな人気を獲得しはじめていた頃のことだ。封印を解いたアメリカ人は、もっとも名の知られた建国の父とウイスキーを結びつけても良心の呵責を感じることはなくなっていた。ジョージ・ワシントンその人こそが、この国をラム酒飲みからウイスキー飲みの国へと変えるのに尽力した人物なのだ。そしてウイスキー業界最大のロビイスト集団は、ジョージ・ワシントンとの由縁(ゆえん)を復活させることが業界の強力なアピールになると感じ取ったのか、蒸溜所を実用的な博物館と観光名所として再建する計画をたちまち練り上げた。

マウントバーノンに再建された蒸溜所は、ワシントンの家の母屋が建っていた場所から三キロほど離れたところに建てられた。そばには小川が流れ、その水流を利用する製粉用の水車もある。当時、蒸溜所は約三万三〇〇〇平方キロメートルに及ぶ大農園の一部であり、のちの初代大統領はこの農園の力を借りてヴァージニア有数の富裕者になった。母屋の建設がはじまったのは、ワシントンがヴァージニア州の下院議会選挙で二度目に大敗した一七五七年のことだ。二度の敗北を受けて次に打つべき手を思索した彼は、「入植者にバンボーをたらふく飲ませる」戦いに失敗したから選挙に負けたのだ、と結論づけた。

要するに、彼は有権者にアルコールを十分ふるまわなかったのだった。これは違法とはいえ当時よく使われた作戦で、政治家はもてなしと呼んでいた。当時の植民地は、一九世紀になってしばらくしてもイギリスの習慣を受け継いでおり、酒をふるまうことはアメリカ政治に欠かせない習慣になっていた。一七七七年の選挙で、自分よりたくさんの酒を投票者にふるまった候補者に敗れた第四代大統領ジェームズ・マディソンは、投票所までわざわざ足を運ぶ者は単なる民主主義を超える見返りを期待しているのだ、とのちに書いている。ワシントンも一七五八年にふたたび立候補したときは巧妙になり、入植者たちにたらふく酒を飲ませて、三一〇票対四五票でフレデリック郡の選挙に快勝した。

「バンボー」とは、ウイスキーの愛称でもアルコールの一般名称でもなく、ラム酒に砂糖とナツメグやシナモンなどのスパイスを加えた飲み物のことだ。ラム酒は、独立革命後にウイスキーにその座を奪われるまで、北米植民地でもっともたくさん飲まれていた。当時の酒場の記録を見ると、ほかの飲料すべてを合わせた量よりよく売れていたことがわかる。ラム酒は入植者に人気の飲み物で、なにより植民地の政治と経済を象徴するものだった。原料のサトウキビと糖蜜は西インド諸島のイギリスの支配地域から出荷され、ニューイングランド地方の急速に工業化が進む地域に現れはじめていた商業的な蒸溜所へ送られた。こうしてイギリス政府は、ラム酒を使って遠く離れた西インド諸島とニューイングランドの両地域の得意分野を組み合わせ、帝国を統合する仕組みをつくり上げた——つまり、消費の拠点としてのニューイングランドの蒸溜所と、西インド諸島の豊富で安い糖蜜を結びつけたのだ。一七六三年には、ボストンに三〇以上のラム酒蒸溜所がひしめくようになり、一年に一〇〇〇隻以上のラム酒を積んだ船が港を出入りしていた。ラム酒と糖蜜はボストンの輸入高の二〇パーセントを占め、地域の主要産業になった。

ところが、やがて両者の取り引きに不均衡が生じはじめ、植民地は輸出よりもイギリスからの輸入に頼るようになった。輸入したものの支払いには金や銀を使ったが、イギリスはその見返りに何も買ってくれなかったために、ニューイングランドは通貨不足に悩まされることになる。掛け買いという手もあったが、イギリス本国の金融家たちは遠くの事業に出資するのを渋り、植民地の商人の多くは、現金が不足すると代わりにラム酒で支払うことを余儀なくされた。ラム酒はつくりやすく、輸送も比較的簡単で、現金に比べて価値の変動が少なかったからである。

そのためニューイングランドは国際貿易の支払いにますますラム酒を使うようになり、やがてイギリス議会は、増えたはずの利益をきっちり取り立てようと、ニューイングランドを狙い撃ちした関税を課すことにした。一七三三年に承認された糖蜜法は、イギリス領西インド諸島の砂糖農園を所有する富裕なイギリス人が議会に手をまわして成立させた法律であり、新世界のフランスやスペインの植民地からニューイングランドに輸入される糖蜜にかなり高い関税をかけることで、イギリス領西インド諸島の糖蜜を保護すると同時にニューイングランドからの税収を上げるためのものだった。だが、ニューイングランドでは半ば公然と税関の職員を買収して書類を偽造させたり安い糖蜜を密輸し続けるなどして、関税をろくに払わない状態が三〇年にわたって続いた。

一七六四年、事態を重く見たイギリスは糖蜜法に代わる砂糖法を制定した。不正行為の防止策を強化したこの法律によってイギリス領以外からニューイングランドへの輸入の障壁は高くなり、ニューイングランドのラム酒蒸溜所が支払う（関税も含めた）糖蜜の購入費が上がってしまった。今回もまた、西インド諸島の農園を所有する富裕なイギリス人が手を組んで議会を操ったのだ。ニューイングランドの入植者にとって、糖蜜法は目の上のこぶ程度のものだったが、砂糖法は彼らの急所をとらえた。七年戦争後の経済不況のまっただなかに施行されたこの法律は多くの蒸溜所を閉鎖に追い込み、残った蒸溜所も原価の高騰により苦境に追い込まれた。ニューイングランドの植民地は密輸の合間をぬって抗議の声をあげ、パンフレットの制作をはじめた。当時の彼らの主張を、息の切れそうなほど長い次のタイトルが見事に言い表している。「北部植民地の通商のみならず大英帝国の通商にも不利である砂糖法の改正に反対する根拠」

この叫びは議会に届き、法律の一部は撤回されたものの、問題はほとんど解決されなかった。北部植民地の入植者たちは話し合いの末に団結し、集まって気勢を上げたが、彼らが勢いづくのを防ごうと、イギリスはすぐさまほかの関税を課した。砂糖法に替わって導入されたこの印紙法はさらに大規模に税を課すものだった。あらゆる証書および印刷物を対象とし、印刷物とは新聞にはじまり、トランプのカード、そして馬鹿馬鹿しいほど長いタイトルのついた例のパンフレットも含んでいた。

植民地はお返しにこんな短いメッセージを送った。「代表なくして課税なし」［「人民が選出した代議士の承認なしに政府が人民を課税することは不当だという考え方。イギリス法で保証された人民の権利だったが、当時北米植民地はイギリス議会に代議士を送ることが許されていなかった」］

ここまでくれば戦争は目前だった。レキシントン・コンコードの戦いが起きるわずか二か月前、マサチューセッツ州セーラムに向かっていたイギリス兵の一団が、殺気立った群集に行く手を阻まれ、町に入る唯一の橋をふさがれた。ジョセフ・ウィッチャーという名の入植者が集団から進み出てイギリス兵を挑発し、シャツをぐいとはだけて裸の胸を見せつけた。その胸を、イギリス兵のひとりが銃剣でとんと突いた。後ろに下がれという軽い警告だったのだが、ウィッチャーのシャツからひと筋の血が伝い落ちた。独立戦争の最初の血はこうして流された。はからずも、それは地元のラム酒蒸溜所の作業長の男の血だった。ラム酒はやがて、ウイスキーの台頭により凋落していく運命にあったのである。

◉

ジョージ・ワシントンの酒量は控えめで、ふだんは上流階級の人々に好まれる高価なマデイラ酒やブランデーを飲んでいた。一方、大半のアメリカ人は一般的だったラム酒を好んだので、独立戦争中にワシントンが率いた正規軍には、士気の維持と健康のために一日四オンス（約一二八ミリリットル）のラム酒が配給されていた。だが、開戦まもなく、イギリス軍が海上を封鎖して西インド諸島から糖蜜が入ってこなくなると、ラム酒が不足するようになった。一七八〇年夏、独立軍のホレイショ・ゲイツ少将は、イギリス軍が南部の連戦を制して海岸沿いを北上してくるのをサウスカロライナ州で迎え討つ準備をしていたときにラム酒の蓄えがほとんどないことに気づいた。ただし糖蜜はたっぷりある。何もないよりましかと思い、ゲイツ少将はその甘くてどろりとしたラム酒の原料を部下に配った。だが実は、糖蜜には便通促進作用がある。結局、そのせいで彼はイギリス軍に敗北した。

ラム酒はじきに政治の道具になった。戦争のさなか、独立側の中央組織である大陸会議［一七七四年から開催された北アメリカ一三州の代表による会議。イギリスの高圧的な政治に抗議するために組織された］は糖蜜の輸入に関税をかけようとしたが、全会一致が成立の条件だったために、自州の蒸溜所を守ろうとするロードアイランド州代表の反対にあい否決された。けれども、ラム酒が政治的に勝利したのはそれが最後だった。独立戦争末期に連合政府が樹立されると、もはや全会一致を必要としなくなった連邦会議は、ラム酒と糖蜜からの徴税を決めた。

ラム酒の凋落は早く、戦争中のひとりあたりの消費量は半分以下まで減った。ラム酒に代わるものを見つける必要に迫られた合衆国の人々は、ウイスキーを飲みはじめた。それも、国産の穀物でつくった愛国的な代用品だ。一七七七年一〇月、パトリオット（愛国者）の部隊がジャーマンタウンの戦いでイギリス軍と接戦を演じながらも敗北すると、大陸会議はねぎらいとして兵士たちにウイスキー三〇樽を届けた。フランス軍も同じくサラトガでパトリオットの戦いぶりに感銘を受け、苦闘を続ける反逆者たちを支えることを決めた。アメリカ人はその恩返しに、辺境の土地のあちこちにフランスの町や人物の名前をつけた。そのひとつが現在のケンタッキー州にあるバーボン郡であり、数十年後、ウイスキーの重要な生産地として台頭することになる土地である。

戦争が激しさを増すと、ワシントンはいくつかの州に公的な蒸溜所を建ててほしいと議会に訴えた。ある書簡で彼は「軍隊には常に十分な量の蒸溜酒があるべきだ」と書いている。越冬の拠点となったバレーフォージでは赤痢や腸チフスが蔓延して一万二〇〇〇人の部隊のおよそ二割の兵士が命を落とし、ラム酒不足も深刻になった。そのためワシントンは補給品を頻繁に再配置せざるを得なかった。やがてワシントンはラム酒をウイスキーに切り替えることを命じた。配給の注文はそれまでラム酒とはっきり定められていたが、ワシントンがラム酒以外でもよいとしたことは、「ウイスキーか蒸溜酒を一ジル（約一一二ミリリットル）、入手できたときに」という記録から読み取れる。

この切り替えをさらに加速させたのが、戦争中にワシントンのお気に入りの兵士となった辺境地帯の開拓民たちだ。戦闘が激化しても彼らは西への移住を続けて独立軍の脇を固め、イギリス人に雇われたアメリカ先住民と闘った。辺境地帯までラム酒やラム酒づくりに必要な原料を届けることはできないが、ウイスキーづくりには最高の土地だった。水は流れ、穀物は育ち、スチルの下で燃やす木材もたっぷりある。開拓者にもまたウイスキーをつくる腕を持つ者がおおぜいいた。ヨーロッパ各地からやってきた者たちだが――ドイツ人、スコットランド人、アイルランド人、スコットランド系アイルランド人（スコッチ・アイリッシュ）――彼らの祖国もブランデーあるいは穀物酒の蒸溜に深いつながりを持っていた。

そうした混成部隊のなか、ワシントンが戦いの潮目を変えるうえでもっとも力になったのは、独特な気質を備えたスコッチ・アイリッシュたちだった。ヨーロッパと決別してこの国にやってきた彼らの大半は熱烈なパトリオットで、アメリカの独立の大義に忠誠を示した。彼らはイギリス人を憎み、あらゆる権威を疑い、故郷のヨーロッパで抑圧的な政府から課されるウイスキー税への抵抗運動を展開して戦闘能力を磨いてきた。スコッチ・アイリッシュの人々は、厳密に言うとスコットランド人でもアイルランド人でもなく、アルスター人としても知られる貧しい長老派のプロテスタントだ。「アルスター人」という呼称は、もともとジェームズ一世（一五六六～一六二五）がアイルランドのカトリック地域のなかでとりわけ反乱の多いアルスター地方へスコットランド人を送り込み、在来の「野蛮なアイルランド人」を「手なずけて」、プロテスタントの教義を広めようとしたのが由来だった。この民族移動は、長い戦いの末にイングランドがこの地を治めてしばらくするとはじまった。スコッチ・アイリッシュは、アイルランドのよそ者（イングランド人）のなかに住むよそ者となり、どちらの集団も生き残りに苦労した。

アルスター地方に住みついたスコッチ・アイリッシュは、収入を得るためにウイスキーをつくりはじめ、蒸溜業者としての評判を築くようになった。だが、のちにイギリス諸島を広く知らしめることになるスコッチ・ウイスキーとアイリッシュ・ウイスキーが現代のようなスタイルになるのはまだ先のことだ。今日のスコッチ・ウイスキーとアイリッシュ・ウイスキーは、おおむね大麦を主原料にしている。ほかの違いはさまざまな要素によって生まれる——穀物をどのようにモルティング（製麦）するか、それにどの燃料を使うか（スコッチではピート〈泥炭〉がよく使われるが、必ずそうでなければいけないというわけではない。ピートは、穀物を乾燥させるためと、ピートの産地であるローム層の沼地の香りをウイスキーに移すために使われる）、どんなスチルをどのように使うのか（アイリッシュ・ウイスキーは例外もあるが一般的に三回蒸溜する）、どうやって熟成させるか（樽にはいくつかの種類があり、多くはシェリー酒やバーボンの熟成に使われた後の樽が再利用される）。今日、そうした判断はそれぞれの生産者に任されているが、ヨーロッパでもっとも知られたこのふたつのスタイルのウイスキーも、遠からぬ将来、バーボンと同じように彼ら自身のルールと基準をもとにしっかりと定義されて体系化されると思われる。

こうして新たな土地でウイスキーづくりの腕を磨きはじめたスコッチ・アイリッシュだったが、イングランドは彼らを冷遇した。イングランド政府はピートの豊富な湿地を農地に変え、ジャガイモを持ち込み、深い港を掘ってベルファストを北アイルランドの海運の拠点にし、紡毛業と亜麻織物業(もの)を促進した。ライバルであるイングランド本国は打撃を受け、議会はすぐに貿易を制限して地代を上げた。そのうえ、イングランド国王が国内各地で勃発していた内戦の費用をまかなうためにウイスキーへの課税を決めたので、スコッチ・アイリッシュたちはウイスキーの密貿易と〝ムーンシャイン〟［「密造」を指す隠語］で輝かしいキャリアを築きはじめた——「月光」の意味を持つふたつめの言葉は、オランダとフランスから密輸した蒸溜酒を夜のあいだにイングランドの海岸に荷下ろししていたことから生まれた。スコッチ・アイリッシュはためらうことなく徴税官を殺し、ギャング団を組み、ウイスキー税の徴収のために送り込まれた大きな軍隊とも戦った。

アメリカはそんなスコッチ・アイリッシュの受け皿となった。一七一七年前後から、スコッチ・アイリッシュが大挙して南北カロライナ両州とペンシルベニア州になだれ込んだ。そこから多くは辺鄙な西部の未開拓地へ流れ、その地で権力の干渉を受けずに暮らし、消えない足跡を土地に刻んだ。後年、ジョン・スタインベックは『エデンの東』［土屋政雄訳。二〇〇五年、早川書房］でこんなことを書いている。「地名は、名づけた人の人柄をしのばせる。うやうやしかったり、不敬だったり。説明的な名前、詩的な名前、軽蔑的な名前……すべてそうだ」［土屋訳］。スコッチ・アイリッシュたちは、ウイスキーづくりを営んだアメリカのさまざまな土地に名前をつけた。「ギャロウズ・ブランチ（首つり川）」、「カットスロート・ギャップ（喉裂き谷）」、はてには「シットブリーチズ・クリーク（クソつきズボン川）」。ヴァージニア州ルーネンバーグ郡のふたつの小川には、「ティックル・カント・ブランチ（アソコくすぐり川）」、「ファッキング・クリーク（オメコ川）」などという名前までつけたほどだ。彼らは、古いスコットランドの方言で長老派を意味する「レッドネック」

という言葉で自分たちを呼びならわした。ほかには「クラッカー」という、スコットランド語の「クライク」から来た自称もあり、これは直訳すると「話す」という意味なのだが、通常は「大声で自慢話をする」ときの話し方のことを指し、「クライク」はだいたいの場合において喧嘩に発展する。

　アメリカのスコッチ・アイリッシュたちは、東部の人々にとっては恐ろしい存在だった。こうした未開（バッグウッズ）の男たちがなぜ寂しい荒野をわざわざすみかに選ぶのかが理解できなかったのだ。辺境地帯からまれに東部に現れると、鹿皮を身にまとった彼らは、先住民に囲まれた野蛮な暮らしを語ってきかせた。彼らの多くは好んでそうした危険な生活をしているようだった。森からはごくたまにしか出てこず、髪はのび放題で脂ぎり、手にしたライフルは恐るべき精度で小さなリスや人間を狙い撃つ。老練な殺し屋でもある彼らの戦闘能力と比べられるものがあるとすれば、穀物をアルコールに変える彼ら自身の技能をおいてほかになかった。

　イギリス軍のコーンウォリス将軍は、独立軍の敗北もいよいよかと思われた一七八〇年、北へ向かって進軍中に、隊の西方をこうしたスコッチ・アイリッシュから襲撃されるのをとくに警戒した。バレーフォージから二年、独立軍の状況は痛ましく、ジョージ・ワシントンはある書簡に「望みはほとんど捨てた」と書いている。おぼろげに見えてきた勝利に慎重を期したコーンウォリスは、みずからの北進をおびやかす開拓民たちから自軍の側面を守ろうと、パトリック・ファーガソンという勢いのある少佐の指揮のもと、一〇〇〇人の部隊を内陸に送り込んだ。ファーガソンは、開拓民の一団を「雑種犬の群れ」と呼んで鼻であしらい、ブルーリッジ山脈の麓までもったいぶって歩いていくと、国王に降伏しなければ辺境は「火と剣」でめちゃくちゃにしてやる、と「田舎者たち」

に告げた。

自分が相手にしている集団について、ファーガソンは明らかに考えが足りなかった。その脅しは、逆に、国王と袂を分かって祖国を棄てたスコッチ・アイリッシュたちに忌まわしい記憶を呼び起こしたのである。彼らは二〇〇〇人の部隊を組んで応戦した――伝えられるところによると、多くはライフル一丁と野宿用の毛布一枚だけを手に参戦したという。サミュエル・ドークというスコッチ・アイリッシュの牧師は、ファーガソンの脅しは破壊者ギデオンとともに戦う者たちの「主のために、ギデオンのために」［旧約聖書「士師記」七章二〇節］という雄叫びを呼び覚ましてしまうだろう、と言った。

イギリス軍と独立軍はノースカロライナ州との国境に近いサウスカロライナ州キングス・マウンテンで激突した。スコッチ・アイリッシュ軍は山頂でイギリス軍を追いつめ、降伏を拒んだファーガソンに少なくとも八発の銃弾を撃ち込んで殺害した。スコッチ・アイリッシュ側の犠牲は、死者二八人と負傷者六二人だった。対してイギリス軍側の死者は三〇〇人近くにのぼり、負傷者は一六三人、七〇〇人近くが捕虜として捕らえられた。この勝利は独立軍の士気を大いに高めた。コーンウォルスの作戦は行き詰まり、トーマス・ジェファーソンは「この勝利によって戦いの潮目が変わり、独立の旗印のもと革命戦争を終結させることができた」と賛辞を送った。

ワシントンも興奮していたが、彼らしくジェファーソンよりは落ち着いた言葉で、戦いは「わが国の胆力（スピリット）と兵力」を確かに証明した、と表現した。未開の男たちも十分な貢献をしてくれた。彼らのウイスキーは――輸入に頼らず、すべて国産の穀物でつくられていた――植民地支配を思い起こすラム酒の香りを見事に消し去ったものとして、しだいに国の結束の象徴となっていった。
だが、そのときは感謝したワシントンも、一〇年後、開拓民たちの荒々しさの裏の顔を身をもって知ることになる。開拓民たちの助けを得た戦いの費用をまかなうため、ウイスキーに課税しようとしたときだ。彼は、数十年前のイギリス人と同じ間違いを犯したのである。

◉

マウントバーノンの現代の蒸溜所は、バスケットボールのコートをやや小さくしたぐらいの広さの納屋に収まっている。スチルは五つ。一七九〇年代、最盛期の蒸溜所が年一万一〇〇〇ガロン（約四万一六〇〇リットル）以上を生産していた頃と同じ数だ。今日、蒸溜所は博物館の役割を兼ねた施設として稼動している。納屋のなかは暗いが、あたたかく、燻されたような香りと煮た穀物の香りに満ちている。案内してくれたのは、現在の蒸溜所と隣の水車小屋（穀物を製粉するところ）を管理するスティーヴン・ベイショアだ。「ウイスキーはマウントバーノンでもっとも期待された新規事業であり、当初から近隣の消費者の需要も多かったのです」とベイショアは説明する。「ただし、歴史の本にこの事実はめったに出てきません。おそらく、禁酒運動のようなアルコールに否定的な意見があったせいでしょう」とベイショアは続ける。だが、ウイスキーのイメージが改善されると、マウントバーノンは蒸溜所に「国家的な遺産」としてスポットを当てることを決め、ウイスキー業界最大のロビイスト集団である「ディスティルド・スピリッツ・カウンシル・オブ・ザ・ユナイテッド・ステイツ（DISCUS／合衆国蒸溜酒会議）」から出資を受けて蒸溜所を再建した。敷地内を歩きまわりながら、当時の衣装を全身に着込んだベイショアは、この史跡は戦争と政治の指導者としてのジョージ・ワシントンだけでなく、経営者としてのジョージ・ワシントンの姿も伝えるのが目的なのです、と私に語ってくれた。

蒸溜所ではライ・ウイスキーをつくっている。製法はマウントバーノンの当時の記録をもとに、メーカーズマークの元製造責任者であるデイヴィッド・ピッカレルの手で現代風にアレンジされた。ピッカレルは現在、数々のクラフト蒸溜所の立ち上げにかかわっており、アメリカで急速に芽吹いたクラフト・ウイスキーのムーブメントにおけるジョニー・アップルシードのような存在になっている。化学の分野でふたつの学位を持つピッカレルの蒸溜に関する知識は桁違いに広く、新参の蒸溜家にとっては「ミダス［ギリシア神話に出てくる王で、触れたものすべてを黄金に変えるとされる］の手」そのものである。彼の助言がなければ、新参者たちは食品事業のなかでもとりわけ製法の習得に時間がかかるクラフト・ウイスキーをものにするのに、何十年と試行錯誤を続けなければならなかっただろう。

主としてその名の由来である穀物からつくられるライ・ウイスキーは、独立まもない合衆国でもっとも飲まれたウイスキーだった。ライ麦はほかの穀物よりよく育ち、とくにメリーランド州、ニューヨーク州、ヴァージニア州、ペンシルベニア州などの東部の州では育ちやすい。今日、ライ・ウイスキーを名乗るには、原料の五一パーセント以上がライ麦でなくてはならない。それ以外にどんな穀物を使うかは各蒸溜所に任されているが、今日のライ・ウイスキーの多くは、少なくとも原料の一部にトウモロコシを使っている。ワシントンのウイスキーの伝統製法では、原料の割合はライ麦六〇パーセント、トウモロコシ三五パーセント、大麦麦芽五パーセントだった（このような穀物の構成比率のことを、蒸溜所ではよく「マッシュビル」と呼ぶ）。これは今日「メリーランド・スタイル」と呼ばれるライ・ウイスキーに近く、現代のブランドではパイクスヴィルなど、トウモロコシを比較的多く使うライ・ウイスキーの製法と近い。また、ダッズ・ハット・ライなどペンシルベニア州のマッシュビルは、通常八〇パーセント以上のライ麦を含む（一〇〇パーセントのものもある）。ただし、ペンシルベニア州にしてもメリーランド州にしても、原料の割合に厳密な定義があるわけではない（また、その発祥についてもささやかながら議論が巻き起こり、意見が割れている）。確かなのは、いかなるマッシュビルであっても、ほとんどのアメリカン・ウイスキーが大麦を使っていることだ。大麦は穀物のデンプンを醱酵力のある糖に変える酵素をたくさん含んでいるからだ。

ライ・ウイスキーをバーボンの兄弟だと考えてみよう。現代の大半の製法では、どのスタイルのウイスキーも原料は同じでその比率だけが異なっている（バーボンのトウモロコシの比率が高いのは、人々が西に移動して東部よりトウモロコシがよく育つ土地に定着した結果だ）。ライ・ウイスキーについては、アメリカの歴史家で作家のバーナード・デヴォートがもっとも的確に表現している。彼はある文章のなかで、「英雄の時代にわれわれの祖先は自治と憲法、そしてバーボンを発明し、その途上でライ・ウイスキーを発明した」と書いている。

ライ麦は伝統的なバーボンにおいても重要な材料だ。今日の大多数のバーボンのブランドは、トウモロコシの甘みとバランスを取るために、辛口でスパイシーなライ麦を「フレーバー・グレイン

（風味づけの穀物）」として製法に組み込んでいる。パンチのあるライ麦の代わりにすっきりした甘さの小麦をフレーバー・グレインに使うブランドもあるが（メーカーズマークやW・L・ウェラーなど）、これは例外であり、大半のバーボンのマッシュビルはライ麦を一〇パーセントから二〇パーセント含んでいる。なかにはブレッドのように、ライ麦を二八パーセント以上使用する〝ハイ・ライ〟バーボンというものもあるが、ライ麦の分量のどこからが〝ハイ（高）〟でどこからが〝ローー（低）〟なのか、正式な定義は存在しない（オールド・グランダッドというハイ・ライ・バーボンのマッシュビルはライ麦を三〇パーセントも含む）。ライ麦一三パーセントのワイルドターキーは、一般的に〝ミディアム・ライ〟のバーボンだとされている。

だが、ウイスキーづくりで肝心なのは、ライ麦とトウモロコシの「比率」よりもむしろその「組み合わせ方」のほうだろう。トウモロコシだけでは単調な味に感じることもあるが、ライ麦を加えることで味に深みが増し、バンドにホーンセクションを加えることで曲が生き生きしてくるような効果を生み出す。ライ麦は単体でも風味があっておいしいが、味に少し尖ったところがあるので、それがなめらかなトウモロコシの序奏に導かれることで角が丸くなる。もしバーボンの穀物がバンドを組んだら、トウモロコシはさしずめ温厚なフロントマンだろう。全体的な世界観をつくり出すことはできるが、ステージをひとりで持たせるにはやや頼りない。ライ麦はベーシストで、アンサンブルのスタイルと個性を決定するが、それだけで聴くとちょっと妙な感じがする。ライ麦がなくてもなんの曲かはわかるが、バンドのグルーヴはずいぶん変わってしまうだろう。

二〇世紀後半の数十年間、消費者の味覚の変化によってアメリカの酒屋からほとんど姿を消したライ・ウイスキーだったが、ワシントンの蒸溜所が再建されると人気を取りもどしてきた。埋もれていた宝として、そのレトロな存在感が消費者はもとより、過去の懐かしの味に注目していたカクテル業界に受けたのだ。その頃に出現した新しいクラフト蒸溜所の多くもライ・ウイスキーをつくりはじめた。既存の蒸溜所がすでに手がけている人気のバーボンとはひと味違うものをつくることで、自分たちのオリジナリティを出したいと考えたのである。ライ・ウイスキーはそれほど知られていなかったから、「格好よさ」の別名であるアウトサイダーな雰囲気を出すにはぴったりだった。

当然ながら、ワシントンで再建された蒸溜所のすべてが二〇〇年前とまったく同じというわけではない。ベイショア氏と彼の同僚たちは歴史を美化することを避け、創業時の蒸溜所の労働力のうちおよそ七五パーセントが奴隷だったことも明らかにしている。それに、ワシントンは観賞用にウイスキーをつくっていたわけではなかった。当時のほかの蒸溜所と同じように、卸売業者に売るためにつくっていたのだ——ブランド名などまだ存在せず、わざわざ時間や資金をかけて熟成させる理由もなかった。最終消費者に買われたウイスキーは、しばしば陶器の壺に保存された。もちろんなんの風味もつかない。樽が使われたのは輸送中のわずかな期間だけで、味に深みが増すことはなかった。

マウントバーノンの博物館本館にはマーサ・ワシントンのレシピを記した本があり、若い蒸溜酒に果物を加えてコーディアル［ハーブや果物を加えたアルコール飲料］に仕立てる方法が紹介されている。夫のジョージ・ワシントンのつくったウイスキーがおそらく舌の焼けるような強い味だったということを考えると、そうでもしなければ飲めなかったのだろう。蒸溜のたびに味が変わらないようにするのもひと苦労だったはずだ（それでも博物館のギフトショップでは、最近つくられた未熟成ウイスキーが一パイント〈約四七三ミリリットル〉九五ドルと目玉の飛び出るような値段で売られている。「ワシントンのウイスキー」という稀少性がそうさせているのは間違いない）。私も試飲してみたが、ホワイトドッグよりは軽くてすっきりしているものの、いつもストレートで飲みたくなる味だとは言えない。ベイショア氏は二年間熟成させた別のサンプルも飲ませてくれた。そちらはかなりましだった――木樽の芳香成分であるコショウやミカンの香りがほんのり感じられた。それでも、やはりもう少し寝かせたほうがよさそうだ。いずれにせよ、辺境地帯の反乱者たちが飲んでいたのはほかならぬこのウイスキーだったのだろう。ワシントンがウイスキーへの課税を断行すると、彼らはやがて蜂起し、新生まもない国家の存亡をおびやかした。ウイスキーはすでに国の経済の重要な一部になっていたのだ。

◉

一七九四年の夏、ペンシルベニア州西部の湿度の高い丘陵地帯を重い足取りで進みながら、ウイスキー税反乱の鎮圧に向かっていたジョージ・ワシントンは、マウントバーノンの自宅にもどることばかり考えていた。二期目の大統領職に就いて一年余り――もともと二期目は乗り気でなかった――六二歳の体はあちこちきしみ、義歯の鋼が炎症を起こした歯肉に食い込んでいる。いまとなっては、この歯も辺境でどうにかしなければならない。

東部から遠く離れた場所で開拓民たちが、ワシントンによって三年前の一七九一年に施行された悪評高いウイスキー税に抵抗して立ち上がっていた。それ以後、この反乱は国家の本質を問う議論へと発展した。ウイスキーにどう課税するのが最善かという問いは、大陸の各地に点在する隔絶した開拓地を国としてどうまとめるべきかという問いでもある。先導者は大きな力を持つべきか、それとも小さな力にとどめるべきか？　反乱は若い国の主権をおびやかし、また辺境地帯の土地に先行投資していたワシントンには、私的な財産を失いかねない事態でもあった。

ふたつの相反する意見が、ワシントンの疲れた老耳の両側で双方の言い分を主張していた。それに対するワシントンの答えによってこの国の経済の未来を描く青写真が決まり、ウイスキー業界の進む方向と、蒸溜所がよい酒をつくることができる環境を有するかどうかも決まるのだ。

片方の声はアレクサンダー・ハミルトン、独立戦争以来のワシントンの右腕で、忌まわしきウイスキー税の立案者だった。西インド諸島の貧しい出自であるハミルトンは、独力で人生を切り開き、あっという間にニューヨーク金融界のエリート支配層に認められた。独立戦争中にワシントンの補佐官をつとめて気に入られ、すぐに彼の信頼を得て相談役になった。独立戦争後は三二歳ながら初代財務長官に任命され、高い見識で産業と〝大きな財政〟を擁護して、東海岸の大規模な蒸溜所の発展を促し、辺境地帯の小さな蒸溜業者には不利になるウイスキー税を考案した。今日、ハミルトンの墓は、彼の第二の故郷となったニューヨークのウォールストリートの先の墓地にある。

もう片方の耳に話しかけているのは、トーマス・ジェファーソンだ。ジェファーソンもワシントンやハミルトンと同じようにエリートだった――五〇〇〇エーカー（約二〇平方キロメートル）の土地とふんだんな奴隷労働力を相続していた――が、彼がむしろ共感を抱いていたのは、辺境地帯で白煙をたなびかせながら小さなスチルを操っているたくさんの小規模蒸溜家のほうだった。ジェファーソンにとって、そうした小さな蒸溜家は「神に選ばれた民」であり、彼が「わが国の自由に刃向かう一連の策謀」と呼ぶ、ハミルトンの中央集権的な政策には支配されるべきでないと考えた。ハミルトンが経済学者で哲学者のデイヴィッド・ヒュームに心酔し、国家の成功は正しい投資の仕方を知る少数の権力者が富をコントロールすることで実現するというヒュームの主張を信じる一方、ジェファーソンは地域経済を支持していた。彼はジョン・ロックの信奉者で、不干渉の哲学に裏打ちされた自由放任（レッセフェール）的な経済が中央集権的でない資本主義を推し進めるというロックの意見を信じていたのだ。

　ウイスキー一ガロン（約三・八リットル）につき一一セントの課税からはじまったハミルトンのウイスキー税は、独立戦争で抱えた四五〇〇億ドルの借金を返すことが目的だった。こんなわずかな税金でそんな巨大な負債を返せると見込んだのは、当時のアメリカ人がそれだけたくさんウイスキーを飲んでいたという証拠だろう。また、集まった税収は、道路や運河、中央銀行などの大がかりな国家プロジェクトの財源にもなってくれるはずだった。皮肉にも、このウイスキー税の青写真はイギリスから拝借したものだった。かの地では、小規模蒸溜業者と政府が衝突を繰り返し、密造が横行していた。大きな蒸溜所はイギリス政府の税法を支持したので、議会はその見返りに大規模な蒸溜所に税の還付を行ない、規定のサイズより小さいスチルを禁止した。そうした改革は小さな島国に強大な産業力と効率性をもたらした。ハミルトンは、アメリカでも同じことができないかと考えた。アメリカはイギリスよりずっと天然資源が豊富だ。その資源をイギリス同様に活用すれば、どんなにすばらしい国になるだろうかと夢想したのだ。

ただし、その税は大規模なウイスキー生産者にとってはありがたくとも、ウイスキーそのものの発展には必ずしも貢献しなかった。不法なウイスキーづくりでは、蒸溜業者が徴税を避けて地下経済に逃げ込んだからだ。イギリスにおけるのと同じように、できたものをとにかく売りさばくことに力が注がれ、製法に改良を加えたり研究したり、時間をかけてよいものをつくったりといったことは二の次だった。

ハミルトンのウイスキー税――アメリカ製の産品にかけられた最初の税金だった――が小さな事業者より大きな事業者に有利だったのは、ひとえにその集め方による。都市部の蒸溜所は、ウイスキーの生産量に応じて税金を支払う。生産量の監視も税の回収も簡単に行なえたからだ。だが、政府が「地方（カントリー）」と定めた地域の蒸溜所は、スチルの生産能力に応じて課税された。しかも常に最大量を生産していることを前提に計算された。問題は、ほとんどの辺境地帯の蒸溜所が必要なとき以外は稼動していないことで、この前提に立つと、つくっていないウイスキーにも税金を払わなければならなくなる。小規模の蒸溜業者にすれば、この税は合衆国がかつて盾ついた抑圧的なイギリス政府のやり方となんら変わりがなかった。

小さな蒸溜業者が支払いをためらうと、ハミルトンは脱税者が審理のために何百マイルも移動しなくてもいいように徴税を地方の裁判所に管轄させるなど、支払いの機会をいくらか増やすことで対応した。ただ同時に、大きな蒸溜業者には、バーボンが樽から漏れた場合の手当、輸送船が難破した場合の手当といった予期せぬ被害を補償するなどのいっそうの利得も与えた。小さな蒸溜業者への配慮はあくまで形だけだった――ハミルトンは非生産的な家内産業を嫌っていたのである。辺境に勝手に住みついた彼らにウイスキー税を課すことで、先住民の暴動に備えた高い軍事費を賄おうとしていたのである。

また、ハミルトンは道徳的な見地からも課税の必要性を訴えた。ウイスキー税を導入すれば酔いつぶれる時間が減ってそのぶん生産的な活動に時間を割くことができる、というのが彼の言い分だった。ウイスキー税は個人消費に対して課せられる贅沢税なので、人々はそれぞれ飲んだ量に応じて税を払うことになる。また、課税することで、国民が酒量を抑え、早すぎる死を防ぐのに役立つと主張し、フィラデルフィア医学校［一七六五年創立のアメリカ最初の医学校で、ペンシルベニア大学医学部の前身］に依頼して、議会で自説の立証までさせた。議会の反対派は、医者がアメリカ人の生き方を説く権利はないと反論した。

一方、辺境地帯では誰もがハミルトンに反対の立場をとった。ウイスキーは彼らにとって贅沢とはほど遠いものだった。開拓民は基本的にウイスキーを物々交換に使っていたから、関税は事実上収入にかかる税金になる。そもそも彼らは、必要に迫られて物々交換をしていたのであり、開拓民の多くにとって、穀物を蒸溜酒にするほかに選択の余地はなかったのだ。通貨がわりの蒸溜酒は大陸通貨のドルより安定しており、分けやすく、道の悪いところでも、収穫物を市場に運ぶ手段としてもっとも効率がよかった――ウイスキーに変えれば一頭の馬で穀物の六倍の品物を運ぶことができた。なにより人々を悩ませたのは、ウイスキー税を現金で払わなければならないことだった。それこそ辺境地帯の蒸溜業者にはこれまで縁のないことだったのである。

加えて、辺境地帯の人々に要請されたという触れ込みの高額な防衛費があった。だが、辺境の住民にとって、政府軍の仕事ぶりはお粗末としか言えなかった。なにしろ先住民に「斧（トマホーク）」で傷つけられた者が少なくなかったのだ。

ウイスキーに税をかけるかどうかの議論では、どちらの意見も一理あった。ハミルトンの案に従えば、歳入を増やしてインフラを整備できるので、辺境地帯の蒸溜業者は穀物を効率よく市場へ運べるようになり、無理にウイスキーをつくる必要もなくなる。ただしそれは同時に、少数の大手生産業者のトップがウイスキー界を支配することを意味した。つまり、ハミルトンの提示する〝効率〟は、蒸溜業の個人所有ができなくなることと引き替えに得られるものだったのである。辺境で暮らす人々のなかには、そもそも自分たちに不利にできているような構造の税はやめ、みんなが相応に負担する累進課税の方式を取り入れてはどうかと提案する者もいた。また、金がどう使われるかにかかわらず、とにかく政府に介入されることを嫌がる者もいた。

主張はさまざまだったが、辺境の住民はどこにもなびかなかった。ジェファーソンとその政友ジェームズ・マディソンは課税に反対していたが、銀行経営と首都の選定をめぐる政治的駆け引きに振りまわされて論争を続ける気力を失ってしまった。この混乱が落ちつくとジェファーソンはウイスキーの議論から身を引いたため、ハミルトンの主張がワシントンに通って、ついにウイスキー税は施行された。

一七九一年、連邦政府が徴税官を辺境に送りはじめると、反乱がはじまった。最初の徴税官のひとりだったロバート・ジョンソンは、ペンシルベニア西部の暗い森に入ってしばらくすると、松明（たいまつ）

を手にした開拓民の一群に囲まれていることに気づいた。大半が戦闘経験のある元兵士だった。女ものの服を着込み、黒人に扮して顔を黒く塗りたくっているせいで、怒りに燃える目がふたつの満月のようにぎょろりと目立っている。女装はヨーロッパの人民蜂起を受け継いだ古い伝統だった。旧世界でも、不人気だったウイスキー税に抵抗したり、未登録のスチルを密告して報酬を受け取っていた近所の裏切り者を襲撃したりするときに、女装が用いられる伝統があったのだ。徴税官のジョンソンはまぎれもなく辺境地帯の敵とみなされ、餌食となった。彼は馬から引きずり下ろされ、頭を剃られ、全身に熱いタールをたっぷり塗られて鳥の羽根で覆われた［当時のリンチの一種］。それから開拓民は彼の馬を奪って森のなかに置き去りにした。ジョンソンは、数日後ようやく家にもどる道を見つけたが、瀕死の状態だった。

ジョンソン襲撃から三年間、反乱は続き、ついに極限に達した。怒りは燃え上がり、襲撃はいまや拡大して組織化されている。そもそも、ウイスキーはハミルトンの言う贅沢品どころではなく、開拓民にとっては生きるための手段であり、地方の経済や社会と分かちがたく結びついたものだったのだ。ところがいつの間にかウイスキーは対立する思想の象徴になり、内戦の火花がいまにも散るのではないかと思われた。

やがて、ペンシルベニア西部を中心とする「西部」の辺境地帯は東部一三州から分離すると言い出し、分離後の魅力的な未来図を語る者が西部の未開地から現れはじめた。たとえば辺境地帯の宣教師ハーマン・ハズバンドは、アパラチアの森のなかに「ニューエルサレム」なる理想郷をつくることを提唱した。そこは平和で、奴隷労働がなく、芸術や科学には公的な支援がされ、所得税と累進富裕税があり、身内びいきはなく、インフレ率を低く抑えた紙の通貨が出まわり、通貨がわりのウイスキーの使用は制限される。

ハズバンドの理念は驚くほど健全だったものの、その案はすぐに辺境地帯に現れたほかの指導者にかき消されてしまった。というのも、デイヴィッド・ブラッドフォードという大言好きの富裕な弁護士が、開拓民たちの残虐心を焚きつけて分離運動を指揮したからだ。彼は、辺境の大義を目下進行中のフランス革命と重ね合わせ、恐怖政治を敷いて反対派の市民を多数粛清したフランス人テロリストになぞらえて〝西部のロベスピエール〟と自称した。タールと羽根のリンチの代わりに徴税官をギロチンで処刑してピッツバーグを襲撃しようと提案する者もいた——商人の不当な独占行為に対して「ソドム」『旧約聖書』の創世記に出てくる都市で、住民の罪のために神の火に焼かれて滅びたとされる」の制裁を科すのだ、と。

商人の独占行為もまた、ウイスキー税に象徴されるものの一端だった。ウイスキー税の影響でようやく芽を出しはじめた開拓者たちの事業——製造所や材木場や鉄工場など——が東部の金融家や投資家に次々とはした金で買い取られ、辺境にさらなる追い打ちをかけた。彼らになにより富をもたらしてくれる産業のひとつだったウイスキーも、いまや少数の人間の私腹を肥やすためにつくられた機械の歯車になろうとしていた。

ウイスキー税を象徴する人物として開拓民からとくに目をつけられたのが、ペンシルベニア南西部を担当していた徴税官のジョン・ネヴィル大将だ。ネヴィルは独立戦争後にペンシルベニアに移り住み、「ネヴィル・コネクション」という会社をつくって手広く商売していたが、なかでも儲かっていたのが、アメリカ先住民と戦っている軍隊にウイスキーを卸す仕事だった。ネヴィルの商売はハミルトンの理想に沿ったものであり、軍の供給プロセスを一元化して合理性を高めるのが目的だった。ネヴィルの方法に従えば、軍部は大口の契約先に絞ってウイスキーを樽で仕入れ、前哨がいる地点まで届けさせることができる。ネヴィルをはじめとした効率のよい輸送方法を知っている大口契約者にとっては、もっとも実入りのよいマーケットである軍から、小規模な農民蒸溜業者をうまく閉め出すことができる。ネヴィルたちはそうした弱小蒸溜所から安値でウイスキーを仕入れ、自分たちの儲けを上乗せして売ればいい。そこには大きな利害の矛盾があった——ネヴィルはウイスキー業界で税金集めを任されながら、一方で、競合する小規模生産者を政府公認で安く売り叩いていたのだ。小さな蒸溜所にとっては不当な方法だった。

一七九四年七月、連邦保安官を従えて税の抗議者のもとへ法廷への召喚状を届けにいったとき、ネヴィルは地元の武装集団から銃撃を受けた。彼は自宅に逃げ、次の襲撃に備えた。ほかの場所でも、別の民兵団がネヴィルを捕らえて、いわゆるカンガルー裁判［法律を無視して行なう私的なリンチ裁判のこと。カンガルーが跳ぶように議論があちこちに飛んで支離滅裂であることからその名がついた］にかけようと計画していた。ふたつめの民兵団がネヴィルの家を襲いに来たところ、窓を板打ちした家のなかで戦闘態勢のネヴィルが待ちかまえていた。ネヴィルは妻や娘や奴隷たちに弾薬をつめさせて応戦した。前庭に四人の民兵の死体が転がったところで、民兵団は増援を求めていったん退却した。

近づく決戦に備えて、ピット砦から一一人の政府軍の兵士がネヴィルのもとに送り込まれた。やがて反乱者がもどってきた――今度はおよそ六〇〇人の大軍で。

ネヴィルはほうほうの体で裏口から逃げ出した。銃撃戦の末、政府軍の兵士は反乱側の指揮官（彼もまた独立戦争の経験者だった）を仕留めたが、多勢に無勢で勝てるはずもなく、じきに兵士は投降した。司令官は捕らえられ、残った者は敗北の報せとともにピッツバーグへ送り返された。ネヴィルの家はといえば、ある記録によると反乱軍が踏み込んで彼の秘蔵のウイスキーをすっかり飲み干したという。それから農園がすべて焼き払われた。

ワシントンはこの事件に対し、一万三〇〇〇人の部隊を再集結する覚悟を固めた。反乱を鎮めるためとはいえ、これはヨークタウンの戦いでイギリス軍を破ったときよりも規模が大きく、簡単に下せる決定ではなかった。トーマス・ジェファーソンと彼の跡を継いで国務長官になったばかりのエドムンド・ランドルフは、自国の市民に武力を用いることに反対した。一方、ハミルトンはワシントンに秩序の回復を求め、反乱の鎮圧は強い中央政府の威信を国民に見せつけるよい機会になると主張した。

だが、この鎮圧はワシントンにとって、内戦をはじめるか、あるいは国土の一部を失うかの大問題だった。確かに反乱者たちは同じ国の人間だが、いままさにピッツバーグに迫りつつある。すでに七〇〇〇人の民兵が山を出て、街まで約一三キロのブラッドドックス・フィールドで合流しており、自作の旗まで掲げていた――赤と白の筋が交互に六本並んだストライプ柄で、ペンシルベニア州西部とヴァージニア州北西部の六つの郡の連帯を表していた。彼らは本気でアメリカから分離独立するつもりだった。

ワシントンはみずから兵を率いて鎮圧に乗り出すことを決意した。開拓民のほとんどは、ブラッドフォードのような弁の立つ急先鋒に煽られて頭が沸騰しているだろう。とすると、冷静なほうが勝利を手にするはずだ。普段はウイスキーを飲まないワシントンだったが、ペンシルベニアに踏み込むときには一杯やっていくことにした、と彼の側近が記録している。「大統領は……ウイスキー・カントリーへ向かうに当たり、かの地の酒をご所望された」

ワシントンの見立ては正しかった。政府軍が進むにつれて反乱軍はばらばらになり、指導者はスペイン領ルイジアナ［当時のヌエバ・エスパーニャ副王領の一部でミシシッピ川以西の地域］や西部のほかの地域に向かって逃げていった。反乱は尻すぼみになり、フィリップ・ウィグルとジョン・ミッチェルの二名が絞首刑を宣告されただけでみじめに終わった。だが、このふたりの男に対面したワシントンは、ウィグルを「正気を失っている」、ミッチェルを「頭が弱い」として恩赦し、人々の期待通り辺境民への思いやりを示したという。じつのところ、ウィグルとミッチェルはただの人身御供で、反乱軍のリーダーに頼まれて放火や郵便物を盗むといった汚れ仕事を請け負っていただけだったのだ。にもかかわらず、二〇一二年にピッツバーグにできた新しい蒸溜所は、ウィグルの名を蒸溜所の名前にし、「ウイスキーへの底なしの愛情のために絞首刑にされかけた気のいい男」などとウィグルを称したうえに、ロゴに首縄まで使っている。ウィグルと首縄とはどう考えてもまずい選択だが、このロゴを見るとウイスキー税反乱に対していまだに多くの人々がロマンを感じていることや、商売のためなら歴史さえ変えてしまいかねないことがよくわかる。

ウイスキー税の反乱は失敗に終わったが、課税もまた同じ運命をたどった。反乱の鎮圧費用は一五〇万ドルにのぼり、その後六年間（つまりウイスキー税が撤廃されるまで）の税収の約三分の一を占めた。一方、ワシントンは裕福になった。ペンシルベニア西部に自身が投資した土地の価値が五〇パーセント近く上がったのだ。ハミルトンは反乱を抑えることに成功したが、すべてがうまくいったわけではなかった。連邦政府の権威を強く主張したハミルトンだったが、税逃れのために密貿易や密造が横行し、結果として国内の蒸溜業は家内産業に留まり続け、それ以上は発展しなかった。「ウイスキー税反乱」という造語を彼が編み出した背景には、エリートたちが「品がない」と嫌う飲み物の名前をあえて前面に出すことで、辺境一帯でくすぶるそれ以外の不満から人々の目を逸らそうという狡猾な意図があった。

一方、農民蒸溜業者の反乱の収束は彼らの不満を浮き上がらせただけだった。政府軍の将校は東部の上流階級出身で、みな上等な馬に乗っていた。将校たちは立派な軍服と自分に見合った階級が用意されるときにだけ参戦し、従軍中はあたたかい宿屋や個人の屋敷に泊まり、マデイラ酒やポートワインやブランデーを飲んだ。しかしその指揮下の志願兵は貧しい労働者や農民で、未開地の男たちといくらも変わらなかった。彼らは地面や馬小屋で眠り、ウイスキーを飲んでいたのだった。

◉

ヴァージニア州中部モンティチェロのトーマス・ジェファーソン邸は、彼が世界に知らしめたがった彼自身の姿をありありと映し出している。その果てなき好奇心と快楽への興味は、邸内を見渡せば一目瞭然だ。書物、実験的な菜園、ルイス・クラーク探検隊の原野の地図、そして遊び心あふれる哲人みずから考案した数々の設備。珍妙な仕掛けが至るところにあり、なかには、広いワイン貯蔵庫からダイニングルームまでワインを運び上げる給仕用エレベーターなどもある。ワイン貯蔵庫は屋敷の地下室にあり、一七六九年に建設がはじまったときに最初につくられた場所のひとつだ。

ジェファーソンはワイン・マニアだった。フランスに赴任していた一七八〇年代、恋に破れて傷心を抱えていた彼は休暇を取り、北イタリアとフランスのワイン産地をめぐった。そうしてワインに目覚めた彼は、ワインを何ケースも自宅やジョージ・ワシントンなどの政界の仲間に送ったり、公式晩餐会で出すワインについて歴代の大統領に助言したりした。モンティチェロではブドウの栽培にも挑戦し、ヨーロッパのワイン生産者を呼び寄せて、ワインが蒸溜酒に取ってかわる日を夢見て国産ワインの事業を奨励した。

ジェファーソンはウイスキーを「毒」と呼んで非難した。彼はこんなことを書いている。「ワインが安い国に酔っぱらいはいない。きつい蒸溜酒ではなく、うまいワインのある国に節酒が必要な者はいない。ワインは間違いなく、ウイスキーの害悪に対する唯一の解毒剤である」といった。だが、彼は彼の属する階級が抱いていたウイスキーへの見方を代弁していたにすぎない。ジェファーソンは労働者の友だったが、労働者の飲む粗野な酒にはほとんど興味を示さなかった。自分の奴隷にはときおり飲むことを許していたようだが。

こうしてみると、ウイスキー蒸溜業者を喜ばせる大胆な改革を行なったのがジェファーソンだったというのは皮肉な話だ。大統領戦を制してホワイトハウスに移った二年後――そこにそろえるワインは彼が個人的に選んだ――、ジェファーソンはウイスキー税を廃止した。小さな醸造所はもはやこそこそと酒をつくる必要も、徴税官の立ち入りを心配する必要もなくなった。時間をかけて研究し、よいウイスキーに仕上げることができた。つまり、熟成という製法がようやく一般的になりはじめたのだ。

◉

ジェファーソンがアメリカ経済の運命として描いた理想像は、次の半世紀にかけて、ウイスキー業界で花開いた。蒸溜所の合併や事業統合は確かにあったが、当時のウイスキー業界で見られたのは、地方のあちらこちらでもくもくと煙を上げるあまたの小さなスチルを、もっぱら「ヨーマン」［中世末期のイギリスに出現した土地を所有する農民］的独立自営農民が操っている姿だ。だが、それから二世紀の歳月をかけて、その風景はハミルトンの理想像に移り変わっていく。二〇〇〇年には、アメリカ製のウイスキーのほとんどが、わずか八社に所有される一三の蒸溜所のいずれかでつくられるようになった。酒屋の棚には一〇〇を越すブランドが並んでいるが――製法も熟成期間もボトリング時のプルーフもそれぞれ違う――、そのほぼすべてが、そうした一三の工場のどこかから来ている。二一世紀のクラフト・ウイスキーのブームで二〇一五年までに五〇〇以上の新たな蒸溜所が生まれ、ウイスキー業界の潮流はまたジェファーソンの理想像のほうに傾いているが、それでもその一三の工場は、いまでもアメリカン・ウイスキーの九五パーセント以上を生産している。

二一世紀に入る頃には、ウイスキーの生産者は小規模の蒸溜業者を擁護したジェファーソンの理想のほうが売れ行きがよいことに気づいていた。少量生産で特徴のはっきりしたウイスキーは、独立独歩でものづくりをしているというロマンティックなイメージを打ち出すことができる。ただし、生産者はあることに気づいていた。大規模の蒸溜業者をよしとするハミルトンの理想は、そうしたウイスキーを効率的に、しかもコストをかけずにボトルに詰めるには最適な方法だと。ジェファーソンの理想はボトルの外側の問題だが、ハミルトンの理想は中身のウイスキーにまで及んだ。多くのブランドは小規模で個性があり、人間くささを感じるように見せている。それはマーケティングには重要なことなのだが、たいていは幻想にすぎない。ノブ・クリークのバーボンのラベルには「蒸溜およびボトリング――ケンタッキー州クレアモント、ノブ・クリーク・ディスティラリー」と、いかにも独立した蒸溜所のように書いてあったとしても、実際は多くのブランドと同じようにジムビームの工場で製造されている。「ノブ・クリーク・ディスティラリー」とは見せかけの商号、いわゆる「DBA」――「doing business as（～の通称で営業している）」の法的略記――で、これは、ひとつの企業を数多くの企業に見せるときに使われる手法だ。消費者がおおもとをたどれば、大半のブランドはわずか数社のどこかに行き着いてしまうのだ。

また、一三の大手蒸溜所のほとんどがウイスキーを他社に卸しており、買い手はそのウイスキーをまったく別物のブランドとして市場に出す。そうした大手蒸溜所のひとつが、インディアナ州ローレンスバーグにある「ミッドウエスト・グレイン・プロダクツ・イングリディエンツ（MGPI）」である。かつてシーグラムを親会社としたMGPIは、他社ブランドのためのウイスキーをつくる専門のメーカーであり、テンプルトンやブレット・ライ、ハイウエストのいくつかのブランドを顧客に持っている。MGPIのウェブサイトのプルダウンメニューを開くと、顧客に代わってMGP

Iが製造、熟成するさまざまなウイスキーの種類が並んでいる。こうした業界の取り決めは、一般的に「ソーシング」または「契約蒸溜」と呼ばれ、発注する側の会社は「NDP」――「non-distiller producers（非蒸溜製造者）」の略――と呼ばれることが多い（酒屋の棚でもそれは見分けることができる。「蒸溜元（distilled by）」ではなく、「製造元（produced by）」か、それに類する表記が小さい文字で書いてあればNDPだ。NDPは正確には蒸溜所でないので、法律によって「蒸溜所」と名乗ることができない）。新興蒸溜所などは、自社のウイスキーが熟成するのを待つあいだ、世間に名を売る方法としてソーシングを使っているところも多い。もっとも、当然ながら、それをわざわざ宣伝するところはほとんどない。

ウイスキー・マニアはソーシングのブランドを馬鹿にすることが多い。独立した小さな生産者のイメージの魅力に抗い難く手に取った商品がただの見せかけだとわかると、「本物」の定義がぶれてしまうといって文句を言いたくなるのだろう。その気持ちはわからなくもない。だが、ソーシングは一九世紀から続く伝統ある手法でもあるということは知っておいてほしい。大手蒸溜所のほとんどはウイスキー生産者として高い評価を得ている。MGPI社を低く見る者は多いが、実際はアメリカ最古の蒸溜所のひとつであり、多くのブランドが喉から手が出るほど欲しがっている「本物の伝統」と言ってよいものをMGPIは持っている。もしMGPIがもう少し色気のある社名で自社のラベルをつけてウイスキーを売っていたなら、間違いなく「古典的銘品（クラシック）」としてあがめられていただろう。

ハミルトンはウイスキー好きにとっては永遠に憎むべき存在だ。彼はエリート支配層のひとりで、初期のウォールストリートを体現する人物であり、自立や個人主義などとはおよそ縁遠い集約型産業の擁護者だった。現代のアメリカ人は彼と酒を酌み交わそうという気にはならないだろう。それにひきかえ、ジェファーソンはウイスキー界の寵児と言える。彼自身はウイスキーを嫌いだったかもしれないが、その理想はウイスキーの勃興と発展を支える助けとなった。そして、もはや過去の存在となっても国民的な象徴としていまだに人気を誇っている。独立した小規模蒸溜業者を擁護し続けているのだ。ジェファーソンのシステムはハミルトンに負けたかもしれない――ウイスキー界もそれは認めざるをえない。しかし、ジェファーソン本人は今も変わらず崇拝されている。

それを思うと、ジェファーソンの名前を取った今日の人気ブランドが少量生産のクラフト・ウイスキーではなく、「ソーシング」されたウイスキーだというのはずいぶん皮肉な話だ。ボトルには彼の姿がしっかり刻まれているが、中身のウイスキーは彼が闘いを挑んだ大規模経営の事業者が製造しているものなのだから。「ジェファーソンズ」は、一九九七年にNDPのブランドとして生まれた。本社があるのはニューヨーク市、ハミルトンにとっては慣れ親しんだ中庭のようなところだ。以前、ブランドの所有者であるトレイ・ゾイラーに名前の由来を訊ねたとき、ゾイラーは笑ってこう言った。「マーケティング費用がなくてね。とにかく歴史と伝統にかかわりがあって、よく知られた顔がほしかったんだ」

とはいえ、ゾイラーは単にうわべだけを利用しているわけではない。その小さなブランドを買い求める人の大半は、自分は現代に生きるジェファーソン型小自作農のひとりを応援しているのだと思っているだろう。ある面ではそのとおりだろうが、いわゆる昔ながらの小自作農を期待するとイメージが違うかもしれない。スモールビジネスの企業家であるゾイラーは、大手の蒸溜所のウイスキーを取り込むことで、彼らの持つ知識や効率性を利用している。バーボンを一からつくるのではなく、よそで見つけたものをブレンドして、独自の香りを持つバーボンを自社ブランド用につくり出しているのだ。ブレンド前のバーボンは、どれをとってもブレンド後のものにかなわない、とゾイラーは言う。それぞれの長所と短所を混ぜ合わせることでお互いが補い合えるからだそうだ。たとえば彼は、二〇年もののバーボンの在庫を買うことがある。熟成期間が長いから木のタンニンがしみ込みすぎていて、ほとんどの人は飲むに耐えないと感じるような代物だ。ところが、それを若いバーボンとブレンドすると、古いバーボンの木のタンニンがドライな味わいとともに、若いバーボンの濃厚な穀物の風味と見事に調和するのだ。ゾイラー自身が蒸溜することはないが、研ぎ澄まされた味覚の持ち主であることが、彼のつくり出す重層で複雑な味わいのウイスキーに十分に表れている。

大きいものがいいのか、それとも小さいものがいいのか。ジェファーソンとハミルトンの闘いもそのせめぎ合いだった。どちらにも利点と欠点があり、両者が激しく争い合う声はアメリカの経済史に常に響いていた。両者の理想は今日の政治家のあいだでもいまだに議論され、財布を開いてドル札に刷られたふたりの男の姿を目にするたびにアメリカ人はそのことを思い出す。ただし、バーボンのボトルに肖像が刻まれたのはジェファーソンである。

第3章　ケンタッキー――暗く血にまみれた土地

現代の蒸溜所のビジター・センターのにぎわいは、さながら神の復活を唱える伝道集会だ。物語が沸き立ち、ブランドの創世神話が声高に叫ばれている。ケンタッキー州では、初期の開拓者の名前が続々と登場する。エライジャ・クレイグ、ジェイコブ・ビーム、エヴァン・ウィリアムス、ベイシル・ヘイデン。だが、その物語はどれも似たり寄ったりのパターンをたどる。辺境にやってきた人々はウイスキーのつくり方を熱心に研究し、現在あなたがたが飲んでいるようなバーボンの秘められた伝統をつくりあげたのです……。どの物語も、古典的なアメリカのサクセスストーリーであり、おとぎ話と紙一重だ。だが、これらの物語は誇張されている。ありふれた現実をはっとするような偶然や魅力あふれる生活とすり替え、そこにある矛盾からは目を逸らそうとしているのだ。それほどまでに物語が語られるのは、バーボンにとってはそれが事実に負けず劣らず重要だからだろう――言い換えれば、われわれはわざわざそういう物語を〝買って〟いるのだ。文字通りの意味でも、比喩的な意味でも。

バーボンにまつわる物語はとりわけケンタッキー州を特別視していることが多い。ケンタッキー州とバーボンは特別な縁で結ばれているというわけである。しかし、ケンタッキーのウイスキーの味をよくしているさまざまな要素は、ほかの多くの土地にも見られるものだ。石灰層(ライムストーン)で濾過された水、穀物がよく育つ土地、暑い夏と寒い冬。だとすれば、今日、ケンタッキー州だけが特別扱いされる理由はなんなのだろう？　この州のバーボン業界やロビー活動にくわしい人々は、禁酒法が関係していると説明する。だが、そうであるとすれば物語は行き詰まってしまう。というのも、禁酒法が制定されるずっと前からケンタッキー州はウイスキーでその名を馳せており、つまりここにはそれだけよい物語を紡ぐ力があったのだ。辺境ではものごとを書き記す習慣がなかったので、バーボンがつくられはじめた頃の具体的なことについては――なぜ焦がした樽で熟成させはじめたのか、そもそもなぜバーボンという名前になったのか、という疑問も含めて――まともな記録が残っていない。だが、神話のような伝説に端を発し、さまざまな歴史と謎に彩られたケンタッキー州は、その後、神話と現実のすき間を埋める独創的な方法を発見する。ウイスキー業界はのちにその独創的なマーケティング戦略を「歴史」と呼ぶようになるのだが、そうした類の「歴史」について作家のジュリアン・バーンズは、「不完全な記憶と不十分な記録が出会うところで必ず生まれるもの」と表現している。

現在、ケンタッキー州バーズタウンのヘブンヒル蒸溜所は、エライジャ・クレイグというバーボンをつくっている。このブランド名の由来となった男は、何十年ものあいだ「最初に」バーボンをつくった人物だと伝えられてきたが、それは誤りである。ケンタッキーに移住して蒸溜業をはじめる前、クレイグはヴァージニア州で宣教師をしていた。彼の評判は二分されていた。一七六八年には、あまりに過激な説教のせいで、北米植民地の公式宗派である聖公会の聖職者たちを激怒させて収監されたことがある。しかし独房のなかからもめげずに扇動的な説教を続け、多くの民衆を惹きつけた。そのなかに、のちに合衆国憲法で宗教の自由を保障するために活動した若き日のジェームズ・マディソンもいた。独立戦争が終わってまもなく、クレイグはもっと自由な土地で新たな人生をはじめようと決意した。兄弟のルイスの案に乗り、六〇〇人を率いて現在のケンタッキー州へ移住することになった。彼らは自らを「移動教会」と称していた。

やがてたどり着いたケンタッキーは、変化の地、未知なる土地だった。多くの者にとっては、地名さえ謎に包まれていた。「ケンタッキー」という名前は、チェロキー族には「暗く血にまみれた土地」という意味だが、イロコイ族には「草原」という意味になる。ワイアンドット族は「明日の土地」という意味だと言い、ショーニー族は「川のはじまるところ」だと主張した。それ以外の先住民は、それらはすべて白人の考えた名前だと一蹴している。

クレイグと「移動教会」がやってくる前からケンタッキーに住んでいた開拓民たちも、同じく謎に包まれていた。その大半は人里を避けて孤独に暮らす、独立戦争でワシントンに加勢したスコッチ・アイリッシュの蒸溜業者のような人々――採集より狩猟を得意とする者たちだ。彼らは鹿皮をまとい、たまに東部に出てくると先住民を殺した話を語って聞かせた。フランス出身のニューヨーカー、ヘクトール・セント＝ジョン・ドゥ・クレーヴクールは、彼らを「人を食う獣並み」で、「わが社会のもっとも醜悪な部分を露わにしている」と言い表した。ニッカーボッカー・グループのような作家クラブが出てくるのは何十年も先のことで、そうした未開の男たちをアメリカの英雄の原型として描き直すジェイムズ・フェニモア・クーパーやワシントン・アーヴィングなどの作家が出てくるまでにはまだしばらく時間が必要だった。

ただし、ケンタッキーにクレイグと「移動教会」が移ってきたのは、ケンタッキーのイメージがすでに変わりはじめていたからだった。クレーヴクールをはじめとして、辺境には社会とのつながりや文明を持ち込んでくれるまともな農民が必要だ、と訴える者も多かった。「マニフェスト・デスティニー」[「明白なる使命」の意。アメリカの西部開拓を正当化する標語] の理念が産声を上げた頃で、ジェファーソンの農村民主主義の実現に向けた動きも根を張りはじめていた。一七七九年、ヴァージニア州知事だったジェファーソンは——一七九二年に州になるまでケンタッキーはヴァージニア州の一部だった——、トウモロコシを育てるためなら無償で土地を分け与えると、クレイグのような人々が移住するよう誘い込んだ。

そうしてぽつぽつと移住がはじまったものの、多くの人々は恐れを拭いきれなかった。入植者を集めるために辺境が本当に必要としていたのは、適切な広報担当者だった。そこへ登場したのが、ダニエル・ブーンだ。彼は貧しく血気盛んだった青年時代に辺境に入植し、独立戦争ではアメリカ先住民と戦った。のちには公職についてフリーメイソンの一員となり、一代で身を立てた者として辺境の可能性を体現してみせた。そして五五歳のとき、歴史家のジョン・フィルソンが発表した『ケンタッキーの発見と植民と現状 *The Discovery, Settlement and Present State of Kentucke*』で、生きる伝説となる。フィルソンはブーンの冒険に満ちた生涯を叙情豊かに描き出し、細部までは描いていないものの——彼が辺境に移ってきたのは借金取りから逃れるためでもあったことなど（その後返済した）——驚くほど壮大で痛快なブーンの物語をつくり上げた。[*]

＊ ブーンの一族はやがてノブ・クリーク農場に蒸溜所を開き、のちの大統領エイブラハム・リンカンの父親であるトーマス・リンカンを雇った。

美しく表現するなら、それは「神話づくり」だった。美文調を得意とする作家たちが喜んでフィルソンの試みに参加して辺境を美化して描くと、放浪に憧れを抱くクレイグやエライジャ・ペッパー、ヘンリー・ワッセン、ジェイコブ・ビーム（のちにビームに改名）などなど、何十年かのちにバーボンのブランドに名を残すことになる者たちを呼び寄せることになった。そうした作家たちは、ケンタッキーでは入植者は「自分と家族を養うのに一日わずか二時間だけ」働けばいい、と筆をすべらせた。ある作家などは、天国とは「ケンタッキーのようなところだ」とまで言い切った。現代の歴史家ダニエル・ブレイク・スミスは、ブーンにとってのケンタッキーは「最初にして至高の理想郷だった。必要と希望から生まれた理想郷だ」と記している。

ケンタッキーにたどり着いたクレイグと「移動教会」は、旧約聖書が「乳と蜜の流れる土地」と呼ぶ土地の名前を借りて、「レバノン」という町をつくった（一七九〇年、この町は合衆国初の大統領に敬意を表して「ジョージタウン」と改名された）。やがて一行は、その土地がウイスキーをつくるのに完璧な場所であることに気がついた。そっくり同じようないくつもの青い丘がだんだんとかすみながら地平線の彼方まで続く、浸食作用で起伏に富んだケンタッキーの大地は、ある入植者が〝黒いバター〟となぞらえたほど肥沃な低地をつくり出していた。もともとその低地はトウモロコシの生育にかけては伝説的な場所だった。白人がケンタッキーに入植しはじめる一世紀前にウィスコンシンに住んでいたジェローム・ラルマンというイエズス会宣教師は、ケンタッキーのトウモロコシは樹木よりも高くなり、その穂は六〇センチにも育ち、粒はブドウよりも大きいと先住民から聞いたという。

これはもちろん、ケンタッキーのDNAに組み込まれた大げさなつくり話の一種にすぎない。とはいえ、確かにトウモロコシはよく育ち、入植したばかりの荒れ地に植えるものとしては理にかなった選択だった。丈の低い穀物ほど土を耕す必要がなく、雑草よりも早く生育する。トウモロコシは、ケンタッキーの伝説的な土地一帯に花火のように広まっていった。当時メリーランド州の農場がだいたい一エーカー［約四〇アール］あたり一〇ブッシェル（約二七〇キログラム）のトウモロコシを生産していたのに対し、ケンタッキーの土地は四〇ブッシェルを産出した。ひと家族の消費量を超えていたので、蒸溜してウイスキーにできるだけの余剰があったのである。ウイスキーは腐らず、物々交換に使うことができ、普段の飲み物にもなった。入植者たちには、およそ疲れ知らずの土地に思えたことだろう。

肥沃な沖積層の下にある石灰層も、ウイスキーに欠かせなかった。水は石灰層を通って泉に湧き出しており、ショーニー族はそうした泉を冥界への入り口だと信じていた。ショーニー族の戦士は泉のまわりにタバコの葉を撒き、狩りから無事にもどってこられるように精霊に祈った。クレイグのような農民蒸溜業者にとっては、その水はさまざまな蒸溜酒を生み出してくれる貴重な手段だった。石灰層で濾過されて鉄塩がなくなりカルシウムが加わっているので、醱酵中の酵母の働きを助けてくれるのだ。

　この土地の特性と経済性に決定づけられて、ウイスキーはますます現代のバーボンに近づいていった。おもな原料はトウモロコシ、それにライ麦をいくらかと、少量の大麦麦芽。この組み合わせは技術的な見地からも風味の点からも申しぶんなかった。トウモロコシは安価であり、ほかの穀物よりもアルコールが多く採れるので、商売としても優秀な原料だった。ライ麦は使い道に困る穀物だったが、風味を増すという利用方法が見つかった。この三種以外にも原料になりそうな穀物はあったが、それぞれに難しさがあった。需要のわりに収量が少ない小麦は値段が高かったし、ソバはねばつきがでるうえに乾燥に弱く、オート麦はもみ殻が多すぎて扱いにくい――醱酵不足のまま蒸溜にかけ、沸騰してワーム〔蒸溜したアルコール蒸気を冷却する管〕に入り込もうものなら、スチルを吹き飛ばしかねないだろう。

　当時の製法はほとんど記録に残っていないが、現存するものを見ると、マッシュビルはバーボンに近かったようだ。*一九世紀初期のある蒸溜所の仕様書には、「ライ麦は全体の四分の一程度加えれば十分である」という記述がみられる。**仕様書はまた、当時の蒸溜所は入手可能ならばあらゆるものも使っていたことや、穀物の構成比率にほとんど統一性がなかったことをうかがわせる。つまり、現代の蒸溜所が昔から変わらない「一族の製法」を厳密に守っている、と謳っているのはきわめて疑わしいということだ。その当時、ウイスキーはおもに樽ごと売られていたのでブランド名は存在せず、ブランドの個性を示す味の均一性は問題にされなかった。一八一九年にアンソニー・ブーシェリーが出版した蒸溜マニュアルによると、製法はなんでもありと言ってよく、「ウイスキーは、ライ麦でも大麦でもインディアン・コーンでもつくることができる。そうした穀物のうちひとつを、もしくは全部を使ってもよい。いずれもこの国ではおおむね豊富に採れる」とされていた。

＊　一七九五年前後に書かれたと見られるユニオン郡の住民ジョナサン・テイラーの日記には、コーンウイスキーにライ麦を入れる製法と入れない製法の両方が載っている。ケンタッキー州ルイビルのホープ・ディスティラリーは一八一六年頃の創業で、やや時代は下るが同社の購入記録を見ると、現代のバーボンによく似た比率でトウモロコシと大麦とライ麦を買っている。

＊＊　このマッシュビルはベイシル・ヘイデンの近隣一帯で見られる。ベイシル・ヘイデンはビーム社のブランドのひとつで、クレイグと同時期にメリーランド州からケンタッキーにやってきた農民蒸溜業者を称えて一九九二年につくられた。

どのような製法でつくるにせよ、できあがったものの質はいろいろだっただろう。スチルから出てくる透明で未熟成のウイスキーは、すぐに「白人」を意味する〝ペールフェイス〟と愛称がついた。それは「酔う」という実用的な目的には事足りたが、舌や心を満足させるにはもの足りなかったに違いない。風味はワシントンのライ・ウイスキーのように、果物やハーブ、クローブやアニス、セイヨウネズの精油で香りづけされていた。「チェリー・バウンス」という、シロップおよびサクランボまたは桜の木の根の皮をお湯に浸した抽出液を加える人気の飲み方ができたのもこの頃だった。

もっと洗練した味を求めて、木炭で濾過するという方法も使われた。これは原酒に多く含まれるフーゼル油の不快な香気成分を取りのぞき、原酒のアルコールの酸を中和して甘みを増す効果がある。この工程では、通常、底にいくつか孔を空けた濾過槽が使われる。フランネルの生地を底に敷き詰め、その上にサトウカエデやヒッコリーの生木からつくった炭をぎっしり並べて、蒸溜したばかりの原酒を濾過する仕組みだ。

けれども、木炭の濾過は、原酒の荒々しさをやわらげる方法としては一時しのぎにすぎなかった。それに、一九世紀初頭にはまだ、ケンタッキーのウイスキーがとくべつ味がよいという評判は立っていない。

しかし、現代のマーケティングはこのような事実を見逃さない。焦がしたオーク樽でバーボンを熟成することを思いついたのはクレイグ牧師であるというもっともらしいつくり話を仕立て上げたのだ。一説によれば、ケンタッキーに入植したクレイグは牧師として説教を続けていたが、しだいに蒸溜にかける時間のほうが増えていったという（バプティスト派のほかの牧師たちは「神と富の両方に仕えることはできない」と彼の起業熱を批判した）。今日、ヘブンヒル蒸溜所では、「ウイスキーの貯蔵と輸送に使うつもりだった樽の内側が納屋の火事によって焦げた」という伝説が語られている。つましい開拓民だったクレイグは、樽を再利用しようとした際に、炭化した内側の部分がウイスキーに独特の香りを与えてくれることを偶然に発見したのだそうだ。

伝説によれば、こうしてバーボンが生まれたのである。

だがこれは真実ではない。エライジャ・クレイグのブランドができたのは一九八六年だが、ヘブンヒル蒸溜所は一九三四年創業である。歴史上の派手な人物をブランド名につけることでロマンティックに美化された過去と容易につながる伝説が生まれたのだ。

クレイグの神話がはじめて登場したのは一八七四年、歴史家のリチャード・コリンズがクレイグをバーボンの祖としたのがきっかけだ。コリンズはクレイグの名前を出したわけではないが、彼の六〇〇ページに及ぶ大著『ケンタッキーの歴史 *History of Kentucky*』――何十年にもわたってケンタッキー州の教室で使われた定番の歴史書――のなかの「ケンタッキーで生まれたもの」という項目で、「最初のバーボン・ウイスキーは、一七八九年にジョージタウンのロイヤルスプリングにある縮絨用水車小屋でつくられた」と記した。それがクレイグだとわかるのは、彼の蒸溜所がそこにあったからだ。ただしコリンズは、クレイグのウイスキーが当時のほかのケンタッキー・ウイスキーと違っていたとまでは書いていない。現代の歴史家は、ウイスキーの評判を守ろうとしたコリンズが、美化されたクレイグの伝説を利用したのではないかと考えている。彼がこの本を書いた頃、ウイスキーは禁酒運動の攻撃対象だったからだ。

ヘブンヒルがクレイグの逸話に同調したのは不思議ではない――バーボンは自然発生的に生まれた、という無味乾燥な説明よりもずっと夢がある。名もないたくさんの農民蒸溜業者たちの努力で生まれた、あるいは、地方に広がってきた噂を聞きつけた彼らが何度も実験を繰り返すうちにしだいに蒸溜方法を体得していった、などと言われるよりずっといい。ヘブンヒル蒸溜所は、偉大な物語にヒーローは何人もいらないとわかっている。必要なのはひとりだけ。クレイグがその配役を勝ち取ったのである。

バーボンのマーケティングにおいて、クレイグのような話は例外というよりむしろ絶対のルールだ。長いあいだ、ブランドを経営する企業だけがバーボンの歴史の語り手で、利益につながりそうにない退屈な物語は脇に押しやられていた。このようにウイスキーのボトルに書かれている物語の九割は信用すべきでないが、この物語を楽しむことは忘れないほうがいい。物語はウイスキーと似ている。最初はふわふわした蒸気のようなものがやがて液化し、中が見えない樽のなかで何年も寝かされる。そしてやっと外に出てきたときには、まるで違った素敵なものに変身しているのだ。

◉

あらゆるウイスキーの樽（バレル）は、中世の錬金術師の実験室のようなものかもしれない。うす暗く煤(すす)けたところに透明な液体を注ぎ込むと、数年後には金色に生まれ変わって現れる。最初はウイスキーを入れて運ぶだけのものだった樽も、数世紀後には別のものに進化した。容器を兼ねた原料になったのである。

樽は、鯨油、魚、釘など、さまざまなものを運ぶのに使われてきた。古くは紀元一世紀頃、アルプスで暮らす人々が使っているのを大プリニウス（二二／二三～七九）が目撃している。輸送の道具としては車輪と比較されるほど重要で、簡素なデザインは単純だがよくできている。樽は真ん中がふくらんだ設計で、木の側板が天地をつなぎ、お互いを支えながら側壁を構成している。もし棚や船の舷門から転がり出ても、支え合っている側板が衝撃を吸収するので壊れにくい。樽はパズルのように組み立てられ、中身に接触しないように数本の金属の帯で束ねられる。釘を使わないのは、液体に触れると錆びるうえに、釘の多くが鉄製だったのでウイスキーと反応して味を損なってしまうからだ。

液体を入れると一〇〇キロを超える重さになる樽でも、中央部がふくらんだ形のために、平均的な体格の大人なら比較的楽に扱うことができる。立てて保管してあれば、簡単に端を傾けて好きな方向へ転がせる。わずかな面しか地面に接していないので、どの向きにも回転し、ずっしりと重いわりに軽く押すだけで動かすことができる。樽のサイズは大小さまざまあったが、ビール醸造所やオイル会社（鯨油、それから石油）がいちばんの得意先だった一九世紀の大半は、四八米ガロン（約一八〇リットル）が主流だった。第二次世界大戦後にそうした業界が鋼鉄製の樽に移行し、ウイスキー業界が木樽のおもな買い手になったときに、標準サイズは五三米ガロン（約二〇〇リットル）となった。それが多くの熟成倉庫の棚に収まる最大サイズだったからである。液体をめいっぱい詰めると、五三米ガロン樽はおよそ五〇〇ポンド（約二二六キログラム）になる。標準的な港湾労働者が安全に扱える重量の限界がそのぐらいだと言われている。

焦がした樽に保存した水とワインが長くもつことは、ローマ時代初期から知られていた。一五世紀に入る頃には、フランス人が同じようにブランデーを樽に入れて味をまろやかにしたり、風味や色をつけたりしていた。一九世紀初頭のアメリカの酒飲みたちも、内側を焦がしたオーク樽――木目が詰まって液漏れの少ないオークの樽がよく使われた――で運んだ蒸溜酒は長い航海のあとで味がよくなることに気がついていた。樽をただの運搬道具として使うことから原料として扱うことの小さな一歩は、そうして踏み出された。

今日のバーボン・メーカーは、バーボンの最終的な風味の五〇パーセントから八〇パーセントは樽から来ていると述べている。樽のなかのアルコールは溶媒となって、ゆっくり時間をかけて樽材のセルロースやヘミセルロース、リグニンなどの成分――バーボンのバニラ、ミント、アニスの香りのもとになっている——を分解する。なかでもホワイトオークはそうした化合物を多く含み、その程度は、樹齢や生育場所やほかのさまざまな要因によって変わってくる。そうした化合物の芳香成分が、バタースコッチやバニラ、シナモン、ココナッツ、シトラスなどを思わせるバーボンの多種多様な風味を決定している。

焼き焦がした樽の内部は黒焦げのトーストのような状態だが、外から見えない焦げ（チャー）の下の層では、天然の木の糖分が炙（いぶ）られてカラメル化している。炙ったマシュマロを思い浮かべてほしい。黒く焦げた外側の皮をはがすと、その下に香ばしそうなきつね色のかりかりした砂糖の粒が隠れているだろう。気温の高い時期には樽内の圧が上がり、バーボンが焦げた部分——これがフィルターになって不純物を濾過する——の奥の炙られた層へと浸みていく。気温が下がると、今度は木の香りや風味がうつったウイスキーが樽材から押し出される。樽板をためしに横に切ってみると、川の土手の高水位線のような跡——そこまでウイスキーが木目にしみ込んだというしるし——が見えるはずだ。ウイスキーは潮のように満ちたり引いたりする。昼夜の温度のわずかな揺らぎによって引き起こされる満ち引きがあり、そして季節の移り変わりによるさらに大きな循環がある。冬が寒く夏が暑いアメリカ中西部や南部では、極端と言えるほど激しい寒暖差のためにウイスキーが盛んに樽材への出入りを繰り返すので、熟成は早い。スコットランドなど、気温差がそれほど大きくない場所では熟成にはもっと時間がかかることが多い。

偉業の裏には多くの幸運があるものだ。樽が五〇ガロン前後に設計されたのは輸送のためだが、これはウイスキーを熟成するのに理想的な大きさでもあった。熟成を早めようともっと小さな樽を使っているところもあるが——数年ではなく数か月でウイスキーをつくろうとして——よい結果が出るとは限らない。小さな樽では液体の樽材に接する表面積の割合が大きくなるので、色や風味をつける抽出の工程は短縮できるが、より時間を必要とするほかの工程がないがしろにされてしまう。酸化や蒸散、エステル化といった工程は、樽の大きさに応じて異なるタイミングでピークに至る。小さな樽を使うことで色や風味の抽出は早められたとしても、蒸散などの熟成にかかわるほかの工程が追いつかないまま抽出だけが終わってしまうだろう——これが、ウイスキーを単に木で風味づけすることと「熟成」させることの違いである。大きな樽を使うと、そうした異なる工程をよりよく調和させることができるのだ。量が多いとウイスキーは時間をかけて少しずつ蒸散し、そのあいだに溶け出した香気成分が凝縮される。また、木香（きが）がゆっくりと溶出されることで——樽の表面積あたりのウイスキーの量が少なくなるため——ウイスキーに木のタンニンが溶け込みすぎて苦みや強いクセがつくのを防ぐことができる。

酸化と蒸散が起きているあいだ、ウイスキーの樽は寒暖にあわせて肺のように呼吸する。ウイスキーが冷えて木から押し出されるとき、樽材を通して外気を樽の内側へ引き入れる（「息を吸う」）。入ってきた酸素はゆっくりウイスキーに溶けて熟成を促進させ、風味をまろやかにする。気温が上がるとウイスキーは膨張し、樽は空気とともに微量の気化した液体を「吐き出す」。こうした蒸散で失われるウイスキーは、「天使の分け前」というしゃれた名前で呼ばれる。*樽の呼吸にともなって起きる酸化では、エステル化という化学反応も同時に起きる。これは、蒸溜液に含まれる長く複雑な香気成分の分子がばらけて再組成される反応のことだ。こうした分子の鎖は樽材と接触するたびに異なる反応を起こすので、ウイスキーに深みとさらなる風味を加えることになる。

＊　温暖な中西部では年平均で四パーセントほど蒸散するが、気温によっては八パーセント蒸散することもある。

ウイスキーをうまく熟成させるには——そうしたすべての異なる工程を調和させるには——時間と速度の調節を完璧に行なう必要があり、バーベキュー料理のように、完成されたものに仕上げるための辛抱強さは欠かせない。たとえば肉を焼くとき、火を強めれば短時間で調理することができる——理論上火を通すことはできる——が、タンパク質と脂肪は、低温でじっくり調理したときほど完璧には分解されない。バーボンで言えば、大きな樽でウイスキーを熟成することがバーベキューの「遠火でじっくり（ロー・アンド・スロー）」にあたる。そのため、飲むに値する味になるまで最低三年はかかり、記憶に残る味になるまでには一〇年近くかかるのだ。それだけの時間をかけられない蒸溜業者は小さな樽での熟成に頼るが、それは肉を電子レンジで調理するのと変わらない。食べられなくはないが、けっしておいしいとは言えないのである。

もっとも、所詮、味は主観的なものだと考えれば、小さな樽が劣っているかどうかは議論が分かれるところだろう。大きな樽で熟成させた昔ながらのウイスキーが好きな人は、小さな樽で寝かせたウイスキーの樹脂のような尖った香りをあまり好まない。一方、小さな樽を使う蒸溜業者は、自分たちは伝統を追い求めているのではないと答える。伝統的なものとは違う個性的な味をつくろうとしているのだと主張する。その試みは理解できるが、かといって、味覚は主観的だからすべてのウイスキーは平等だと言えるわけではない。いずれにせよ、樽の大きさひとつをめぐって忌憚なく熱い議論を戦わせることがウイスキー・マニアたる者の楽しみなのだ。

研究者たちはいまも熟成プロセスにかかわるさまざまな要素の解明に取り組んでいる。ケンタッキー州フランクフォートのバッファロー・トレース・ディスティラリーには、「X倉庫」という、熟成の実験に特化した施設がある。倉庫内に設けられた小部屋はそれぞれ、気温や自然光や湿度などの条件が異なり、それらすべてが熟成プロセスの研究のために設定されている。バッファロー・トレースの化学者たちは、樽材の香気成分である化合物を三〇〇種類発見したが、特定の香気と同定できたのはそのうち二〇〇種類ほどだという。それらの化合物はウイスキーに及ぼす影響がひとつひとつ異なり、慎重に調和させるべきほかの変数（時間、熱、酸化、エステル化、抽出）も含めた巨大な方程式の一部となっている。もちろん、あらゆる法則に例外があり、ウイスキーづくりが芸術と科学のブレンドだといわれる由縁もそこにある。いまもって謎の多い熟成プロセスだが、アメリカ人が最初に樽で蒸溜酒を熟成しはじめたとき、「木」がウイスキーをおいしくするという要素だけは解明されていた。内側を少し焦がしてあるときには、なおさらだ。

◉

現代の酒造会社は、ケンタッキー州でウイスキー業が盛んになったのはウイスキー税反乱の影響だと主張している。ペンシルベニア州でもっとも激しくウイスキー税に抵抗していたのが蒸溜業者で、彼らが当局の締めつけの及ばない西部、つまりケンタッキーへ移ったことが、この地でウイスキーが栄えたきっかけだというのだ。現代的なマーケティングの道具として語り直されたこうした歴史は、バーボンに独立心や不屈の精神といった力強いイメージを植えつける。ところが現実は、ケンタッキーのウイスキー産業は反乱が勃発する頃にはすでに萌芽しており、ウイスキーが発展したのは、反乱の影響というよりむしろ、政策の立案者トーマス・ジェファーソン、神話のつくり手ジョン・フィルソン、広報担当のダニエル・ブーン、そしてエライジャ・クレイグのような怒りっぽい夢想家たちの影響によるところが大きかった。彼らのおかげでケンタッキーの人口は一七九〇年の七万三六七七人から一八三〇年には六八万七九一七人まで増え、農民蒸溜業者の増加とともに中間業者の数も増えていった。このような商売人たちが、じつはバーボンの陰の功労者だ。樽の使い方を見つけ、おそらくはバーボンにその名を与えたのも彼らだった（ここでもバーボンは資本主義の申し子だった）。

二一世紀に入った頃、ルイビルの「フィルソン歴史協会」に所属するマイケル・ヴィーチ――バーボンの歴史を熱心に研究している数少ないひとりである――を中心とした歴史家たちが、バーボンの模糊とした起源を探るべくそうした商売人たちに注目しはじめた。なかでも、あるふたりの兄弟の働きには目覚しいものがあった。ルイ・タラスコンとジャン・タラスコンという、一七八九年にフランス革命がはじまってまもなく合衆国に逃げてきたフランス人の兄弟である。一八〇七年、兄弟はルイビルとニューオーリンズを往復して商売をするようになり、ルイビルのすぐ西を流れるオハイオ川の中州シッピングポート島に倉庫を構えた。タラスコン兄弟はフランス系移民の一団をニューオーリンズからシッピングポートに連れてきて、彼らにしかできない仕事を任せた。上流地域から運ばれてくるウイスキーを仕入れ、彼らの知っている最高の方法でそれを改良するのだ。焦がした樽でウイスキーを熟成させるというその方法は、故郷フランスのコニャック地方、かのブランデーで有名な地方で多くのフランス人が行なっていた方法だった。そうして樽詰めしたものは、ニューオーリンズにいるほかのフランス人商人に送られた。

パブロ・ピカソは、「すぐれた芸術家は真似をし、偉大な芸術家は盗む」という言葉を残した。彼はその格言を作曲家のイーゴリ・ストラヴィンスキーから盗み、ストランヴィンスキーはどうやら詩人のT・S・エリオットから盗み、そのエリオットもほぼ間違いなくだれかから盗んだのだろう。タラスコン兄弟も、海の向こうからアイデアを盗んでバーボンの進化に影響を及ぼした。アメリカ人は一般に、自分たちのルーツであるヨーロッパの生活にさほど思い入れをもっていなかったが、飲み物だけは別だったようで、巷(ちまた)には外国の蒸溜酒の模造品があふれていた。フィラデルフィアの蒸溜業者ハリソン・ホールが、一八一一年にこんなことを書いている。「外国産の酒の代わりになるものを手に入れようと人々は知恵を絞って穀物の蒸溜をはじめた。愛国主義のため——いや、むしろ金儲けのためなのだろう。最近では小屋に据えたスチルに銃身からつくったワームを取りつけただけの設備も出現し、あちらこちらで盛んにウイスキーがつくられている」

昔もいまも、酒の世界を支配するのは格式と評判だ。めずらしい外国の酒を模造することで、蒸溜業者はそういったものに喜んで金を出す人々の懐の奥に手を伸ばすこともできた。コニャックなどのブランデーはすでに上流階級のあいだで評判が高かった。コニャックは富と贅沢の象徴で、蒸溜の芸術的見本と考えられていた。オークの樽で、それも焦がしたオークの樽で長期間熟成されたコニャックは、洗練された飲み物の象徴だった。飲み手にとって、洗練されていることは重要な意味を持つ。もちろんつくり手にとっても、酒が高く売れるので重要だった。

だが、フランスからコニャックを輸入するには元手が必要だ。そこで辺境の事業家のなかには模造品をつくる者が出てきた。アメリカ人は「一級の目利きもだませる」ような「外国の蒸溜酒」の模造品をつくるのに長けている、とホールは書いている。一八一七年の食料雑貨店の広告によると、ケンタッキーの食糧雑貨店には、「アイルランド産ウイスキー」や「オランダ産ジン」や、「ジャマイカ産ラム」「年代物のスコッチ」「コニャック」などが並んでいる。正式な商標法が存在せず、今日のような国際的な表示保護制度もない世界では、単に名称だけアイルランド産やオランダ産を謳っていたにすぎなかったと思われる。

トウモロコシを主原料につくられるウイスキーは、ほかの蒸溜酒に比べて甘みが強いが、遠くの市場まではるばる船で運ばれているあいだに、樽材から成分が溶け出してさらに甘みと風味が増す。これは、コニャックのように甘くまろやかなブランデーを好む消費者にはことのほか受けた。ニューオーリンズの人々はすぐに、ケンタッキーや遠くオハイオ川流域から運ばれてくるウイスキーは、コニャックのような洗練されたブランデーとなめらかさの質がよく似ていることに気がついた。[*]

＊ 焦がした樽を使ってケンタッキー・ウイスキーを熟成したことについて、もっとも古い「書かれた」記録は一八二六年にさかのぼる。その記録には、レキシントンの食料雑貨店主がジョン・コーリスという蒸溜業者にこんな話をしたと記されている。「聞いた話じゃ、樽の内側を、そうだな、一六分の一インチほど焼き焦がすとずいぶんいい酒ができるらしいぞ」。当然ながら、だれかが店主に樽を焦がす方法を語ったということは、その時点ですでにこの製法は使われていたと言える。

この新種の西部のウイスキーは、ニューオーリンズ経由でフィラデルフィアに運ばれた。最初に飲んだのは前述のハリソン・ホールだ。東部の人々のなかには辺境の蒸溜酒というだけで馬鹿にする者もいたが、ホールは擁護し、そうした声を「トウモロコシへのありがちな偏見だ」と批判した。ホールは樽材がもたらすふくよかで温かな口当たりに興味を持ち、西部の蒸溜業者がスチルから出てくる蒸溜液のいちばんよい部分だけを樽詰めして、質の落ちる「ヘッド」と「フェイント」は捨てていることを知った。なにより肝心なのは、そうした工程を経ることによってウイスキーの価値が上がることだ。熟成されていなかったり、熟成が足りていないウイスキーは、売っても利益が出なかった。それらのウイスキーは地元のオハイオ川流域でも遠くの市場でも値が変わらないため、輸送費を考えると足が出てしまうのだ。一九世紀の最初の数十年間、六か月から二四か月熟成させたウイスキーは、未熟成の蒸溜酒より六〇パーセント高値で売られるのがふつうだった。平底船で下流へ向かうのは生半可な長旅ではなく、特別上質なウイスキーでないかぎりケンタッキーからわざわざ輸送費をかけて運んでくる価値がなかったのだ。

バーボンの物語のなかで、コニャックの影響にまつわる話はずっと隅に追いやられてきた。現代の血の気の多い（レッド・ブラッド）アメリカ人たちは、労働者のバーボンが王侯貴族（ブルー・ブラッド）のコニャックからヒントを得てつくられたなどと、とうてい認めたくはないのだろう。しかし、今日のニューオーリンズとルイビルにいまも見られる当時の名残を見ると、このふたつの街に通じるフランスとの歴史的なつながりがうっすらと浮かび上がってくる。どちらの街もそれぞれの地域でもっとも歴史が古く、フランスにちなんだ地名を持ち、百合の紋章（フルール・ド・リス）［フランス王家と関係の深い紋章］を長く使っている。また、合衆国のどこの都市よりショットガンハウス［アメリカ南部に多く見られる間口の狭い平屋建ての住宅］が多い。街の狭苦しい一画に立ち並ぶそうした長屋は、荷を乗せたふたつの街を行き交っていた平底船が壊れて戻れなくなってしまったものを解体して建てられたものである。

一般に、大きな国になるためには農業ではなく貿易の力が必要だが、バーボンを大きく成長させたのもやはり貿易だった。当時、北アメリカの交易の中心地はニューオーリンズであり、ルイビルという地方の重要な交易拠点を通じて出荷されるウイスキーにとっても、それは巨大な市場だった。*当時の貿易の記録によると、鉄道時代以前の一九世紀半ば、西部の州から出荷されるウイスキーの九五パーセントがニューオーリンズに運ばれてきたという。いったん集まったウイスキーは、ほかの品物と違ってべつの土地に向けて再出荷されることはあまりなく、世界でも指折りの酒の消費量を誇るニューオーリンズの街のなかで飲みつくされた。**

＊　ルイビルは現在でも商取引の中継地として有名である。ルイビルにあるUPSの発送センター「ワールドポート」は輸送業のハブとしては世界最大で、合衆国の人口の九五パーセントがそこから飛行機で四時間の圏内に住んでいる。つまり、ほかの多くの企業もルイビル周辺に物流施設を抱えているということだ。

＊＊　当時のニューオーリンズはアメリカ屈指の巨大都市だった。現代では人口が落ち込んでいるために忘れられがちだが、一九世紀を通じて、ニューオーリンズはアメリカでもっとも大きな街のひとつだった。

ところで、ウイスキーを大量に消費したニューオーリンズは、当時ウイスキーをなんと呼んでいたのだろうか？　一九世紀前半、バーボンという呼び名は一般的ではなかった。ケンタッキー州でウイスキーがバーボンと呼ばれたのは、おそらく一八二一年が最初だが、当時はまだほとんどの人は別の呼び方をしていた。ある手記によると、その三年後にフランスのラファイエット侯爵がケンタッキー州を訪れたとき、彼をもてなした家の主人が勧めたのはバーボンではなく、〝ウイスキ〟という飲み物だったという。ラファイエット侯は独立戦争のときにフランスからアメリカへの経済的支援を取りまとめた人物で、その行為に敬意を表して、郡のひとつをフランスのブルボン王朝にちなんでバーボン郡［「ブルボン」を英語読みすると「バーボン」になる］と名づけた。もしケンタッキー人がバーボンという呼び名でウイスキーのことを呼んでいたらラファイエット侯に報告しなかったはずがないが、その記録は残されていないようだ。

一八四〇年代になるまで、ウイスキーは一般的にただ「ウイスキー」という総称で呼ばれるか、近くの町や村の名前にちなんで「バーズタウン・ウイスキー」や「ロレット・ウイスキー」などと呼ばれ、そのほとんどすべてが地元で消費されていた。一八一二年、ケンタッキー州だけで二〇〇〇の蒸溜所が登録されており、未登録の蒸溜所はおそらくそれ以上あっただろう。ウイスキーを外から仕入れていた唯一の場所は――そのためにウイスキーの名前や産地の違いが意味を持ちそうな場所は――大都市である。食料雑貨商やタラスコン兄弟のような中間業者は、そうした遠くの土地で自分たちのウイスキーを目立たせる手段を必要としていたはずだ。ニューオーリンズのような取り引きの多い市場ではなおさらだろう。最近では、「バーボン」という名称は完全なるマーケティングの道具で、ニューオーリンズの一大勢力だったフランス語を話す層にアピールするのが目的だったのではないか、という仮説が有力になりつつある。

だが、バーボンの名前の由来として今日一般的に語られているのは、ニューオーリンズの酒業者が「ケンタッキー州バーボン郡ライムストーン」という港から来るウイスキーを買いはじめたのをきっかけに、ケンタッキー州バーボン郡にちなんでバーボンという名前がつけられた、という説明だ。残念ながらこの説明を裏づける史料は残っていないと、マイケル・ヴィーチやチャック・カウダリーのような歴史家は指摘している。ケンタッキー州ライムストーンは今日メイビルと呼ばれるあたりだが、ケンタッキーが一七九二年に州になる前にほんの一部がバーボン郡に入っていたにすぎない。ケンタッキー州が成立するとバーボン郡はたくさんの小さな郡に分割され、バーボン郡自体もぐっと縮小された。その名前がしばしば取り沙汰されるライムストーンの港は、メイソン郡の一部になった。郡名が変わっても、港は二〇年ほど「オールド・バーボン」と呼ばれつづけたが、その習慣もバーボンがウイスキーの一般名として定着しはじめるずいぶん前に消えていた。「オールド・バーボン」がライムストーンの港の愛称として引きつづき広く使われていた時期は、ニューオーリンズとの取り引きはまだわずかだった。ニューオーリンズの業者がその名前の蒸溜酒に目をとめた可能性は、限りなく低かっただろう。*

＊ ルイビルから車で二時間半ほど東のメイズビルとその近郊に住むケンタッキー人は、今日、この「ライムストーン起源説」を否定されると怒り出すことがある。この地域には現代的な蒸溜所がほとんどないうえ、「バーボンの生誕地」の肩書を持たないので、ケンタッキー州がバーボン業界がらみで推進している観光産業からメイズビル一帯は外されたのだ。とはいえ、戦略的にみれば、ルイビルのよう

な賑やかな街のまわりに産業を集約するのはもっともな話ではあるのだが。

バーボンの名前の由来としてとりわけ興味深い仮説は、その名前はタラスコン兄弟のような中間業者が編み出した巧妙な商売上の作戦だったのではないか、という説だ。タラスコン兄弟ならずとも、ルイビルの船積み拠点の付近に住みついたフランス人たちは、バーボンの名がその地域につけられた由来や、その名前と彼らの最大の市場との親和性に十分気づいていたはずだ。一九世紀はじめにニューオーリンズへ移住したフランス人の多くは革命から逃げてきた王党派だったので、母国の「ブルボン王朝」に由来するその名前に一目置いたことだろう。一方、王党派が気に入らない革命派には、バーボン郡と母国のつながりを持ち出して、独立戦争時にフランスがアメリカを支援してくれたことに感謝してつけられた名前なのだと説明すればいい。「バーボン」は完璧な市場開拓ツールだった。この言葉は消費者それぞれにとってそれぞれの意味を持ち、だれの気分も害さない。響きも完璧だった。英語で唇を丸めてやわらかく発音するその言葉は、バーボンそのもののようになめらかに舌の上を転がる。

このようにしてバーボンという名前はできあがった。その呼び名が全国に広がるのは南北戦争が終わってからのことだが、オハイオ川流域からやってくる熟成されたウイスキーはしだいに人々の耳目を集めるようになり――ブランドではなく、特徴的な味わいで――、かくして国民的な飲み物は誕生した。その初期の擁護者だったハリソン・ホールは、「西部のウイスキー」と彼が呼んだものについてこんなことを書き残している。「フランス人はブランデーを飲む。オランダ人はジンを飲む。アイルランド人は彼らのウイスキーを誇る。イギリス人はポーター［ビールの一種］を心の

糧にしているだろう。となれば、われわれアメリカ人に固有の飲み物があってもおかしくないでは
ないか？」

第4章　大酒飲みの国

アメリカはとんでもない酔っぱらい国家だ。そう評したのは一九世紀の初頭にこの若い国を訪れた多くの外国人たちだ。訪問者名簿には、チャールズ・ディケンズ、アレクシ・ド・トクヴィル、フランセス・トロロープ、ハリエット・マルティノといった著名人が名を連ね、だれもが日記帳を片手にやってくると、この新しい国を観察してその力の源を見きわめようとした。そして、だれもがウイスキーに目をとめた。それは、見えない力でアメリカの経済をまとめ、政治に影響を及ぼし、自分たちとは異なる食生活とかかわり、アメリカにいるだれの息からもその香りが漂ってくるものだった。フランスの食通ジャン・ブリア＝サヴァランは、アメリカ滞在後の一八二五年に出版したかの有名な『美味礼讃』において、「国家の命運は国民の栄養状態によって決まる」と書いた。そして、アメリカの栄養源はウイスキーだった。それはあっという間に若い国の生命(プシュケー)の力強い象徴となり、今日につながる重要なイメージをつくりあげた。

そうした外国の訪問客たちは、アメリカ人に説教や批判をしようとしたわけではない。事実、彼らがアメリカという国について述べたことのほとんどは、ほめ言葉だった。アメリカの独立の精神や労働倫理や平等主義の理想をほめそやしたのだ。一八四〇年にジョン・スチュワート・ミルは、アメリカ旅行から戻ってきたイギリス人の著作のすべてが、政党のパンフレットのようにイギリスに政治と経済を改革せよと迫る内容だと記している。だが、批判されることもわずかにあった。そのひとつがウイスキーだ。ウイスキーを批判する外国人は、アメリカの友人を自認している者が多い。彼らはよそ者の偏りのない目で、アメリカ人自身が見過ごしていた、あるいは低く見積もっていた資質を、まさによき友人のようにおもしろがって指摘したのだ。マーク・トウェイン（一八三五～一九一〇）はそのお返しに数十年後、『地中海遊覧記』［吉岡栄一・錦織裕之訳。一九九七年、彩流社］を著し、ヨーロッパの宿屋の主人たちが――無意識なのか意識的なのかはわからないが――およそ愛想がなかったと言っている。

アメリカ人が大酒飲みになった理由はたくさん考えられる。ウイスキーが安かったこと。どこでも手に入ったこと。独立戦争を原点とする愛国的な労働者の飲み物として広く浸透していったこと。ウイスキーを飲むことはまた、国の団結を著し、平等主義の表明でもあった。また、外国人ジャーナリストたちは、アメリカ人は特殊な環境に住む困難と闘うためにウイスキーを利用しているようだと、やや辛辣に指摘した。人がまばらで生活するのに苦労が多い辺境地帯はどんどん拡大していき、そこへと流れ込む人々の数はますます増えていった。現代の歴史学者W・J・ロラバウによると、一九世紀最初の一六、七年間は、平均して七人にひとりのアメリカ人が町や村から人里離れた場所に移住し、合衆国史上、人々がもっとも孤独に暮らしていた時代だったという。そうした寂れた広大な土地は、ウイスキーがもっとも盛んにつくられた場所でもあった。ロラバウは書いている。当時のアメリカ人は、「夜が明けてから夜が明けるまで」飲んでいて、その量は現代人のおよそ三倍から五倍だった、と。

◉

現代の批評家は、アメリカ人の食はトウモロコシだらけだと批判する。高果糖コーンシロップ（HFCS）があまりに多くの加工食品で大量に使われているからだが、一九世紀のアメリカを訪れた人も同じことを思ったはずだ。当時のアメリカ人の食事はもっぱら共通の原料からできているようだった。つまり、コーンブレッドやトウモロコシ飼料で育った牛や豚の肉、トウモロコシからつくった飲み物。それらがアメリカ人の「基本食」であるとイギリスの旅行家は記している。『内側から見たアメリカ人の習俗』［杉山直人訳。二〇一二年、彩流社］がベストセラーになったことで知られるイギリス人作家フランセス・トロロープは、アメリカ料理の創造性のなさがトウモロコシの新しい食べ方を発明した、と主張した。トウモロコシは、ウイスキーにされなければ、たいてい粥にされるかパンケーキにして食べられる。「どれもひどい味だ」とトロロープは冷ややかに書いている。

食する、あるいは蒸溜する以外のトウモロコシは豚の餌になった。一八二〇年代、トウモロコシで育てた豚の加工の中心地だったシンシナティは、「ポークポリス（豚肉の都）」とあだ名された（シンシナティはウイスキーづくりも盛んだった）。シンシナティを訪れたトロロープは、オハイオ川流域に住むアメリカ人が「桁はずれの量のベーコン」を食べると驚き、通りをうろついている豚の多さにも衝撃を受けた。それでも、トロロープはすぐに豚を好きになることにした。公共サービスが不十分な都市部では、豚は排水路に捨てられた生ゴミを食べてくれる貴重な存在だったのだ。当時のアメリカ人は一日にひとりあたりおよそ一ポンド（約四五〇グラム）と、世界でも稀に見る量の豚肉を消費していたという。ほとんどの豚肉は塩漬けだったので、人々はよけいに喉が渇いてウイスキーをがぶ飲みし、胃のなかの炭水化物と脂を分解した。

アメリカ人は、その気になればもっと豊かで趣向に富んだ食生活が送れるはずであるにもかかわらず、わざわざ拒んでいるように見える、と外国人たちは書き記した。新鮮な野菜がとれる季節でも、多くのアメリカ人は野菜ではなく塩漬けの豚肉と蒸溜酒を口にした。「贅沢なウイスキーのほうが、菜園のおいしい野菜よりありがたがられている」とトロロープは指摘した。ドイツ人探検家のヴィート侯子マクシミリアンがミズーリ州を訪れたときも、菜園でとれる食べ物には目もくれずに「塩漬け豚肉とビスケットとウイスキー」ばかり飲み食いする人々にとても驚いたという。

だが、ヨーロッパ人はすぐに、アメリカ人のそうした食生活は一種の抵抗の姿勢なのだと気づいた。素朴で気の張らない料理は、アメリカ人の理想の姿そのものである。アメリカの食事は、多くが上流階級の出であったヨーロッパ人来訪者が慣れ親しんだ食事とはまるで対照的だった。アメリカ人にとって「美食に淫することは、旧世界の退廃を象徴することだった」と、歴史家ダニエル・ブーアスティンは述べている。

アメリカ人はウイスキーに大きな誇りを感じ、ウイスキーを飲むことで旧世界の慣習とは距離を置こうとしていた。一方で、ヨーロッパの富裕な来訪者や彼らに同調する裕福なアメリカ人たちはウイスキーを見下し、北アメリカ大陸で生まれた食のスタイルを軽蔑した（その態度はやがて変化していくが、一九世紀後半になってからのことだ）。彼らはたいていワインを好んだので、ワインといえばスノッブな上流階級を思い起こすようになった者も出てきた。そのうえワインはほとんどが輸入品だったので、値段はウイスキーの四倍もした。そのこともまた、ワインの悪評に拍車をかけた（トーマス・ジェファーソンは国産ワイン産業を立ち上げようとしたが失敗した）。こうして、ワインを上品にたしなむことは、ウイスキーやシードルといった安価な大衆の飲み物を愛する人々からはむしろ嘲笑された。前世紀に政治と経済が植民地支配から脱したように、食においてもまた、アメリカ人はその支配を拒んだのだ。バルテルミ・タルディヴという フランス人は、外国の思想や飲み物に反感を抱くケンタッキー人は「強い酒と言えばウイスキーにだけ」忠誠を誓っていた、と手記に書いている。

ウイスキーは平等主義と国民の団結を表すだけでなく、時間に追われるアメリカ人の労働倫理をも映し出した。ウイスキーをさっと一杯引っかけるか、ビールを大ジョッキでのんびり楽しむかは、言ってみればファストフードとスローフードのどちらを選ぶかという問題である。イギリス人作家アーチボルド・マクスウェルは、アメリカ人民の座右の銘は「さあ食え、さあ飲め、さあ行こう」だと言った。彼はまた、食べ物がテーブルに置かれるやいなや、人々はそれに「無防備なオオカミの群れのように襲いかかった」と書いている。また、アメリカ人にとっては、だれよりも早く食事を終えてバーに移動し、〝カクテル〟「大麻入りタバコ」で一服することが大切なのだ、とトロロープは記した。そうすれば、「すべてのしがらみから解放されて、最高の一服を楽しむことができる」と。

こうした大忙しの食事のせいでひどい消化不良に苦しめられた人々は、しだいにウイスキーを消化薬がわりに飲むようになった。フランス人哲学者コンスタンタン＝フランソワ・ド・シャスブフは、アメリカ人の食べ方は「消化不良に次ぐ消化不良で、疲れ切ってみじめにも伸びきった胃に緊張を与えようとまた飲み……その結果、神経をすっかりやられてしまう」と述べている。チャールズ・ディケンズは、小説『マーティン・チャズルウィット』［北川悌二訳。一九九三年。ちくま文庫］で主人公マーティンと食事をともにするアメリカ人たちを描いた。彼らは「消化不良の人たち」で、「くさび形の食べ物を鵜呑みにしていたが、これは彼ら自身ではなく、彼らのからだの中でたえず養われているたくさんの夢魔に栄養を補給しているからだった」［北川訳］

「たくさんの夢魔」とは、アメリカの不安を指している。民主主義の実験はまだはじまったばかりだったが、失敗するのではないかと世界中が思っていた。自意識の強いアメリカ人は、世界の品定めの目に気づいていた。だから彼らはどんなに小さな政治問題も議論しあった、とトロロープは記している。情報の仕入れ先は酒場や酒を置いている食料雑貨店で、つまり情報に通じるとは、酔っぱらうということでもあった。トロロープは、たまたま言葉を交わした当地の男性にこう訊ねた。

「あなたがたが酒屋まで行って新聞を読むのは、それは義務感からですか？」

「もちろん、そうですとも」と相手は答えた。「でなければ、本物のアメリカ人とは言えませんね。一家の長は常に飲んだくれているべきとは言いませんが、世のなかに無関心であるよりは週三回酒屋に入り浸っているほうがましですよ」

アメリカ人の飲酒癖をあげつらった外国人たちは、結局自国でもかつて目にした現象をあげつらった。アメリカと経済状態が近い彼らの母国でも、同じように人々は酒をたくさん飲んだ。アルコール依存症と安い蒸溜酒の飲みすぎは、工業化一歩手前の国々に共通して起きる現象である。産業革命前の一八世紀、イギリス人はジンをがぶ飲みしていたし、スウェーデンやプロイセンやロシアでも、経済が農業中心だった頃の人々は蒸溜酒を浴びるほど飲んでいた。アメリカでも同じだった。農業と結び付いた家内工業で安酒が過剰に生産されたのは、ひとつの産業に労働力が集まりすぎた結果だった。

西部の農民蒸溜業者は、やがて起こる経済の大変化にもっとも打撃を受けることになった。東部の農民は離れた市場にも楽に穀物を運んでいけたために、穀物を蒸溜酒に変えてその価値を保とうとした。その結果、アメリカの蒸溜酒の生産は、遠くオハイオ川流域――ニューヨーク州北部、ペンシルベニア州西部、オハイオ州、テネシー州、ケンタッキー州――の、農家が依然として酒を通貨代わりにすることで穀物の価値を保っている地域が中心になった。一八一〇年までに、オハイオ川流域はアメリカでつくられる蒸溜酒の半分以上を生産するようになった。その割には流域に住む人々は少なかったのだが、その後、蒸溜業者が多く移り住み、蒸溜所の数も一八一〇年の一万四〇〇〇から一八三〇年には二万まで増えた。

だが、ウイスキーを軸にした経済は不安定だった。独立戦争の負債償還などを目的に二〇年間という限定付きで設立された第一合衆国銀行が予定通りに一八一一年に業務を停止したあと、東部と西部の経済はおもに物々交換によってつながり、当然ながら、西部は豊富にあったウイスキーを交換品に当てた。ところが、過剰に出まわったことでウイスキーの価格が下がり、沿岸部との取り引きもしだいに弱体化した。一八二〇年代に西部の経済は停滞したが、その原因のひとつはウイスキーの過剰供給にあり、安上がりでよい気分になれるウイスキーは不況下の西部に大量に出まわった。一八〇四年に決闘でアーロン・バーに射殺されたアレクサンダー・ハミルトンは、悔しさのあまり墓のなかでのたうちまわっていたに違いない。第一合衆国銀行の創設を提唱したのはハミルトンだった。そして彼のウイスキー税は、そもそもこうした事態が起こるのを防ぐことが狙いだったのだ。あの税金がうまくいっていれば、インフラを整備して農家が市場へ穀物を運ぶ助けとなっていたかもしれない。だが、現実のウイスキー税は問題だらけのまま施行され、通貨の代替としてウイスキーに頼りきっていた西部は、当然のように課税に抵抗した。

開拓に熱狂していた西部を訪れたフランセス・トロロープが感心したのは、酒はともかく、人々の独立心とたくましい個人主義だった。だが、彼らのタフな個性と切っても切れないのが、「寂しさに潜むおぞましく邪悪なもの」の存在だった、とトロロープは書いている。破壊的なまでの土地神話がアメリカ人を西へ西へと駆り立て、人々は一か所にとどまらず、さらに安く暮らせる土地へと移動しつづけた。人々はあいかわらず孤独に暮らしており、深酒を抑制してくれる社会的機関ができる気配もなかった。合衆国は抑圧的な権威からは解放されたかもしれないが、その自由は代償をともなうものである、とトロロープは記した。アメリカ人は、「あの胸くそ悪い英国国歌を、耳にすることも口ずさむこともなく生まれ、死んでいく」と彼女は書く。だが、彼らが葬られる場所は森のなかのもの寂しい一画であり、「大枝を揺らす風だけを鎮魂歌（レクイエム）とする」ことになるのだ。アメリカの最果ての地で、トロロープは「つんとくるウイスキーくさい息」を嗅ぎつづけた。

とはいえ、当のアメリカ人はトロロープとは違い、飲み過ぎを気にすることはなかった。ただでさえ仕事で忙しかったし、そんな重苦しい話題は空元気ではねつけた。ケンタッキー人のトム・ジョンソンは、彼の酒の飲み方にたいするヨーロッパ人の憂慮を皮肉で返し、こんな碑銘で墓石を飾った。

ウイスキー・グログで息絶えた［グログとは「強い酒の水割り」の意］
甘くない死にざまとはこのことだ

酒の世界では、長いあいだワインがもっとも上等な飲み物だとされてきた。古くは古代ローマ時代に、ワインを飲む上流階級のローマ人がビールを飲むフン族を馬鹿にしたことが発端だったという人もいる。しかしこれは事実ではない――南欧や南米の一部の地域など、多くの土地でワインは確固たる労働者の飲み物なのだから。ただ、事実はどうあれアメリカ人はそういう見方はしない。それはこの国が若かりし頃、旧宗主国のワイン党たちが新生国家にやってきて、無粋な新大陸のウイスキーを鼻で笑ったことにさかのぼる。彼らがローマ人で、アメリカ人がフン族だったのだ。このように味覚や流行に関しては、ヨーロッパ人がこの国の趣向を決めたと言えるだろう。

やがて新世界の都市ニューヨークが、旧世界に対抗する芸術とファッションの中心地になったが、流行についてはヨーロッパの顔色をうかがうアメリカ人もいまだにいる。そして、酒の世界ではいまもワインが流行の決め手、「テイスト・メーカー」である。二一世紀に入ってアメリカン・ウイスキーは復興するが、気がつくとウイスキーもワインの領域に引きずり込まれていた。同じことは一九九〇年代のビールにすでに起きていた。クラフト・ビールがブームになり、ビールを突如チーズと合わせたり、七五〇ミリリットルのワインボトルに詰めて売ったりするようになったのだ。そしていまでは予想通り、料理に合わせてウイスキーを楽しむ「ペアリング」が、ウイスキー・ソムリエ――アメリカ沿岸部の派手好みな文化圏で二〇一二年頃生まれた、食品業界の新手の専門職――によって盛んに行なわれている。飲み物が運ばれてきて、変に凝った肩書きのワイン業界の人間がおもむろに飲み方を講釈することがあるが、それと似たようなことをウイスキーもしはじめたのだ。

しかしながら、ワインのルールもたまには抵抗に遭わないわけではない。アメリカ人がかつてウイスキーを見下した人々に抵抗したように。ウイスキーと食べ物の関係は、ぎくしゃくしたぎこちないものになることが多い。ウイスキーはアルコール度数が高いので、ビールやワインが食べ物の風味を引き出すのと違い、その風味を圧倒してしまうのだ。氷や水で薄めるのもひとつの手だが、そもそもペアリングのうまくいくウイスキーと食べ物の組み合わせはあまり存在しない。それでもワインと同じことができるように見せかけることで、ウイスキーの信頼性を上げようというのがペアリングの目的なのだろう。だが、ウイスキー自身は、むしろその出自である辺境地帯にならって、本来の自然なスタイルを貫きたいと願っている。食事の前か後に飲むのがいちばんで、あれこれ手を加えずそのままの味わいを楽しむに越したことはないと。*

＊『ウイスキー・アドヴォケート』誌のリュー・ブライソン編集長がかつて私にこう語ってくれた。「教会に通うことにちょっと似ている。実際に通っている人より、通うことについて語る人のほうが多い」。

それから、ウイスキーはストレートか、ほんの数滴水を加えて香りを「開く」だけで飲むべきだと主張する純粋主義者がいる。だが、そうしたアドバイスは退屈でおもしろくない。ウイスキーは自由で順応性が高い。カクテルにしても、ソーダや水や氷（お好みなら食べ物でも）と合わせても――どのようにしてもおいしい飲み物だ。季節や時間に合わせて好きなように飲めばよく、飲み方にケチをつけられてもウイスキーはまったく気にしない。ウイスキーは、かつてそれを野暮で無粋だと決めつけた人々の独断的な社会通念に抵抗するためのアメリカ人の飲み物なのだ。

ただし、いくらワインとウイスキーの特徴が違うとはいえ、ワインが味や香りの鑑賞ルールをつくったのは事実であり、ウイスキーもそれに従ってしばしば評価される。「テイスト・メーカー」としてのワインの役割は、感覚的に対象にアプローチすること、言い換えればフェノール化合物の色や香りにもとづいて飲み物を表現することであり、それは今日、ウイスキーやほかの蒸溜酒にも採用されている（「ハイビスカス」や「サンダルウッド」、「ヌガー」や「鞍の革」のような、といった比喩表現のことだ）。ウイスキーもワインと同じように、一見無関係のものと共通するフェノール化合物を含んでいる。人々は舌を鍛えることでそれらを感じ取り、味覚を高めて、ワインとウイスキーそれぞれの繊細さを楽しんでいる。

そうやって風味を鑑賞したり感じ取ったりするのは、高度な芸術であり、ソムリエやその手の料理界の聖職者たちだけに許されたことのように思いがちだが、まったくそんなことはない。実際、ふつうの味覚のほうが、特殊な味覚を持っているより都合がいいようだ。「超味覚者（スーパーテイスター）」──遺伝的に他人より匂いや香りに敏感な人々のこと──は、だいたいにおいて食には保守的で、研究によると、舌が敏感すぎるために香辛料の効いたものや苦いものは避けがちだという。それに、音に敏感な人がすぐれた音楽評論家になるわけではないように、匂いや味にひどく敏感だからといって、ワインや蒸溜酒のテイスティングがうまくできるわけではない。「鑑定士はつくられるもので、生まれながらの才能ではありません」と、カリフォルニア大学デービス校の醸造学教授であるヒルデガルド・ハイマンは私に言った。ハイマン教授をはじめとする知覚科学者たちは、少し訓練して細部に注意を払うだけでも味覚を鍛えることはできると強調する。彼らが勧めるのは、ノートにテイスティングした風味や香りを書きとめる方法だ。その記録を同じウイスキーを飲んだ人の評価と比べるのだが、両者はぴったり一致しなくてもかまわない（むしろノートの記録が一致することはまずない）。たとえば『ウイスキー・マガジン』誌では同じウイスキーをふたりの批評家が評価しているが、その評価は毎回かなり分かれる。ほとんどのベテラン鑑定士も、鑑識眼はひたすら実践を重ねることで身につけたと認めるだろう。オカルト的な知識をマスターしたからではけっしてないのである。[*]

＊ 味覚を鍛えるためのガイドとしては、リュー・ブライソン『ウイスキーを味わう *Tasting Whiskey:*

An Insider's Guide to the Unique Pleasures of the World's Finest Spirits』や、ヘザー・グリーン『蒸溜酒ウィスキー *Whisk(e)y Distilled: A Populist Guide to the Water of Life*』がテイスティングについてくわしく、よい情報源である。

鼻や舌だけでなく、われわれは頭でも評価する。一九世紀のアメリカでワインがスノッブな飲み物という評価を受けていたのは、ワインを取り巻く人々がスノッブであったことと、輸入にかかる経費の関係でほかの酒より値段が高かったせいだ。価格や格づけといった外部の要因がいまでもわれわれの嗜好を決め、それらはまたマーケティング担当者ご用達の道具となっている。だが、ラベルを見ないまま飲めば予想は外れるだろう。ワインのブラインド・テイスティング［商品名を隠して試飲すること］をすると、安物ワインがたいていお気に入りに指名され、一流ワイナリーの高級ビンテージは見向きもされない。一九七六年に開かれたパリの品評会では、当時急成長していたカリフォルニアワインがフランスワインの対抗馬を抑えてフランス人批評家たちに選ばれた。フランス贔屓（びいき）たちは狼狽した。品評者がどこのワインかを知っていたら、国の威信をかけてもアメリカの新参ワインなど選ばなかっただろう。

価格もまた、品質への評価をゆがめる原因となる。場合によっては、その価格は瓶の中身の価値と関係なくつけられていることもある。一九三〇年代、〝ワイン男爵〟アーネスト・ガロはニューヨークの顧客のもとへ売り込みに行くと、二杯のワインを差し出した――一杯は五セントのボトルから注いだワイン、もう一杯は一〇セントのボトルから注いだワインだった。中身のワインはまったく同じものだったのだが、「顧客はきまって一〇セントのワインを選ぶ」とガロは語った。ケチに見えないことにこだわるあまり、自分の感覚を信じてよりよいワインを選ぼうとしないのだ。

鑑賞のルールができあがってくると、はじめは芸術の一種だとみなされていた、酒の味わいを言葉で表現する「批評」がひとつの産業になった。ご想像通り、ワインが先鞭をつけ、ウイスキーがいまその後を追っている。一九世紀から二〇世紀初期にかけてのワインのテイスティングノートは、味の批評というよりは文学であった。一九三二年、ワイン批評家で古典学者のH・ワーナー・アレンは、ラトゥールの一八六九年ものをこんなふうに評している。「口蓋が雄々しきワインをとらえた。いがみあう大天使をふたたび焚きつけんばかりの勇ましさ。美しいほど完成されたその味は、『旗を掲げた軍勢のように恐ろしい』というかの高貴な一節［旧約聖書『雅歌』六章四節］を思いださせるものだ」

ワイン産業がアメリカで発展し、ソムリエになったり雑誌でワイン選びの助言をしたりすることで生活する人々が増えるにつれて、風味や香りをたとえば「いがみあう大天使」といった表現ではなく、もっと地に足のついた合理的な言葉で評価することが望まれた。二〇世紀後半にテイスティングノートというアイデアが人気を得たのはそのためだ。そして一九九〇年、カリフォルニア大学デービス校の化学者アン・ノーブルが、テイスティング上の約束ごとを標準化した「ワイン・アロマ・ホイール」なるものを発明した。これに従うと、パイナップルは「トロピカルフルーツ」の仲間、イチジクとレーズンは「ドライフルーツ」の仲間で、三つとも「フルーツアロマ」の群に分類される。燃えたマッチのような「硫黄臭」は、べつのアロマの一群だ。ホイールは一〇〇種類近くの香りを表している。完全に科学的な指標だとは言い切れないが、それでもこの手法により、専門家のテイスティングが一定の信頼を持つようになった。

その後、テイスティングが学問的な研究対象になると、必然的に「採点」という、ものごとをランクづけせずにはいられない人間の衝動を満たしてくれる手法にも注目が集まった。二〇世紀中にいくつかの方法が試されたが、最終的にワイン業界はワイン批評家のロバート・パーカー・ジュニアが一九八〇年代に考案した、一〇〇点法の格づけシステムを採用することにした。このシステム——もしくは一〇点法にひと桁の小数点がついているとも言えるが、本質的には同じことだ——は、のちに多くの蒸溜酒の専門誌でも使われるようになった。

この手の採点法はどこまで正確なのか、その妥当性には首をかしげる向きも多い。九二点と九三点のワインにどんな違いがあるのか？　慎重な専門家は、細心の注意を払って導き出したように見えるそうした数字は、科学的に評価されているように見えることで採点をもっともらしくしているが、実際には、非常に主観的な見方にもとづいて（なにかを現実より価値のあるものに見せることで）金儲けしようとしているにすぎない、と異議を唱えている。まるで公的機関のような名称の「ビバレッジ・テイスティング・インスティテュート（ＢＴＩ）」など、格づけを行なっている組織の多くも、同じようにもっともらしく見えるという理由でそうした名をつけている。

現代の格づけシステムにとりわけ批判的な人物のひとりが、チャック・カウダリーである。数々のウイスキー鑑賞ガイドの著者にして『ウイスキー・アドヴォケート』をはじめとする雑誌の常連執筆者であるカウダリーは、自著『バーボンを、ストレートで *Bourbon, Straight*』で、八〇点を下まわるウイスキーがほとんどないのは明らかに採点のバランスを欠いている、と指摘する。そうしたことが起きているのは、ワインやウイスキーの専門誌が「怠惰な消費者がそれを見て買うのを知っている」ために格づけを行なうような広告主に支えられているせいだという。小学校の運動会で生徒全員が何らかの一等賞をもらえるのとひとつも変わらない、と。採点にバランスが欠けているのは、消費者に正しい評価を伝えるという本来の目的のほかに、雑誌の広告主やテイスティング・イベントの出資者である酒類業界を敵にまわさないための配慮も同じくらい含まれているからだ。たとえば、世界的なスピリッツ競技会である「サンフランシスコ・ワールド・スピリッツ・コンペティション」では、最優秀金賞、金賞、銀賞、銅賞が全参加者に贈られる。つまり、あるブランドが平均以下の成績だったとしても、一般の消費者には十分アピールできる賞がもらえるのだ。だが、そもそも平均点が高く、一見するとどれもよい点に見えるとなると、採点の第一目的はもっと酒を売ることだと指摘せざるをえない。蒸溜酒の格づけビジネスは、基本的には酒類業界という大きな枠組みのなかに存在する小さな業界だ。小さな業界にしてみれば、商売の供給源を叩くようなことはしたくないし、おいしい仕事は守りたくなるのも道理だろう。そうして蒸溜酒の批評家は、舌に自信のない人々に助言を授けることで小金を稼ぎ、人によっては贅沢な暮らしをしている。助言のなかには耳を傾けるべきものもあるが、真実味に欠けると思ったらそんな批評家は相手にしないほうがいい。[*]

＊ 常に採点幅をめいっぱい使って評価するガイド――めったにないが――からは、信頼度の高い助言が得られる。そのひとつであるクレイ・ライゼン『アメリカン・ウイスキーとバーボンとライ・ウイスキー *American Whiskey, Bourbon, and Rye: A Guide to the Nation's Favorite Spirit*』（二〇一三年）

は星四つの採点法を使っており、星ひとつや星ゼロもちょくちょく出てくる。著者や鑑定者がどのウイスキーを本気ですばらしいと思い、どれを平凡だと感じたのかが明確なのだ。

結局のところ、ウイスキーをどう評価し、どう批評するかは、二世紀前にワイン党のヨーロッパ人が訪問先のアメリカ人たちを見て感じたことに立ち戻るのがいちばんなのかもしれない。ヨーロッパ人はときに辛口だったが、総じて批判よりも称賛のほうがずっと多かった。彼らのほぼ全員がほめちぎったこと、それはウイスキー浸りの共和国の独立心と自立心、そして独断的なルールを嫌悪する精神だった。

第5章 氷の王

バーベキューとマティーニの正しいつくり方をめぐる争いをのぞけば、アメリカ生まれの伝統料理でミントジュレップほど議論されているものはないだろう。バーボン・ベースのカクテルとしてもっとも有名なミントジュレップは、材料はわずか四つ――バーボン、ミント、砂糖、氷――だが、その組み合わせには一〇〇万通りのルールがある。材料をどの割合で組み合わせるか、どうつくるか、どう供すかをめぐる議論は一九世紀にはじまり、決着はまだまだつきそうもない。それでもひとつだけ、これぞミントジュレップという真実がある。それは、贅沢さにかけてはどのカクテルにもひけを取らないということだ。銀のカップに入れるのは、氷河ひとつぶんもあろうかという大きな氷、それとバーボンをたっぷり五オンス（約一五〇ミリリットル）。並みのカクテルの倍以上はあるだろうか。それだけの氷を削るのはとんでもなく時間がかかるが、これだけ強くて大量のカクテルを飲むのも、同じくらい時間がかかる。

簡単に飲み干すことを許さないミントジュレップだが、それがまた魅力でもある。暑い日にミントの香る甘くて冷たい液体をごくりと喉に流し込めば、この規格外の酒に挑むのに要した苦労など吹き飛んでしまう。「期待させること」は、ミントジュレップの魅力のひとつだ——たとえば、「オール・ブルース」でマイルス・デイビスのトランペットが最高のタイミングで曲に入ってくるのは、待つことも次のフレーズを吹くのと同じくらい大切だとマイルスが知っているからだ。ミントジュレップは、忍耐というものの典型を示してくれる。

ミントジュレップはまた、矛盾をはらむ飲み物でもある。ジュレップに象徴されるのんびりした南部の生活様式は、奴隷の労働力があってこそ成り立つものだ。なんでもないミントジュレップも、つくるには多くの手間がかかる。そのうえ、もっとも有名なバーボンのカクテルだというのにあまり飲む人がいない（現代人がミントジュレップを飲むのは、ケンタッキー・ダービーを観ながら古きよき時代を懐かしむときぐらいだろう）。だが、ミントジュレップのなにより大きな矛盾は、決まった手順や伝統を重んじながらも、常に変化してきたことだ。一九世紀にミントジュレップをつくり出した産業と発明が、バーボンの製法と飲み方にも劇的な変化をもたらした。今日のバーボン業界はやたらと伝統を強調したがるが、その伝統に至るまでには革新も必要とされたのだ。それを実現したのはふたりの男だった。フレデリック・〝氷王〟・テューダーと、「現代バーボンの父」として知られるジェイムズ・クロウである。

◉

アメリカのミントジュレップは、ほかの多くのカクテルと同じような道をたどって誕生した。古い語源があるのも同じで、「ジュレップ julep」は、ローズウォーターを意味するアラビア語の「ジュラブ julab」から派生したフランス語である。古代のジュレップは、つぶしたバラの花びらを加えて飲みやすくしたノンアルコールの調合薬だった。それが地中海に渡ってバラの花びらがミントに変わり、大西洋を越えたところでアメリカ人がアルコールを足したのだ。アメリカ式のジュレップがはじめて生まれたのは一八〇〇年前後のヴァージニア州だった。ブランデーかラム酒を加えたものだったが、当時、氷はまだ貴重な贅沢品だったので入っていなかった。

ジュレップはやがてアメリカを西へと移動し、ウイスキーと出会った。南北戦争以前の南部で、選挙のときに候補者の政治家がジュレップの原型を有権者にふるまって票を集めたのだ（そのときもまだ氷はなかった）。投票所の外に無料のウイスキーの樽がいくつか置かれ、へこんだブリキのカップが樽の腹にぶらさげられた。それぞれの樽の側面には候補者の名前が型板（ステンシル）で刷り込まれ、樽のなかにはミントの束と砂糖が一、二キロ放り込まれた。原始的だが、効果は十分だった。

そうした生ぬるいジュレップは、一八世紀の終わりから一九世紀初頭に飲まれていたカクテルから派生したものだ。当時はカクテルといえば、温かい飲み物だった。もともとはイギリス人が、じめっとした肌寒い気候をやりすごすために温かいものを飲んでいた習慣の名残だったのだ。イギリスでは昔から蒸溜酒に柑橘の汁やほかの香料を混ぜた飲み物がつくられていたが、アメリカ人はアメリカ人らしく、すぐに製法に手を加えてべつのものにつくり変えた。ワインと蒸溜酒とそれ以外の原料とのあいだに存在していた序列は崩され、なんでもかんでも混ぜ合わせた――つまり、〝エ・プルリブス・ウヌム〟［「多数からひとつへ」を意味するラテン語の成句。「多州からなる統一国家」であるアメリカ合衆国のモットー」である。

そして、すべてに氷が投入された。冷えた飲み物は温暖なアメリカの気候によくなじみ、そのようすを見たあるイギリス人はこんなことを書いた。「氷はアメリカの名物だ。たっぷり入れて贅沢をする者もいるが、入れすぎて破産した者もいる」。氷の登場によってアメリカ人の生活水準は上がり、それにともなって、かつては贅沢品だったさまざまなものが必需品に変わっていった。そして、アメリカの多くの発明にまつわる秘話と同じように、氷にもひとりの頑固で執念深いビジネスマンがかかわっていた。その男は、はじめはまともに投資家に相手にされなかったものの、やがて、一年中氷を供給するという現代のアメリカ人にとっては当たり前のことを商売にし、合衆国最初の億万長者のひとりになった。そういう背景のなかで、ミントジュレップのようなカクテルの姿も大きく変わったのである。

一九世紀のはじめ、氷は贅沢品だった。断熱された氷室では一年を通して貯蔵することができたが、手に入れることができるのはほぼ富裕層に限られ、気温の高い南部ではその傾向がさらに顕著だった。状況が一変したのは、ボストンの実業家フレデリック・テューダーが氷の商売に革命をもたらしてからだ。はじまりは一八〇六年、テューダーの兄が、マサチューセッツ州の湖や池に張った氷を切り出して売ればひと儲けできるのではないか、と言い出したのがきっかけだった。

もちろん、氷の価値に気づいた人間はテューダーが最初ではない。古代ギリシア人やローマ人、ペルシア人、中国人たちも冬のあいだに採氷して貯蔵し、夏に食べ物や飲み物を冷やすのに使っていた。テューダーの氷の商売がほかと違っていたとすれば、それは彼の野望の大きさである。彼は手つかずの市場が世界中に散らばっていることに着目し、氷を切り出しては熱帯地方に運び、うだるような暑さをしのぐための清涼剤を提供することで、「間違いなく、確実に、自分は金持ちになれる」と信じたと書いている。

けれども、大半の人はテューダーの思い通りになるとは思っていなかった。彼らのニューイングランド人らしい冷徹な目に映ったのは、ダニエル・ブーアスティンの言葉を借りれば「目立ちたがりでぶてぶてしく、勢いだけは一人前の無謀な人物」だったという。確かに、贅沢な氷への需要はアメリカ国内では伸びている。でも熱帯まで運ぶとなれば長旅のあいだに溶けてしまうのではないだろうか？　その見方は正しかった。一八〇六年から一八〇九年にかけて、テューダーがカリブ海のマルティニーク島やキューバに運んだ氷は大部分が溶けて多額の損失を出したからだ。

問題はさらにあった。運んだ先の土地の人々は、凍ったものがたくさん届いたところでどうすればいいのかよくわからなかったのだ。

テューダーはまず、氷をなるべく隙き間なく詰めておがくずで断熱することで、溶ける問題を解決した。そして二番目の問題——顧客の需要——を解決したのはカクテルだった。当初の顧客たちは食べ物や薬の貯蔵のために氷を買っていたが、のちにテューダーは商売を広げ、カフェや裕福な家庭に飲み物を冷やすための氷を売り出したのである。

テューダーはその氷を、狡猾な麻薬の売人の手口を使って売りさばいた。最初はただで分け与え、顧客が氷の魅力にはまったところで金を取ったのだ。顧客はテューダーからのサービスだという、灼熱の暑さをしばし忘れさせてくれる氷入りの飲み物にすっかり心を奪われた。そして〝二本目〟

を注文すると、今度は請求書がやってくるという仕組みだった。一度冷えたものを飲んでしまうと「二度とぬるいものに満足できなくなった」とテューダーは書いている。その後、テューダーはあちこちの市場をまわり、地元の役人に袖の下を渡して独占的に氷室を建てた。

そうして一八一〇年までに最初の利益を上げたテューダーだったが、その金を共同事業者にだましとられて債務者監獄［債務を支払うことができない者が収監される監獄。アメリカには一八三三年まで存在した］に収監された。出所後は借金の返済を約束してふたたび氷に情熱を傾けられるようになったが、目立った利益を上げるのは一五年先のことだった。

やがて事業が軌道に乗り、利益が出るようになると、テューダーは増える需要に対応するためにナサニエル・ワイエスという新しい作業監督を雇い入れた。当時、氷はのこぎりを使って人力で切り出していた。ワイエスは馬に引かせることで氷に切り込みを入れる鋤を考案し、凍った水のかたまりを碁盤の目のように分割して、およそ六〇センチ角に切り分ける仕組みを考え出した。こうして大量に切り出された氷は、輸送も貯蔵も以前より楽になった。経費は三分の二となり、ますます多くの氷を売ることができるようになったのである。

そして一八三三年、テューダーは前代未聞の大胆な計画を実行に移した。インドのカルカッタ［現在のコルカタ］に氷を届けるために、赤道を二回またぎ、二万二〇〇〇キロを越える航海に乗り出したのだ。そもそも氷に買い手がつくのかどうかテューダーも投資家も不安だったが、その懸念を吹き飛ばすように、氷は巨額の利益を上げた。『インディア・ガゼット』紙は、ある日の社説のなかで、「こんな贅沢なものを大量に、しかも安価に手に入るようにしてくれた」テューダーに感謝を表している。

その頃になると、テューダーの成功を見た人が氷の事業に次々と参入し、アメリカ全土で氷の贅沢を知る人々が増えていた。氷の商売がどんどん発展していくのをウォールデン池の畔で観察していたヘンリー・デイヴィッド・ソロー（一八一七〜六二）は、積み上げられた氷の山を見て「雲をも貫かんとするオベリスク」のようだと表現している。氷は、産業革命前の古い時代を抜け出して複雑さを増す世界の象徴であり、ソローの実践する簡素な生活の対極にある贅沢だった。なにより、ソローは自分の平和が乱されるのを好まなかった。とはいえ「ウォールデンの清水がガンジスの聖水と交わった」ことには、さすがの彼も驚くばかりだった。

その頃には、ソローの同胞のアメリカ人たちは、ミントジュレップのような氷入りのカクテルやアイスクリームなどの凍ったごちそうを日常的に楽しみはじめていた。氷は日々の生活に欠かせないものとなり、新聞はその商況をつぶさに報じた。暖冬の年に新聞各紙が「氷不足」を盛んに警告すると、採氷業者は北極まで赴いて氷河を崩し、不足分を埋め合わせた。こうした氷の恩恵は、カクテル以外のさまざまな用途にも広がった。漁師は獲った魚を氷漬けにすることで沖から急いで戻る必要がなくなり、野菜や肉も氷によって長く保存できるので、遠く離れた発展中の街でも売ることができるようになった。

輸送手段の発達と氷の登場によって、塩漬け豚肉とトウモロコシ粥ばかりだったアメリカ人の食卓に果物と野菜が並ぶようになった。それを契機に、外国からの訪問者を驚かせたウイスキーの飲みすぎも減っていった。一八世紀の終わり頃、フィラデルフィアの医師ベンジャミン・ラッシュは、酔っぱらいがあまりに多いことを憂い、酒量を減らすための策として、塩漬け豚肉より野菜を食すようアメリカ人に呼びかけた。彼の提案は評判を呼び、シルベスター・グレアムをはじめとする改革者は、ウイスキーやコーヒーや肉などは感情を〝刺激〟して家庭内暴力や不節制による暴力を悪化させると主張し、それらを一切とらない食事を推奨した。一八二九年、菜食主義者で禁酒活動家だったグレアムは、心身の健康を促進するというグラハム・クラッカーを考案し、それをウイスキーではなく水と一緒に食すようアメリカ人に指導した。依然としてかなりの酒が飲まれていたものの、一八三〇年にピークに達した蒸溜酒の消費量は、その後ゆっくりと減りはじめた。

技術と創意工夫は、アメリカ人のウイスキーの飲み方を変え、氷を贅沢品から必需品に変え、そのほかの社会変化も起こした。じきにそれらは、ウイスキー自体も大きく変えることになる。

◉

フレデリック・テューダーの氷の商売が軌道に乗りはじめていた頃、ケンタッキーのジェイムズ・クロウは、バーボンを現代的な姿に変えようとしていた。彼は製法に科学的な基準を組み入れて、現代の消費者におなじみのバーボンをつくり出したのだ。彼の名前を冠した現代のブランド、オールド・クロウは、そのルーツであるジェイムズ・クロウの伝説的ブランドとは名前が同じというぐらいしか共通点がないが、つくり手である彼の遺産は、今日売られているバーボンのすべてのボトルに見出すことができる。クロウはバーボン界のスティーブ・ジョブズだ。彼自身は何も発明しなかったが、他人が発見した手法や業績を取り入れて完成させたのである。一八三〇年代のウイスキー界は、昔ながらの素朴な製法と新技術や方法論がパッチワークのように入り乱れ、ひとつにまとまるときを待っていた。一方バーボンは、そうしたあちこちに散らばった知識のすべてを収集し、統合してくれる論理的な頭脳を必要としていた。

スコットランド生まれで化学と医学を修めたクロウは、一八二〇年代にフィラデルフィアからケンタッキーに移り住んだ。医者としてはおもに無料で診察し、空いた時間にウッドフォード郡のいくつかの蒸溜所で働いたあと、今日のウッドフォード・リザーブ・ディスティラリーがある、グレンズ・クリークのそばのオスカー・ペッパーの蒸溜所に腰をすえた。その土地でウイスキーの蒸溜がはじまったのは一八一二年前後、オスカーの両親であるイライジャとサラが小川の隣に水車小屋を建てた頃だった。イライジャが一八二五年に亡くなるとオスカーが後を継ぎ、現在も蒸溜所で使われている石づくりの建物をいくつも建てた。それが一八三八年から一八四〇年にかけてのことで、その頃クロウはオスカーに雇われた。

クロウがペッパーの蒸溜所で働きはじめる数十年前、蒸溜設備の技術的な改良はすでに進んでいた。一八一〇年、ニューヨーク州のファール・ベルナールが蒸気を使うスチル――労力を三分の一に、燃料を半分に減らせる――で特許を取ったのだ。他の技術革新もそれに続く。数々の人気雑誌が蒸溜技術に関する記事を定期的に掲載し、一八〇二年から一八一五年にかけては一〇〇件以上の蒸溜設備の特許が登録された。これは、合衆国で承認された全特許の五パーセント以上にあたる数字だ。

あらゆる技術革新のなかでとくに画期的だったのは、やはり一八二〇年代の連続式蒸溜器だろう。

カラムスチルとも呼ばれるこの蒸溜器の発明で、蒸溜業者はよりプルーフの高い蒸溜液を生産できるようになった。一八三一年には、アイルランドの発明家イーニアス・コフィーが、さらに改良したカラムスチルの特許を取った。カラムスチルは幅約一・五メートル、高さは数階建てにもなる大きなもので、蒸溜の工程を連続して行なえるため、蒸溜が一回終わるごとにポットスチルを空にして掃除する手間がかからなくなった。カラムスチルの上部から醱酵の終了したビア（モロミ）が注ぎ込まれると、ビアは無数の穴が開いた何層もの棚板を伝い落ちる。スチルには底から蒸気が送り込まれ、その蒸気が上昇するときに棚板を下ってきたビアと出会う。蒸気はビアからアルコールを分離して放散させ、気化したアルコールはワームと呼ばれるコイル状の管を通ってふたたび液体に凝縮する。フル稼動しているときのカラムスチルはビアを食い尽くし、伝統的なポットスチルを使っている小規模蒸溜業者には想像もできないほどの量の蒸溜液をつくりだした。

こうした新技術を使った蒸溜所は従来よりずっと少ない労働力で操業できるようになった。それとともに業界統合の最初の波が押し寄せ、家内工業のジェファーソン的理想からハミルトン的理想に傾いていったのである。一八一〇年から一八三〇年にかけてアメリカ国内の蒸溜所は一万四〇〇〇から二万に増えたが、その数は一八三〇年から一八四〇年のあいだに半減した。

今日、統合といえば容赦なく効率化を推し進めることとほぼ同義語で、労働者が失業したり企業の自主性が犠牲になったりといった負の面ばかりが強調されるが、一八三〇年代に起きた変化は、おそらく多くの農民蒸溜業者に歓迎されたに違いない。オハイオ川とミシシッピ川流域の成長する都市部で進んだ近代化により、農業圏からあぶれた労働力が都市に吸収された。その結果、それまで各地を転々としていた家族がひとつの地域に落ち着いて生活をはじめ、飲みすぎを抑制してくれる社会的な活動団体が生まれたのだ。また、運河や蒸気船など、輸送基盤のインフラ網が拡大したことで全国的な穀物市場が生まれ、農民蒸溜業者がウイスキーばかりに頼らなくてもよくなった。ウイスキーづくりを続ける業者にとっては、輸送革命が新しい市場を生み出し、古い市場を広げてくれた。農産物の価格も以前より安定し、西部の農民の多くが、ウイスキーをつくる以外にも経済的な可能性があることを知るようになった。

ただし、ジェイムズ・クロウにとって、効率を高めることは必ずしも量を増やすことではなかった。クロウの日記が残っているわけではないが、彼を知る人々の手紙から、クロウが明晰な頭脳の持ち主であったこと、ウイスキーの改良に熱心に取り組んでいたことがうかがえる。彼は醱酵、蒸溜、衛生、温度に関する詳細を大量のメモに書きとめた。何かが起きるとその原因を常に問い、手順を改良できるように成功と失敗の両方を記録した。クロウにとって、神は「細部」に宿っていたのである。

クロウはまた、「〜計」と呼ばれる道具を扱う天才だった。糖度を測る検糖計、アルコール度数を測る比重計、温度を測る温度計。それらを使って、ほかの人々には謎にしか見えない問題を解いていった。石灰層で濾過された水の質をくわしく調べ、石灰層によって蒸溜酒の出来を悪くする鉄塩が除去されることを最初に発見した。また、さまざまな化合物の生成に影響を及ぼすような醱酵工程における温度の違いを記録した。この温度調整によって、どれだけの化学物質や不純物が蒸溜酒に含まれるかが決まる。ちょうどいい量だと、ウイスキーは複雑で奥行きのある味わいになるが、多すぎると飲めたものではなくなるのだ。たとえば、醱酵の過程で生成されるジアセチルという化合物はバターのような強い乳臭さをもつが、蒸溜業者は、蒸溜液の初溜部分（ヘッド）が中溜液（ハート）に入る量を制限することでジアセチルの大部分をカットしようとする。ごく微量のジアセチルなら、ウイスキーは豊かで口当たりのなめらかな、バタースコッチの香りがほんのりするものになる。だが多すぎると映画館のポップコーンのように鼻につく臭いになってしまう。クロウは、さまざまな要素や影響がからみ合うジャングルからよいウイスキーを導き出すには、バランスとコントロールが欠かせないことを知っていた。蒸溜は、単なる直線的な作業ではない。ビアを入れればアルコールが出てくるといったものではなく、クモの巣のように複雑な針目ではぎ合わせた一枚のキルトのようなものなのである。ほんの一か所の端布を抜いただけでも、全体の様相が変わってしまう。そのすべてがどのようにつながっているのか——クロウはそれを知りたかった。

ただし、クロウはまずは職場環境を清潔にすることからはじめた。ペッパーの蒸溜所でクロウが最初に行なったのは、蒸溜所から家畜の囲いを撤去して衛生状態をよくすることだ。当時、蒸溜所のほとんどが使用済みのマッシュで豚や牛を育てており、効率のよい副業になっていたのだが、そのせいでバクテリアや微生物、野生酵母などの生物がいっしょくたに侵入して悪臭を放ち、品質の安定性を著しく損なっていた。

その時代まで、異物による汚染や雑菌の混入がウイスキーをたびたび台無しにしてきた。一八二〇年代に入ると、蒸溜業者は「サワーマッシュ」という方式を取り入れて、そうした失敗を防ぎはじめた。この方式は、今日のほぼすべてのバーボンの製法として用いられている。ソープや初期の蒸溜業者が採用していた「スイートマッシュ」方式では、煮沸した穀物に酵母だけを加えて醱酵をはじめる。だが「サワーマッシュ」方式では、前回の蒸溜ですでに醱酵と蒸溜を終えているマッシュの残液も一緒に加える。残液は酸度が高いので、新しい醱酵液の雑菌の繁殖を抑えて品質を保ち、酵母がよく働く環境をつくることができる。「サワーマッシュ・ウイスキー」とは、「グレーン・ウイスキー」や「モルト・ウイスキー」といったいわゆるウイスキーの種類(スタイル)のひとつではなく、今日、店の棚に並んでいるほぼすべてのアメリカン・ウイスキーをつくるのに使われている製法から、こう呼ばれているのである。サワーマッシュの発明者として、ときにクロウの名が挙がることがあるが、彼自身は発明していない。ただ、それを研究改良し、広く使われる基本方式になるまで同業者に勧めてまわったのである。

クロウは製法を秘密にしなかった(彼の記録の原本はすべて失われたが、彼は自分の発見を同業者に気前よく公開していた)。質が落ちてしまうので穀物からアルコールを抽出しすぎないようにとも助言していた。最高のウイスキーをつくるには、一ブッシェル(約三五リットル)から二・五ガロン(約九・五リットル)以上を抽出すべきではない、というのが彼の持論だった。また、彼は当時としてはめずらしく、自らウイスキーの熟成も行なった。このことが彼のウイスキーの品質を保証したのだ。クロウの時代の蒸溜所は蒸溜したらすぐに出荷し、熟成は必ずしも信用できない小売業者任せになっていたのである。

上司のオスカー・ペッパーは、クロウのウイスキーに相場の倍近い値をつけた。そのウイスキーは「クロウ」または「オールド・クロウ」という名で知られ、ほかより味がよいことで評判を呼んだ。やがてほかの蒸溜所も真似しはじめ、一八三〇年代には、樽の端に蒸溜所の名称の焼き印（ブランド）が押されはじめた。「ブランド名」という言葉はそこからきている。酒場はカウンターの上部にウイスキー樽をずらりと並べ、客に見て選ばせた。そうして全国的に名を馳せた初期のブランドのなかでも、オールド・クロウは模範的な生産者で、アンドリュー・ジャクソン（一七六七～一八四五）、ダニエル・ウェブスター（一七八二～一八五二）、ウィリアム・ヘンリー・ハリソン（一七七三～一八四一）、ヘンリー・クレイ（一七七七～一八五二）といった歴代大統領や政治家たちの称賛を集めた。

クロウのおかげでバーボンの名声が高まると、それにつれて「バーボン」という名称も広がっていった。一八四〇年代はまだいろいろな口語表現がバーボンのような蒸溜酒を表すのに使われていた。一八五一年に出版された『白鯨』［八木敏雄訳。二〇〇四年、岩波文庫］で、ニューヨーカーのハーマン・メルヴィル（一八一九～九一）は鯨の噴き出す血を熟成したウイスキーの赤っぽい色にたとえたが、そのウイスキーをバーボンとは呼ばなかった。代わりに彼は、「あれがオリンズのウイスキーだったらな。オハイオのやつでもいいが、モノンガヒーラの年代物だったら言うことなしだ！」［八木訳『白鯨（中）』］と表現している。「モノンガヒーラ」はペンシルベニア州でよく飲まれていたライ・ウイスキーの一種だが、「オリンズのウイスキー」や「オハイオのやつ」は、オハイオ川流域西部からオハイオ川とミシシッピ川を下ってニューオーリンズへ運ばれたウイスキーのことだろう。これらはおそらくバーボンである。

封建社会が国家になると各地の言葉が交わって方言が失われるように、バーボンがオハイオ川流域のトウモロコシをたっぷり使ったウイスキーの名称として定着すると、「オリンズのウイスキー」のような呼び名は廃れていった。一八六一年頃、ナポレオン・ジョセフ・シャルル・ポール・ボナパルト——ナポレオン皇太子を自称することでナポレオン一世との血縁を誇張した——がフランスからニューヨークを訪れたとき、彼は供された一杯のウイスキーについて「オールド・バーボン」という酒だと説明を受けた。自分と同名の伯父が一時期ブルボン朝から国を奪っていたことが頭をよぎったのか、ナポレオン皇太子はこう返したという。「オールド・バーボン、なるほど。そんな名前のついたものは、私はあまり飲む気になれませんな」

依然としてブランド名はめずらしかったが、バーボンはある種それ自体がブランドになりつつあった。メルヴィルやナポレオンをもてなしたホストは、ウイスキーの種類の違いを明らかに認識している。ソープの時代には、アクア・ヴィテやゲール語の「ウシュク」といった言葉は、蒸溜酒ならなんでも指す多目的な用語だった。それから「ウイスキー」が穀物からつくる蒸溜酒すべてを表す標準語となった。そして「モノンガヒーラ」や「バーボン」のような言葉が、蒸溜酒の原料や製法の違いを区別しはじめ、同じ頃にクロウのブランド名も特定の模範的な生産者を区別するために使われはじめた。

クロウは一八五六年に急死した。その後、ペッパーが新生のブランドの面倒を見たが、その彼もじきに亡くなり、ブランドの所有権は投資家やいくつかの蒸溜所のあいだを転々とした。二〇世紀に至るまでその評判は保たれてきたが、二〇世紀後半に入ると、製法が変わって評判が落ちてしまった。まずいわけではないが、もはや傑出したブランドとはいえず、酒屋の棚でもいちばん下に近い棚に置いてある。ジェイムズ・クロウの肖像は見あたらず、今日、彼の名前のついたボトルに刷られているのは一羽の鳥だけだ。より正確に言うなら、クロウ［英語でカラスのこと］が一羽である。

◉

ウッドフォード・リザーブ・ディスティラリーでは、フレデリック・テューダーとジェイムズ・クロウの偉業に敬意を表してミントジュレップをつくっている。あるとき私は彼らの招きで、ブランドの蒸溜責任者クリス・モリスが「途方もなく贅沢な」ミントジュレップをこしらえるのを見にいった。かつての贅沢さを現代の感覚で再現してみようという試みらしい。こうした特別なミントジュレップは、毎年ケンタッキー・ダービーの会場でほんの数杯だけ売りに出される。一杯一〇〇〇ドルするそのジュレップは、かのマリー・アントワネットもひと口飲みたがるのではと思うほど退廃的な代物だ。*

＊　売り上げの一部は地元の福祉のために使われる。

まず、ウッドフォードは氷を上質なものにした。最近の高級カクテルでもそうした氷はよく使われている。一八六四年のテューダーの死後一世紀で氷はありふれたものになり、なんの目新しさもなくなった。冷凍技術がテューダーの採氷帝国に取ってかわり、かつての贅沢品は大衆のものになった。そのようすを見たマーク・トウェインは、昔は富裕層だけのものだったのにいまでは万人の身を飾っている宝石に氷をなぞらえた。

氷はありふれたものになり、二一世紀を迎える頃には質も低下した。巨大な塊からカットした固くて密度の高いテューダーの氷は――飲み物を薄めすぎずに冷やすことができる――、製氷機のつくった白くて気泡だらけのサイコロ形のかけらに変わっていった。こうした氷はあっという間に溶けるので、カクテルをすぐに味気ない水たまりに変えてしまう。

ところが、今世紀のウイスキーの復興によってカクテル文化が返り咲き、それにともなって氷の栄光も復活した。シカゴのアヴィアリーのような高級志向のバーでは、常勤の氷職人がクラインベル社の巨大な業務用製氷機を使って、重さ約一三六キロの、透明で密度の高い、テューダーがマサチューセッツの池で切り出していたような氷のブロックをつくる。それからバーテンダーがその氷を削るのだが、この種の店のバーテンダーたちは、バーの店員というよりエヴェレストの山腹に送り出された登山隊のように見える――雪山登山の道具（日本からの輸入品、精巧で高価）を目にも止まらぬ早さで動かしながら、ブロックを叩き割り、砕いていく。氷は飲み物に合わせて槍形、円錐形、球体などにつくり込まれるので、溶け具合も理想的でなければならない。アヴィアリーには、「イン・ザ・ロックス」というちょっと変わったカクテルもある。丸い氷の殻のなかに飲み物を閉じ込めたもので、パチンコをぶつけて割るとなかから液体があふれ出て、テューダーの熱帯の客たちがはじめて冷えたカクテルを飲んだときと同じような驚きと喜びを呼び起こしてくれる。しゃれた氷の演出をしてくれるバーは、それなりの値段を取るところが多い。テューダーの策略にならって、贅沢さを儲けに変えているというわけだ。

ウッドフォードのつくるミントジュレップの氷は、さらに一歩進んでいる。二〇一三年のケンタッキー・ダービーでは、カナダ東部のノバスコシア州の金鉱を含む地層の水を使った氷のブロックを輸入した（ダービーでのミントジュレップのテーマは毎年変わり、二〇一三年のテーマは「金」

だった）。北極の氷河から採った氷や、モロッコから輸入したミントや、南太平洋で育てた砂糖を使った年もある。

私がウッドフォードでミントジュレップづくりを見学した日、モリスは巨大な氷のブロックを削る作業にかかりはじめた。削り終わるまで一〇分近くかかっただろうか、作業を終えたモリスは、吹雪のあとの雪かきをたったいま終えたかのようだった。それから彼は、伝統的な銀のカップでミントジュレップをこしらえた。カップは金色に染められ、ストローには金メッキがほどこされている。ジュレップに使われたバーボンは「ウッドフォード・ディスティラーズ・セレクト」である。主要な蒸溜酒の大会すべてで金賞をとったボトルだ、とモリスは自慢した。仕上げに、モリスは金箔を少々散らした。まるで小さなオーケストラを指揮しているかのように、カップの上で指先を小刻みに動かしながら。

その最後のひと手間を、モリスは「ミダスの手」と呼んだ。

第6章　薬と密造酒

メリーランド州シルバー・スプリングの国立健康医学博物館には、南北戦争で命を落とした兵士たちの、ウイスキーの染み込んだ骨が並んでいる。外科医が防腐剤がわりに使ったウイスキーの匂いはもはやしないが、そのほとんどには砲弾の破片が今も残っている。大酒飲みの鼻のように点々と瘢痕（はんこん）が散っているのは、骨が細菌の感染と闘った証だ。博物館には、ウイスキーで当初保存された人体のほかの部位もあちらこちらに展示されている。ある展示ケースに入っていた脳は小さな月にそっくりで、左葉には小惑星が衝突したかのような穴がぽっこりと開いていた。下の説明には、「銃弾による創傷（そうしょう）」とある。

博物館は、陸軍軍医長のジョン・ブリントンにより南北戦争中に設立された。戦死者を保存するのに彼が必要としたウイスキーの量は驚くばかりだ。戦争中にワシントンDCで押収されたウイスキーはすべてブリントンのもとへ流れ込み、当初の博物館の敷地に建てられた巨大なスチルは休みなく稼動しつづけた。誤解のないように言っておくが、骨の保存には、当時評価が高まっていたジエイムズ・クロウなどの新興生産者がつくる高級バーボンはめったに使われなかった。そうした高級酒が博物館に届いても、ブリントンはたいてい仕事に役立つようなもの、戦場に向かうためのよい馬などと交換した。ここにある骨は、質の悪い安物に漬けられた。その安酒を生み出した戦争は、アメリカという国の形をつくり変え、同様にウイスキー業界のあり方も変えていった。

いよいよ戦争がはじまる頃、ジョン・ブリントンは戦いに行くべきかどうか迷っていた。ブリントンは当時三〇歳。評判のよい医師で、フィラデルフィアの裕福な家庭のひとり息子であり、自分が陸軍に入ったと告げたら母がどう思うだろうと心配していた。だが、一八六一年四月にサムター要塞で砲撃がはじまると、エイブラハム・リンカン（一八〇九～三五）は陸軍に招集をかけ、気づくと彼も友人たちも戦地に行くことになっていた。

彼らの多くは将校として参加したので、軍服を自分で調達することを求められ、街の仕立屋は注文で大わらわだった。ブリントンはすぐに旅団付き軍医に任命され、軍服が仕上がるのを待っているあいだ、男たちの一群に交じって戦闘用の拳銃を買いにいった。武器は不足していたが、回想録によると、ブリントンはなんとか「不名誉な見かけの拳銃」を手に入れたという。のちに彼はそれをもっと信頼のおけるコルト社のリボルバーと交換するのだが、結局のところどちらでもよかった――射撃訓練をのぞけば、一度も発砲しなかったのだから。

陸軍入隊からちょうど一年後、ブリントンはウィリアム・ハモンド軍医総監の命で、ワシントンDCに陸軍の医学博物館をつくることになった。そこで彼と医者の一団は、軍事医学の向上のために戦場の検体を集めて研究したのだ。検体は適切な濃度に薄められたウイスキーの樽に入れて運び込まれた。蒸溜酒の配給は厳しく制限されていたが、ブリントンは必要なだけウイスキーを買う権限を与えられた。酔った兵士が起こす騒ぎを減らすために、陸軍は一八三〇年にウイスキーの毎日の配給をやめていた。司令官は自分の裁量で部隊に支給することができ、将校も自分が飲むぶんを買うことは許されていたが、陸軍の大半の野営地でいちばん腕をふるっていたバーテンダーは軍医たちだった。彼らはリューマチや麻疹、性病などの病気にウイスキーを処方してもよいことになっていた。

ブリントンの同僚の軍医たちはウイスキーを万能薬として使った。当時の医療の常識ではまだ、ウイスキーは抑制作用より刺激作用があると考えられていた。おそらく、飲んだ人が好戦的で騒がしくなるという単純な理由からだろう。だが残念ながら、ウイスキーは治療どころか問題をつくり出すことのほうが多かった。たとえば、ウイスキーは刺激作用があると思われていたので風邪の治療に使われた。だが、アルコールを飲むと温かくなったように「感じる」だけで、現実には体温は低下する。アルコールが血管を広げて熱の逃げている体表へと温かい血液が移動するので、さらに体調を悪化させるのだ。

とはいえ、それは勘違いのカーニバルの序の口だ。兵士の治療記録を数冊にわたって編集した『南北戦争における医療と手術の履歴 *The Medical and Surgical History of the War of the Rebellion*』には、「キニーネ、アヘン、ウイスキー」といった処方が至るところに出てくる。ほかによく出てくる治療法は「ウイスキーとモルヒネ」で、こちらは病気の処方箋というよりヘヴィメタル・バンドのアルバムのタイトルだと言われたほうがしっくりくる。多くの患者がウイスキーを一日一パイント（約四七〇（ミリリットル）処方されており、それ以外の患者は「飲めるだけたくさん」与えられていたと、『履歴』には書かれている。

飲み薬としての用途以外では、患部の洗浄に使われた。片脚に炎症を起こしたある男は、毎日「テレピン油と炭酸アンモニアとウイスキー」の混合液で脚を洗浄した。だが、細菌感染がほとんど知られていなかったため、戦場で有効な消毒薬として使われることは少なかった。医師たちはその代わり、いわゆる謎めいた「刺激的な」効果を期待して洗浄薬がわりに使った。

意外に思えるかもしれないが、兵士たちがウイスキーを勇ましくあおってから外科医のナイフを身に受けたというよくある話は嘘っぱちだ。南北戦争の時代、麻酔薬の使用にはさまざまな意見があり、エーテルやクロロホルムの代わりにウイスキーを使う外科医もいなくはなかったが、大多数は分別をわきまえて、そんなことをしなかった。切断手術ではおびただしい量の血液が失われるのだから、まともな麻酔薬の代わりに血を薄くするウイスキーを使えば、悲惨な結果を招くだけだったからだ。

博物館のもっとも有名な標本は、連邦政府軍（北軍）の将軍ダニエル・シックルズのウイスキーで保存された片脚だ。砲弾で一二のかけらに砕かれたその脚骨は、博物館のスタッフが慎重に骨片をつなぎ合わせ、片脚を失ったことを利用して一時は失墜した政治家のキャリアを立て直した男にふさわしいシンボルとして再生した。

南北戦争前、シックルズはタマニー・ホール派の政治家でアメリカ下院議員だった。一八五九年、彼は稀代の美男子とうたわれたワシントンＤＣの地区検事フィリップ・バートン・キーを銃殺する。

フィリップの父であるアメリカ国歌の作詞家フランシス・スコット・キーが、フィリップがシックルズの妻と不倫しているのを発見したのだ。銃撃はホワイトハウスの通りを挟んだ向かいで行なわれ、シックルズは全米ではじめて「一時的な心神喪失」の主張が認められて無罪放免になった。ただし、当然ながら殺人は彼の政治家としての未来をくじき、シックルズはキャリアの変更を余儀なくされた。南北戦争がはじまると、彼は大佐として陸軍に入り、じきに少将に昇進した。

ゲティスバーグの戦いで、シックルズは一二ポンド（約五・五キロ）の砲弾に下腿を打ち砕かれた。上官のジョージ・G・ミード少将の命令を無視し、自分の思いつきであるお粗末な戦術による移動中に砲撃されたのだ。脚を切断するために担架で野戦病院に運ばれながら、シックルズは涼しい顔で葉巻に火をつけ、気をしっかり持つよう部下たちを励ましたという。軍法会議にかけられるのはほぼ必至の状況だったが、政治的なコネに加えて、砲弾を受けて戦場復帰できなくなったことが功を奏し、なんとか軍法の裁きは免れることができた。

シックルズは、切断した脚の骨を医学博物館のブリントンのもとへ送るようにと軍医総監から命令を受けた。骨はウイスキーに浸した布で包んで棺型の箱におさめられ、「D・E・S少将より謹呈」という手紙を添えて送られた。それから数年後、シックルズは切断の記念日に博物館へ自分の脚骨を見にいっては自分が英雄的な犠牲を払ったことを人々に思い出させた。その結果、政治の舞台に返り咲き、九四歳で死ぬまで政治家として活躍した。義足の使い方も覚えたが、政治的行事のときは杖をついて歩いていた。一八九七年に陸軍省からようやく名誉勲章を授与されたが、軍事史の専門家は、彼の戦場での指揮はひどいものだったと考えている。後年シックルズに会った作家のマーク・トウェインは、彼が「いまある脚より失った脚のほうを大事に思っている」と評した。

シックルズは自分の脚をラッピングすることで、ブリントンの手間を省いた。けれども、博物館ができたばかりの頃は、ブリントンはたびたびウイスキーを担いでみずから戦場へ赴き、野戦の軍医に検体の収集の仕方を教えてみせた。研究対象になりそうなめずらしい負傷があったと聞くと、戦場に行って人間の肉と体液で沼と化したぬかるみへ分け入った。のちに彼はこんなことを書いている。「悪臭放つ山また山を、永劫の眠りについた者たちが埋まっているとおぼしき塹壕から掘り起こした。墓場荒らしさながらのことを私はしている……軍医たちの好奇の目に囲まれながら」

軍医たちが検体の収集方法を学ぶと、博物館は保存用のウイスキーを鉄道で戦場へ送りはじめた。ところが、輸送中に鉄道員たちがそれをこっそり飲むものだから、肝心の戦場ではウイスキーが足りなくなった。盗み飲みを防ぐために、ブリントンはとくべつ上等なウイスキーの樽を選んで、吐き気を起こさせる吐酒石（としゅせき）を混ぜ込んだ。結果は上々だった。

陸軍長官の命令によって押収した酒が直接ブリントンのもとに持ち込まれるようになってからは、博物館はちょっとしたウイスキーの集積所になった。博物館脇の一画はたちまち「小さい樽、瓶、デミジョン・ボトル、箱型容器、そして言うまでもないが、ありとあらゆる種類の錫（すず）製スキットル（目立たずに携帯できるようつくられているので、こっそり酒の持ち運びができる）」であふれかえった、とブリントンはのちに記している。中身は「シャンパンからごくありふれたラム酒」まで幅広く、スチルにはワインなどの度数の低いアルコールもいっしょくたに投げ込まれ、プルーフを上げるためにノンストップで稼動した。スチルはときたまパンクしたが、「とくに大きな問題は起きなかった」とブリントンは書いている。酒をつくっていないときには、骨の洗浄用の酢酸エーテルの再蒸溜に使われた。

だが、そうしたブリントンの苦労も、部隊が直面していたウイスキー不足の苦労に比べればささいなものだった。戦いの苦しみを和らげてくれる酒の需要は根強かったが、穀物は食糧として必要であり、農民が戦いに出ている状況で、ウイスキー生産地からの供給は厳しさを増していた。なかでも不足が深刻だったのが南部だ。戦地の大半が南部だったうえ、連合国政府が銅のスチルを押収し、溶かして軍需物資につくり変えていたのである。南部の各州は穀物を節約するために市民に徹底した禁酒を命じていた。一八六〇年に南部で一ガロンあたり二五セントだったウイスキーは、戦闘が激化した一八六三年には不足が高じて三五セントまで跳ね上がった。

連合軍（南軍）側の軍医たちは、市民が救護部隊に寄付した上等な酒や食糧をくすねているとたびたび非難を受けていた。南部のある新聞など、幕僚軍医が部隊に命じて個人の貯蔵庫を荒らし、最高級の蒸溜酒をあさっていると書き立てた。また、彼らは酔っぱらって手術をして患者を死なせているとも責められた。ある軍医は自分の医療ミスへの糾弾に対して、こんなに激務続きではいわゆる「刺激剤」も欲しくなる、と反論した。

博物館をつくる前、ブリントンは両軍が負傷兵の治療にあたる中立地帯で南軍の軍医と顔を合わせることがあった。そのうちの数人とは交友関係も結んだ。回想録のなかでブリントンは、彼らは戦闘能力については自信を持っていたが、装備は北軍より劣っており、その違いはおもに工業主体の北部と農業主体の南部の経済の差から来ているのだろう、と述べている。「連合軍将校の軍服はおおむね見栄えの悪いドブネズミ色で、ティンセルや安っぽい金の装飾をごてごてとつけて」おり、「軍備はお粗末なものだった」。

南部で飲まれていたウイスキーの質も同様だった。南軍兵は洗浄溶剤のような代用品を飲んでいることで有名で、彼らのウイスキーは、「棺桶ワニス」や「鎖稲妻」や「絡み足」などとあだ名された。そうした安酒を、南軍兵はいかがわしい密造業者からほかの兵の仲介を通じて手に入れた。容器も極端に不足していたので、テネシー州の連隊の兵士などは銃身に入れたウイスキーを口で直接飲んでいたところを目撃された。ある新聞は、南軍のウイスキーのしずくが「敷石に落ちると、あたかもひと粒の雷が地表で砕け散り、四分の一マイル先まで広がったような音を立てるだろう」とうそぶいた。

戦争のさなかの連合国では、ウイスキーの蒸溜は州の権利にかかわる問題になった——それはさながら、南北戦争という大きな内戦のなかでの小さな内戦だった。南部のほとんどの州議会は、連合国政府がウイスキーを押収しようとするたびにそれを制限する条例をつくって州の主権を発動した。ヴァージニア州は、連合国政府との契約を実行した蒸溜業者に法外な制裁金を科した。北軍の将軍ウィリアム・テクムセ・シャーマンが戦争終期にアトランタに踏み込んできたときでさえ、ジョージア州議会は禁酒法について議論していたほどだ。

それに比べれば、北軍の兵士たちはまともな酒を飲んでいた。北部には資金があり、駐屯地はたいてい都市に近かった。司令官がアルコールを配給してくれる機会も南軍よりは多く、連邦政府は供給ラインに恵まれていた。なにより、ペンシルベニアやメリーランド、オハイオ、イリノイといった蒸溜の中心地はすべて合衆国［北部諸州］側の州であり、南部ほど戦争に疲弊していなかった。戦争でひと儲けした蒸溜業者もいた。衝突がはじまった頃、ケンタッキー州は中立地だったので、両軍にウイスキーを売った。「ブルーグラスの州［ケンタッキー州の愛称］」はやがて北軍についたが、ケンタッキー人の多くは南部に愛着があり、南軍のために戦いつづけた。一八六四年に生まれたジム・ビームは、サムター要塞を制した連合軍の将軍にちなんで〝ボーリガード〟というミドル・ネームを与えられた。のちにメーカーズマークを創業するサミュエル家が営んでいた蒸溜所は、有名な南部派ゲリラの一団「クァントリル・レイダーズ」が、連合軍の民兵として最後まで抵抗を続けた場所だった。

一八六二年にようやく、北軍の大将ユリシーズ・S・グラント（一八二二〜八五）はケンタッキー州のほぼ全域を制圧した。それによってケンタッキー州のウイスキーが北軍に供給されることが確実になり、グラント個人もオールド・クロウを手に入れやすくなったようだ。グラント将軍はカリフォルニアの前哨地にいた下級士官時代から酒量の多さで知られていたが、彼に近い将校たちは、それが彼の戦績に影響することはなかったと主張している。そのひとりが、部下として働くうちに将軍と親しくなったブリントンだ。ブリントンの回想録はグラントの飲酒癖について慎重に言葉を選んで語っているが、それはおそらく酒癖にまつわる噂から将軍を守るためであり、また、自分がグラントの命によって医療目的の酒を携帯することを許された唯一の参謀将校だったことを考慮したのだと思われる。

それにもかかわらず、一八六二年にシャイローの戦いでグラントが大きな犠牲を出すと（戦いには勝ったのだが)、彼に批判的な面々は、犠牲者の多さを彼の酒癖のせいにした。ミズーリ州の下院議員ヘンリー・ブロウがそのことについてリンカンに直訴すると、リンカンは有名なあの台詞で切り返した。「グラントの飲んでいるウイスキーのブランドがわかったら、ほかの将官全員にもひと樽送ってやるつもりだよ」

グラントがどのブランドを好んでいたかについては、さまざまな憶測がある。戦争終結から二〇年後、北軍の大佐アイザック・スチュワートは、それはオールド・クロウだったと証言している。スチュワート大佐によると、一八六三年、北軍がヴィックスバーグで勝利を上げる数か月前にグラントと蒸気船に乗っていたところ、将軍は「スチュワートがこのあたりのどこかで上物のオールド・クロウを手に入れた」と、参謀たちにナイトキャップを勧めたそうだ。グラントはゴブレットになみなみと注いだバーボンを一気に飲み干したと言われている。

ケンタッキー州についていえば、戦争によって州のウイスキー産業は不安定な状況に陥った。その時点まで、ケンタッキーがもともとさまざまな条件に恵まれていたことは明らかだった。流通に便利な場所で、評判はますます高まり、独特なスタイルのウイスキーの名称として使われだしたあの耳なじみのよい名前とも強力な縁故を持っている。だが、三年にわたる戦闘やゲリラ活動の影響で州内の蒸溜所は半数に減ってしまった(一五〇か所まで落ち込んだともいわれている)。

それでも、大きな蒸溜所による統合が早くもはじまりかけていた時期に競争相手が減ったことは、戦後登場することになる各ブランドが生きのびやすい下地をつくり、やがて「バーボン貴族」なる成功者を次々と生み出した――ダントやペッパー、ポーグ、テイラー、ワッセンといった蒸溜一族のことだ。ただし、そうした一族が築いた富も、リンカンが戦費を支払うために一八六二年に復活させた新しいウイスキー税から逃れることはできなかった。一八〇二年にジェファーソンが廃止したウイスキー税は、一八一二年の戦争で負った借金を返すために一八一三年から一八一七年にかけて一時復活したこともあった。リンカンの税は、一プルーフガロン（一〇〇プルーフのウイスキー一ガロン）につき二〇セントではじまったが、戦費が増えるにつれて上昇し、そのまま着々と上がりつづけて、一八六五年には二ドルに届くまでになった。戦後、合衆国に帰属した南部の州も同じように課税された。

そうして生まれたのが「ムーンシャイナー」、酒の密造業者である。この密造業者が、バーボン一族の鼻つまみ者として新たな火種をやがて生むことになる。

◉

南北戦争後、南軍の兵士エイモス・オーウェンズは故郷のノースカロライナ州に戻り、自分の唯一の奴隷が逃げたと知るや、ウイスキー税は払わないと誓った。オーウェンズは北軍の捕虜収容所で命を落としかけ、北部人（ヤンキー）への恨みを心にくすぶらせていたが、連邦統治下の荒れ果てた南部に帰ってきたとき、この生まれ変わったウイスキー税だけでなく、南部の代表団が不在のあいだに連邦議会が通したほかの新たな法律とも対峙することになった。大陸横断鉄道、高等教育への支援、奴隷制の廃止、国の統一通貨、ホームステッド法［五年間の居住と開墾を条件に一六〇エーカーの公有地を無償で与えることを定めた法律］などである。戦争は終わったが、すべての闘いがまだ終わったわけではない。オーウェンズは、「この税金をけっして払わないと赤い血の誓約を結んだ」

密造酒業者オーウェンズの人生と司法当局とのバトルはのちの語りぐさとなった。彼が法廷に現れると、メディアはこぞってスキャンダラスに書き立て、辺境の密造業者の典型的イメージがつくり上げられた。ウイスキー税の執行は新設された内国歳入庁（ＩＲＳ）が担当した。四〇〇〇人の職員が働くＩＲＳは、すぐに一局としては合衆国最大の政府機関となり、庁の代理である係官がオーウェンズのような脱税者を見つけて処罰した。脱税者たちは比較的小規模の自作農であり、統合と工業化が進む（そのため課税しやすい）ウイスキー業界の拡大化の波から取り残された一群だった。

アパラチアの寂しい山あいなどの農村地域で営まれる蒸溜業は、ウイスキー税反乱の時代からほとんど変わっていなかった。経済、文化、技術の変化の「恩恵」がそうした場所に届くのはたいていいちばん最後だったが、そうした変化による「不利益」は、残念ながら真っ先に届くことが多かった。小さなスチル、スイートマッシュ、未熟成、あるいはほとんど熟成しないウイスキー――山奥の丘陵地帯では、古い製法でのウイスキーづくりが依然として続いていた。

そうした蒸溜酒の質にばらつきがあったのは想像に難くないが、ときおり天才的なつくり手が現れた。何人かの密造業者は名人級の酒をつくると大きな評判を呼び、「ホワイト・ライトニング」と呼ばれた彼らの密造酒は、山暮らしという伝統的な生活様式への興味をかき立てた。身近な人々のためにつくる彼らの酒は、卸売業者に二束三文で売り払う農民蒸溜業者の酒よりもさまざまな配慮がされたものだった。熟成させずに味のよいウイスキーをつくるのは至難の業だが、それをやってのけた者たちがわずかだがいたのだ――まさに、たまさかの森の奇跡だった。

だが、大多数のほかの密造業者たちにとっては、法の目をくぐって儲けるほうが先決であり、安上がりな近道にさっさと流れていった。彼らはまず、高価な銅のスチルをやめて板金のスチルを利用した。銅は硫黄と結びついて硫化水素（腐った卵の臭い）やジメチルトリスルフィド（腐った野菜の臭い）などの化合物の発生を抑えるが、板金は銅ほど硫黄化合物を取りのぞかない。また、彼らは熟成したウイスキーのような風味を出すために、密造酒のジョッキに炭を入れてかき混ぜた。もしくは田舎者（ヒルビリー）のティーバッグよろしく、タバコ入れにおがくずを詰めてウイスキーに放り込んだ。三ガロンの小さなピクルス樽で熟成させる者もいた。

　原料もまた粗末だった。ムーンシャイナーたちはやがて穀物に替えてシュガージャックという低品質の安い砂糖を使い、きわめて粗悪なアルコールを大量に蒸溜した。豚の餌にするような安い穀物を使う業者もいた。そうした穀物は、幻覚や発作を引き起こしかねない麦角（ばっかく）や寄生性の真菌に感染していることが多かった。

　都市は都市で密造酒の問題を抱えていた。密造文化と頻繁に結びつけられていたのは地方の集団だったが、それは誤りで、むしろ密造は都市のほうが深刻だった。一八六七年、不法な蒸溜業者を一掃するために海軍の分遣隊がフィラデルフィアに送り込まれた。一八六九年にも同じ目的で海兵隊がブルックリンに派遣されたが、こちらはギャング団に撃退された。そのように密造は都市にはびこっていたが、それでも、密造酒と聞いて国民が思い浮かべるのは地方の密造業者のイメージだった。ある種の人々にとっては、密造は単に生きるための手段であり、貧しい暮らしのなかで、それまで通り食いつないでいこうとしていたにすぎない。だが、エイモス・オーウェンズのような者たちにとっては、密造とは権威に対する挑戦だった。オーウェンズはスコッチ・アイリッシュの蒸溜業者の家系であり、祖父の代はキングス・マウンテンの戦いで独立戦争を戦っている。だからウイスキー税と聞くと、アイルランドのウイスキー戦争や祖国のウイスキー税反乱と比べずにはいられなかったのだろう。かつて奴隷を所有していたオーウェンズだが、みずからの行ないはともかく、連邦政府が彼の穀物を「法定通貨」に変える権利を認めないのは、彼の自由に対する侵害だ、と主張した。オーウェンズにとって密造とは、自分の土地から日々の糧を稼ぐという「誰にも侵すことのできない権利」を行使していた、祖先たちの誇るべき生き方をただ踏襲しているだけのことだった。

その言い分はわからないでもない。だが、密造は別の面からみると、現状維持のための反抗であり、戦争で変容したアメリカで起こる宿命的な変化への抵抗でもあった。一八七〇年代のはじめ、同じく現状維持を信念とするべつの団体「クー・クラックス・クラン（KKK）」のノースカロライナ支部は密造業者と手を組み――「憎き政府」という点で連帯して――、国税徴収官や政府の内通者を脅してまわった。ジョージア州ピケンズ郡では、二七の密造業者が「正直者の友と庇護者」という結社を組んだ。彼らはKKKと同じ頭巾とガウンを身につけ（ただし色は白ではなく黒）、近隣の家々にときおり火を放った。南北戦争後のジョージア州で密造業者が反政府活動をくり広げた時期は「ジョージアの密造酒戦争」と称されることがあり、連邦裁判所の訴訟の四分の三以上に関連していたとも言われている。それは、過渡期にあった国の負の側面だった。

南北戦争がもたらしたもので、今日のウイスキーのボトルをめぐるあれこれほど興味深いことはそう多くない。ラベル、酒屋での並べ方、所有者、売られ方といったことに象徴されるそうした事象は、かつて国を二分した争いがあったことや、その傷がいまだに癒えきっていないことを顕著に表している。それらを見れば、われわれがあの戦争をどう記憶しているか、あるいはどう忘れているかがよくわかる。

酒屋では昔からウイスキーのブランドに序列があるが、それは棚での並べ方に表れる。いちばんよく売れるブランドはいちばん上の段にあり――支配と名声の位置だ――ほかのブランドはそこから下がっていく。人間社会の序列と同様に、ボトルの並べ方も平等とはかぎらない。今日、棚の最下段は密造酒、別名「ホワイト・ウイスキー」の定位置になっている。ホワイト・ウイスキーはメイソンジャーや陶器の壺に入って売られていることが多く、いかにも法逃れの密売人が月光を頼りに運んできたかのように見える。もちろん、それらは本物の密造酒ではない――つくっているのは合法的な納税企業だ。しかもウイスキーといっても見かけだけで、たいがいは安物のウォッカにべつのラベルを貼って、密造酒のロマンティックで無法者っぽい魅力を利用しようとしているにすぎない。こうしたディズニー風のマーケティングのおかげで、密造酒を模したボトルの外側は、車のバンパーに貼る南軍旗のシールや世界革命論の寵児チェ・ゲバラが大描きされたTシャツと同じような雰囲気をかもしている。ウォッカでなければホワイトドッグ――本物の密造酒が使った安いシュガージャックではなく、良質な穀物でつくられた未熟成のウイスキー――が入っている。こうしたホワイト・ウイスキーは、資金難に陥った新興の蒸溜業者が熟成のコストを省いて手っ取り早く収入を得る狙いで売られていることが多い。意外なことに、ホワイト・ウイスキーは熟成ウイスキーよりたいてい価格が高い。山賊（ヒルビリー）の遺産をビバリーヒルズ的な価格で売っているわけだが、新興の蒸溜業者は大手のライバルに比較して諸経費がかかり、スケールメリットが小さいことにその原因がある。ただし、見方によっては、高い値札は野心の現れともいえるだろう。ホワイト・ウイスキーを売ることで、新興の蒸溜業者はやがて熟成ウイスキーを生産できるようになり、それとともに孤独な僻地を抜け出して酒屋の棚の出世階段を上っていけるのだから。

偽密造酒のすぐ上段にはジャックダニエル——テネシー州とその隣のケンタッキー州のあいだの長期にわたる確執を象徴するブランド——が置かれている。創業者のジャスパー・ニュートン・〝ジャック〟・ダニエルはテネシー州で生まれた。テネシーといえば、北の隣人ケンタッキー州が、もとは南軍支持だったにもかかわらず計算高く方針転換して北軍に加わったことに愛想を尽かした州だ。今日、ジャックダニエルは、断固としてバーボンのブランドではないと主張している。実質的にはバーボンであり、その気になればバーボンを名乗ることもできるのだが、代わりに「テネシー・ウイスキー」のラベルを誇らしげに使っている。大きな文字でラベルに刷られたその称号は、ブランドを生んだ州の矜持を高らかに宣言するものだ。

ジャックダニエルの味はバーボンにとてもよく似ている。製法も使われている原料もほぼ同じだが、この二種類のウイスキーのスタイルには大きな違いがある。テネシー・ウイスキーは、樽詰めする前にサトウカエデの炭で濾過して、若い蒸溜酒の味の尖りを取りのぞく。この手法は「リンカン郡製法」として知られ、ウイスキーにかすかなスモークの香りと、ガラスのようになめらかな舌触りとまろやかな甘みを与える。一般に信じられているのとは違い、リンカン郡製法でつくったからといってバーボンのラベルをつけられないわけではない。それでも、バーボンを名乗る蒸溜酒はふつうはこの製法を使わないので、テネシー・ウイスキーをほかのバーボンと区別するひとつの理由になっている。*

＊　テネシー・ウイスキーと呼ばれるための条件は、テネシー州でつくられた蒸溜酒であることだが、リンカン郡製法を使用している必要はない。テネシー州のクラフト蒸溜所プリチャーズは、炭で濾過していない「テネシー・ウイスキー」を製造している。二〇一五年初頭現在、ウイスキーの定義に関してはさらなる規則が議論されている。

ジャック・ダニエルは一八五〇年頃誕生した（正確な日付は歴史家にもわからない）。ダニエルはキャリアを通して「ボーイ・ディスティラー（少年蒸溜業者）」という一種の神童のような別称でも知られていたが、それはおもに彼の背丈が一五〇センチに満たなかったことに由来している。ダニエルは、身長と自尊心の両方を引き上げるために踵の高いブーツをはき、派手な色のベストやフロックコート、つば広のプランターズハットで全身を決めていた。南北戦争が終わって蒸溜業をはじめた頃、故郷のテネシーは焦土と化していて――テネシー州以上に戦火にさらされたのはヴァージニア州だけだった――彼は北への憎しみをたぎらせていた。

戦後、ケンタッキーのウイスキー産業が比較的早く立ち直ったのを、南の隣人は軽蔑と羨望の入り混じる思いで見つめていた。ジャック・ダニエルの伝記作家ピーター・クラスによると、テネシー州の蒸溜業者はケンタッキー人について、「ウイスキーについては不遜なくらいの自信を抱いている」と見ていたらしい。彼らは自分たちのウイスキーをフランスの王族にちなんだ鼻につく名前で呼びならわすようになり、「ジャック自身が欲しがっていた伝統と知名度」を着々と築きはじめていた、とクラスは書いている。ダニエルのような野心的な蒸溜業者にとって、目標はバーボンと呼ばれることではなく、「テネシー・ウイスキー」と呼ばれながら、バーボンと同じだけの評価を築くことだったのだろう。

今日、ジャックダニエルにはちょっとばかり時代錯誤のイメージがつきまとう。バイク乗りたちがバーでがぶ飲みしていたり、ガンズ・アンド・ローゼズの宣材写真で小道具に使われたりしているようなイメージだ。あまり高価でないことに加え、比較的甘くてプルーフが低いので喉を通りやすく、一気に飲み干すのに向いているからかもしれない。甘みが強すぎ、単調でいささかつまらないと言う批評家もいる。リンカン郡製法によって糖類が加わる一方、特定の化合物が取りのぞかれ、そのまま蒸溜液に残っていれば香りに深みを与えるはずの酸が中和されてしまうせいだと思われる。だが、そうした批判とは裏腹に、ダニエルは当時にしては悪くないウイスキーをつくり上げた。ダニエルの時代の競争相手は、必ずしも現代の基準に見合うウイスキーをつくっていたわけではない。だからこそ、リンカン郡製法のおかげでダニエルのウイスキーは口当たりのよさをいち早く獲得し、競合するブランドに差をつけることができたのだろう。

南北戦争後に立ち上げた彼の会社は、北部と南部の関係が改善されるにつれてしだいに売り上げを増やしていった。現在思われているほど大きいブランドではなかったが、ダニエルに快適な暮らしをさせてくれるほどには成功していた。一九一一年にダニエルがこの世を去ると、蒸溜所は共同事業者のレム・モトローが引き受け、禁酒法が明けると無事に再開した。だが、この蒸溜所は一九五〇年代までほとんど宣伝らしい宣伝をしなかったため、わずかな熱狂的ファンをのぞいて、テネシー州の外では無名に等しかった。ファンのなかには、ウィリアム・フォークナー（一八九七～一九六二）やウィンストン・チャーチル（一八七四～一九六五）などの著名人もいた（チャーチルの母親はアメリカ人で、チャーチルがスコッチではなく〝ジャック〟を愛飲していると打ち明けたときには、スコットランド人を大いにがっかりさせたものだ）。

その後、一九五六年に、現在もブランドを所有しているルイビルのブラウンフォーマン社がジャックダニエルを買収した。『タイム』誌は、テネシー人がいまも軽蔑するケンタッキーのバーボンの巨人がジャックダニエルのような小さな蒸溜所を買ってくれるとは、テネシーに対する「最大の賛辞」であると揶揄した。ナッシュビルの新聞社テネシアンは合併に不満を表し、両州の相性の悪さを引き合いに出して、ジャックダニエルが「ケンタッキー人の手に堕ちたいま、もはやかつてのようにその酒を飲むことはできないだろう」と嘆いた。

ところが、恨みを引きずる両州を尻目に、ブラウンフォーマン社はブランドを飛躍的な成功に導いた。買収後、同社はアンジェロ・ルケージという男をジャックダニエルの最初のマーケティング代理人として雇い入れた。若い頃に父親のソーセージ挽き機で不運にも片腕を失ったルケージは、交友があったフランク・シナトラにジャックダニエルを送りつづけた。ある日、ステージ上のシナトラは聴衆の前でグラスに注いだジャックダニエルを掲げ、「神々の蜜」だと紹介した（亡くなったときも、シナトラはジャックダニエルのスキットルとともに埋められた）。ブラウンフォーマン社に買収された後、宣伝費が増えたおかげで——また、なんといってもシナトラという抜群の宣伝媒体のおかげで——ジャックダニエルの売り上げは二〇年にわたって年一割ずつ上昇し、その後の一〇年は年三割まで上昇した。ジャックダニエル自体は、ひょっとしたらバーボンの血統のよさを密かにうらやましがっていたかもしれない。だが、その圧倒的な販売数は——バーボンでもっとも売り上げの多いジムビームをはるかにしのいでいた——古傷の疼(うず)きを癒やしてくれただろう。

それでもなお、ジャックダニエルはバーボンの棚の下段に甘んじている。その上の棚のには、レベル・イエール［「反逆の叫び」の意］という人気のブランドがある。一九四〇年代、公民権運動に先んじて起きた南部ナショナリズムの高まりのさなかに生まれたレベル・イエールは、ケンタッキー州の下院議員チャーリー・P・ファーンズリーが発案し、彼のおじでスティッツェル・ウェラー・ディスティラリーの共同所有者だったアレックス・ファーンズリーにつくらせた南部人のためのバーボンだ*（もうひとりの共同所有者ジュリアン・〝パピー〟・ヴァン・ウィンクルは主としてマーケティングを担当していた）。レベル・イエールはライ麦の代わりに小麦をフレーバーグレイン（香りづけの穀物）として使っているため、柑橘類のようなさわやかな味わいが南部の蒸し暑い気候によく合い、はじめの数十年は南部だけで販売されていた。発売当初のラベルには、「ディープサウスのために」という文字と、北部人(ヤンキー)の血に飢えた南部連合の兵士が剣を振りかざして戦場へ馬を駆っている姿が刷り込まれた。南北戦争が終わって一世紀近く経っていた当時でも、そうした絵柄が南部人の心に響いたのだ。

＊　レベル・イエールは創業時から多くのオーナーがかかわっていたが、現在はブランドを所有して

いるべつの会社との契約でヘブンヒル蒸溜所が製造している。

しかし、一九八四年に全国の市場へ、その少しあとに海外の市場へ進出してからは、扇情的なラベルはめっきり少なくなった。おそらく、前より大規模になった新しい顧客層を無駄に刺激しないための配慮だったのだろう。兵士の剣は少し小さくなり、南軍特有の軍服の明るいグレーの色味も抑えられた（ただし、日本ではそのどぎついロゴが売り上げに貢献した。アメリカの荒っぽいサブカルチャーに憧れを抱く人々の心をつかんだらしい）。それから数年後、戦争の傷もいよいよおぼろげになり、レベル・イエール本来のマーケティング・メッセージが政治的に受け入れられなくなってくると、ラベルはさらに浄化されて、兵士はカウボーイのシルエットに差し替えられた。二〇一四年までには、人によっては攻撃的に聞こえるという「レベル・イエール」という言葉自体が消し去られ、ただの「RY」に省略された。今日、ブランドの広告には〝反逆者（レベル）〟も見あたらず、現代の消費者の好みに沿うようなものにがらりと変わっている。そこにあるのは、無精髭を生やしてサングラスをかけたミュージシャン［キース・リチャーズ］がギターをかき鳴らす姿だ。

第7章　ボロ儲けのらんちき騒ぎ

一八七五年夏、汚職とセックスとウイスキーにまみれた政治スキャンダルが大量に発覚し、次々とトップニュースとなって世間をにぎわせた。新聞各紙は、ウイスキー蒸溜業界の巨大組織から流れ込んだ税収を共和党員が転用して違法な政治資金とし、選挙の買収や政敵つぶしに利用していたと報じた。告発された政治家たちはこぞって裏工作を行ない、賄賂を使って苦境から逃れようとした。そうした面々は、「ウイスキー・リング（ウイスキー徒党）」と呼ばれるようになり、捜査当局の調査の手は大統領執務室のすぐ脇の小部屋まで伸びた。その部屋の主はオービル・バブコック、時の大統領ユリシーズ・S・グランドの私設秘書だった。

その頃、ウイスキーは「大好況時代」に入っていた。南北戦争の終わりから二〇世紀初頭まで続いたこの時代は、ほかにも「大宴会」、「ボロ儲けのらんちき騒ぎ」などと称され、合衆国史上もっとも腐敗した時代であるとともに、連邦政府が戦後に入って巨大な権力を持つようになるまでの移行期にあたる。そうした複雑な社会体制は、アルコール税（国内の消費税と輸入酒への関税の両方を含む）に大きく依存していた。それは政府の歳入の半分近くを占め、一九一三年に所得税が導入されるまで最大の国家財源だったという。それほどの力と金をどうまとめるか、国が試行錯誤しているあいだに、連邦議会は私腹を肥やすための商売道具と化してしまった。鉄道王のコリス・ハンティントンが札束の詰まったトランクを抱えて選挙後の両議会に現れ、新しい顔ぶれの票を買っていると思えば、ロビイストたちは上下院の議場の外で株券をばらまいている。ニューヨーク州議員のウィリアム・〝ボス〟・トゥイードはニューヨークを牛耳り、西部の土地は不正な認可で占有され、資本家で投機家のジェイ・グールドは株価を陰で操ってひと財産儲けながら、投資家に巨額の損失を与えていた。連邦政府軍を守るために戦った世代の――さらには苛烈な戦争のせいで感覚が麻痺していた――男たちが、今度は先を争って分け前にあずかろうとしていた。

こうした腐敗のすべてにウイスキーの生産者は深くかかわっており、ウイスキー自体の質もその現実を少なからず反映していた。当時は著作権侵害や「包装における真実表示法（truth-in-packaging laws）」や表示義務の違反に対する取り締まりや保護があまりなされず、ウイスキー生産者はある意味で業界の犠牲者だった。オールド・クロウのような時間をかけてつくる上質なウイスキーは高価なため、市場の五パーセントにも満たなかった。政府の監視や説明責任がほとんど期待できない状況で、「精溜業者」と呼ばれる、安い蒸溜酒を大量に生産することを専門とする手合いが取り引きを支配するようになった。今日でもウイスキー業界は、この時代に定着した負のイメージを覆すのに苦労している。ただし、ウイスキー業界にとって大好況時代のすべてが暗黒だったわけではない。混沌から抜け出し、工業化が進みつつあったビジネスモデルに順応することで、バーボンは現代の名声にもつながる大きな進歩をこの時期に遂げることができたのだ。

◉

酒やタバコを販売する業界にとって、よいイメージを保つことは商売の成功に欠かせない。大好況時代は、政治にはじまり、経済、文化に至るまでのさまざま面において、この時期に声高に主張しはじめた禁酒運動家たちの格好の攻撃材料となった。そうした時代の初期に世間を揺るがす一大政治スキャンダルの資金源になったことは、ウイスキーのイメージにとってはなんの得にもならなかった。

「ウイスキー・リング」の脱税の仕組みは単純だ。実際に生産した分よりも少なく届け出をして、課税を逃れた余剰分を課税されたものと同じ値で売ることで差益を懐に入れる。単純な話ながら段取りは綿密に行なわれ、そこがこの犯罪のもっとも悪質な部分だった（偽帳簿、製造番号の捏造、偽造ラベル等々）。そうしたすべてを悪党たちが操作しており、彼らはそれぞれ「ウイスキー・リング」内の序列に応じた報酬を得ていた。そして計略が続くかぎり、その報酬も続く契約になっていた。

ウイスキー税の誕生以来、人々は法を破っては巧妙に逃れてきた。最初のウイスキー税が導入された頃――ウイスキー税反乱が勃発し、トーマス・ジェファーソンが大統領就任後に廃止した頃――は、政府は徴税官に比重計を使わせて、蒸溜酒の正確なアルコールプルーフを測った。比重計がなかった頃はプルーフの測定などまともに行なわれてはいなかったのだ。蒸溜業者は、蒸溜酒に火薬を混ぜて火をつけることでプルーフの強度を「証明(プルーフ)」した（「プルーフ」の語源はここにある）。ぱちぱちと火花が出ればアルコール度数が低い証拠なので、その酒は「標準強度未満」となる。炎がたき火のように燃え上がれば、それは「標準強度以上」だ。アルコール含有量が体積の五〇パーセント前後ならば一定の強さの炎が上がるので、「一〇〇パーセント標準であると証明された」ことになる（一〇〇プルーフの酒類のアルコール度数が五〇パーセントなのはそのためだ）。ウイスキー税が復活した一八六八年までには、政府は脱税を防ぐために一プルーフガロンの定義を細かく提示し、華氏六八度［摂氏二〇度］におけるアルコールの体積の割合が五〇パーセントであることとした。アルコールは温度が下がると体積が減るので、蒸溜業者は、税金を申告するときに樽を冷やすことで計測されるアルコール量を減らそうとした。

　南北戦争が終わると、政府は課税前の樽に妙な手が加えられないよう、「計測官」と呼ばれる徴税官に倉庫で熟成中のウイスキーを見張らせた。だが、それまで汚職とは無関係だった計測官の多くが、蒸溜業者に買収されたり脅されたりして計略の片棒を担がされた。たとえば、重複した製造番号を樽に書いたり、書類をごまかすということに協力したのである。こうした脱税は横行し、なかには中西部からニューオーリンズへ穀物を運んで蒸溜し、それを上流へ持ち帰っているにもかかわらず、合法的に商売している同業者より安くウイスキーを売る蒸溜業者がいたほどである。こうしたウイスキー・リングは数百人の脱税者で構成され、雪だるま式にふくれ上がって大スキャンダルへと発展していった。この犯罪にさまざまな立場の役人がかかわり、食品産業にかかわる役所の上層部も、部下から提出される書類の数字と実際の売り上げにずれがあることに気づきはじめた。

利益がくすね取られていると知った人々は、今度は自分たちの取り分も主張しはじめたのである。

そんなウイスキー・リングの中枢にいたのは、ジョン・マクドナルド、南北戦争時の准将だ。グラントの私設秘書オービル・バブコックと親しかったマクドナルドは、ウイスキー・リングを組織する以前にも別の企みが発覚しそうになったが、辛くも逮捕を免れていた。所有物が戦争で破壊されたという虚偽の申告をして戦時保証による連邦資金を騙し取ろうとしていたのだ。企みが失敗したと見るや、マクドナルドは友人のバブコックに職の斡旋を頼んだ。バブコックは大統領に掛けあって内国歳入局の職をマクドナルドに用意し、鶏小屋にまんまとオオカミを潜り込ませたのである。

こうしてマクドナルドは中西部の広域を担当するセントルイスの徴税官長になった。着任してまもなく、マクドナルドはウイスキー倉庫の帳簿がろくに管理されていないことに気づき、すぐに儲け話をあみ出した。マクドナルドが考えたウイスキー・リングの基本メンバーは、彼とバブコックを含めて五人だった。結局、五人それぞれが年に四万五〇〇〇ドルから六万ドルを受け取り、ほぼ同じ額がかかわった蒸溜業者にも支払われた。ワシントン内部でスパイ役をしていたバブコックは、上司のグラントには事実の一部しか知らせなかった。*

＊　グラントはウイスキー・リングのスキャンダルに直接かかわっていなかった。歴史家によると人の言うことを信じやすい性格だったようだ。大統領に選出されたのは、為政者としての能力よりも南北戦争での功績を認められてのことだった。

一八七一年、ウイスキー・リングは一五〇万ドルを稼ぎ出し、セントルイスにあったマクドナルドの事務所は、事実上、共和党本部になった。選挙で苦戦している党員は元准将に電報を打って蒸溜所からの新たな税金をまわすようにせがみ、民主党に勝たせないために資金を集めた。その甲斐あってか、一八七二年、グラントは再選を果たした。

ウイスキー・リングは一八七五年まで毎年一五〇万ドルを稼ぎつづけた。そのあいだ、リングのメンバーは選挙の票を買い、豪邸を買い、コールガールを買いまくり、また、ダイヤモンドの装身具で全身を飾り立てた。ダイヤは破産手続き中でも隠しておきやすく、いざというときには持って逃げられるからだ。バブコックはとりわけ「衣服と酒と色事に目がなく、公金を使ってそれらの欲を満たしたので、ますます大胆で危うい冒険に踏み込んでいった」と、当時の腐敗を追ったジャーナリストのマシュー・ジョセフソンによる一九三八年の話題書『政治屋たち *Politicos*』には書かれている。

一八七四年には、ウイスキー・リングのあまりの狂騒ぶりが財務長官ベンジャミン・ブリストーの目にとまった。当時にしてはめずらしく誠実な政治家のひとりだったブリストーは、『セントルイス・ディスパッチ』紙のビジネス記者マイロン・コロニーを雇って覆面捜査をさせた。コロニーは蒸溜所や穀物倉庫の周辺をうろついては記事になりそうな情報を集め、穀物と蒸溜酒の出入りを密かに記録した。その結果、一か月もしないうちに、ウイスキー・リングのメンバー三〇〇人と、関与した三二の蒸溜所――国内の主要なウイスキー生産地すべてが関与していた――を逮捕できるだけの証拠が集まった。ブリストーが推算したところによると、合衆国の課税対象となるべきウイスキー全体のわずか三分の一からしか徴税できていなかったのである。

捜査が進むうちに、ウイスキー・リングとホワイトハウスとのつながりもすぐに突き止められた。

ブリストーは大統領に事情を説明したが、政権内部の事情に無頓着なことで有名だったグラントはこう返した。「セントルイスに少なくともひとりだけ信頼できる男がいる。ジョン・マクドナルドというんだが、彼はバブコックの古い知り合いで腹心の仲だから間違いない」

「大統領」ブリストーは苦々しげに言った。「そのマクドナルドがペテン師たちの親玉で中心人物なのですよ」。その後、バブコックの容疑も明るみに出た。

　そこまで聞かされても、グランドは友人であるバブコックを信じて疑わず、彼のために証言すると主張した。おかげでバブコックは無罪放免を勝ち取り、バブコックほどの寵愛を得ていなかったマクドナルドは刑に服することになった。しかし腐敗に著しく蝕まれた時代のなかで、バブコックはすぐに別のスキャンダルの当事者になった。ウイスキー・リング裁判の検事を手助けした男に対して、ある犯罪の容疑をでっちあげたのだ。あいかわらず友を信じていたグラントは、バブコックをワシントンから退かせ、代わりに灯台の監督官というけっこうな職を用意してやった。バブコックはその仕事を気に入った。陸軍士官学校（ウエストポイント）時代の工学の学位を活かせ、そのうえ美しいビーチのそばで過ごすことができたからだ。だが七年後、悲劇は起こった。フロリダ南部の入り江モスキート・インレット「現在のポンス・デ・レオン・インレット」の近くで、スクーナー船から乗りかえたバブコックを乗せて岸に向かっていたボートが転覆したのだ。数日後、サメに咬まれたバブコックの遺体が木の茂った海岸に打ち上げられた。まさしくこの時代の不幸な象徴だった。

ウイスキー・リングのスキャンダルにかかわった蒸溜所は、大半が製材所か工場のような見かけだった。わずか数十年前にウイスキー業界の主役だった小さな蒸溜所――小川の近くの小屋や納屋で、ポットスチル一器だけを使って営む――とは似ても似つかなかった。アメリカは農業経済から工業経済への過渡期にあり、農業と工業双方の産物であったウイスキーは、時代の潮流をはっきりと映していた。小さな農民蒸溜業者はあいかわらずたくさん存在し、細々とウイスキーをつくっていたが、そのほとんどはつくった蒸溜酒を大きな蒸溜業者に売っていた。大きな業者はあちこちから集まったそうした未熟成の蒸溜酒を混ぜ合わせ、自社の設備で目を見張るほどのプルーフに再蒸溜した。そうしてできたものは、品質こそ安定していたが、個性はほぼ失われていた。

そうした新しいタイプの大規模蒸溜所の産業効率のよさの原因は、おもに巨大なカラムスチルにあった。一八三一年にアイルランド人のイーニアス・コフィーが特許を取ったそのスチルは、一九世紀終わりにもなると、多くのポットスチルに代わって使われるようになっていた。今日では、ポットスチルは過ぎ去った時代の美しい遺物と見なされている。生産性の高い設備とはけっして言えないが、その効率の悪さこそがポットスチルの美点なのだ。ポットスチルでゆっくりと薪を燃やしながら低いプルーフにつくられる蒸溜酒には、深い味わいと芳醇な香りが残される。いまでもポットスチルを使っている蒸溜所もあるが、その数は片手で数えられるほどだ。今日のアメリカン・ウイスキーの蒸溜業界はカラムスチルが独占している。だが、カラムスチルでつくったウイスキーは上質なものも低質なものも出まわっているために、スチルの本質が誤解されていることも多い。

カラムスチルの特徴は効率的にアルコールを量産できることだ。原液からほぼ不純物を含まないアルコール（エタノール）を分離することができ、蒸溜酒に個性と風味を添える芳香成分はあとかたもなく消してしまう。この大胆なほど無個性な産物は、「穀物中性スピリッツ」と呼ばれ、一九〇より高いプルーフに蒸溜される（そうしてできた製品は「エバークリア」や「ウォッカ」として販売されている――ただしウォッカだけは瓶詰め前に水でアルコール度数を下げる）。中性スピリッツを熟成させることも可能だが、そこから味わいを引き出すのは月面で野菜を育てようとするのに等しい。木の香りは何年かすればつくだろうが、樽材は薬っぽい不快な成分も吐き出すからだ。蒸溜酒の業界以外では、カラムスチルは工業用溶剤や家具の艶出し剤、魚雷の燃料の生産に使われ、構造は、石油精製所の蒸溜塔の構造とほぼ同じである。

そうした工業的な性格を持つカラムスチルだが、同時に世界的に有名な蒸溜酒や、今日の店の棚に並んでいる大部分のバーボンもつくっている。もし蒸溜業者が、蒸溜酒の風味や個性のもとである脂質や化合物を残そうと、スチルの能力を抑えて低いプルーフで蒸溜したら、カラムスチルでもポットスチルと変わらない豊かな風味のウイスキーができあがるだろう。現代のバーボン・メーカーはそうやってスチルの能力を調整しながらカラムスチルを使っている。スチルの構造の違いは風味にも影響を与えるが、要はそれだけ――つまり、ただ違うだけである。*ある種類のスチルのほうが別の種類よりすぐれている、あるいは劣っているとは言い切れない。使い方の違いがウイスキーの風味の違いに表れているにすぎないのだ。

＊　たとえば、ポットスチルの首の形は風味に影響する。細くて長い首のスチルは、花や果物の香りを持つ軽い化合物が通りやすい。短い首はそれより重い化合物も通すので、蒸溜酒はこくのある木の

実のような味になる。

しかし、どの種類のスチルがよいかということについては、現代のウイスキー・マニアのあいだに激しい議論を呼んでいる。といっても、この連中は暇さえあればなんでも徹底的に議論するのだが。すべてがこんなに大きく威圧的ではなく、ものごとがもっとシンプルだった時代を呼び起こすポットスチルには抗いがたい魅力がある。今日、ウッドフォード・リザーブ・ディスティラリーでは、蒸溜所ツアーの見学用に大きなポットスチルを使っているが、ブランドのウイスキーは基本的に別の施設のカラムスチルで製造している（あとで両方の蒸溜酒を混ぜ合わせるためだ）。こうした商売上の戦略はさておき、カラムスチルを使うことにしたウッドフォードの決断は、さまざまな意見があるだろうが、結果としてよいウイスキーを生んでいる。現代の蒸溜業者の多くは、蒸溜酒の風味を損ないかねないトウモロコシやライ麦の比較的高い脂質レベルを、カラムスチルを使うことでコントロールできると知っている（スコッチの原料である大麦麦芽の脂質レベルがあまり問題にならないのは、スコッチ業界ではポットスチルが広く使われているからだ）。シアトルのウエストランド・ディスティラリーの蒸溜責任者マット・ホフマンは、自社のシングルモルト・ウイスキーをつくるのにポットスチルを利用しているが、もしトウモロコシかライ麦の割合の高い蒸溜酒をつくるなら、脂質の調整がしやすいカラムスチルを使うだろう、とかつて私に語ってくれた。どのスチルを使うかは、どれが最高の風味を生み出すかという選択にすべてかかっており、古い時代の神秘的な雰囲気に憧れてポットスチルを使っているわけではない、と。

ポットスチルを使っていると自慢する蒸溜所はいまでも多いが、実際に使用されているのは、下のほうはポットスチルの形だが上に小さな精溜カラム（「精溜」は蒸溜と同義語だが、とくに二度目の蒸溜を「精溜」と呼ぶことが多い）のついているハイブリッドスチルであることが多い。商売上はポットスチルの古風でロマンティックな魅力をアピールでき、蒸溜においてはハイブリッドのカラムのおかげで現代技術の恩恵を受けられるという、ウイスキーにとって（また、どのタイプの蒸溜酒にとっても）究極の理想型だ。スコッチの世界では、ポットスチルに対する憧れがアメリカ以上に根強く、ブランドのマーケティングにおいて大きな役割を果たすことも少なくない。しかし、ポットスチルを使っているスコットランドのブルイックラディ蒸溜所の蒸溜責任者ジム・マキューアンは、あるとき『ニューヨーカー』誌の記者に対し、「どのスチルがすぐれているかを言い争っているようなマーケティングの大半は〝おとぎ話〟に毛が生えたようなものだ」と語った。「品質と風味において本当に重要なのは設備ではなく、ウイスキー・メーカーの職人的な技術のほうだ」と彼は言う。[*] 結局のところ、最終的にウイスキーを判断するのは、「どんな味がするか？」というシンプルな問いに尽きる。

＊ ポットスチルを使うニューヨーク州北部のコッパーシー・ディスティリングのクリストファー・ウィリアムズは、違いについてもっと詩的な言葉で私に語ってくれた。「精緻をきわめたドイツ製スチルの多くは、パイプものぞき窓もハイブリッドコラムの設置も凝っていて、ぴかぴか光るテナーサックスみたいに見える。それに対して、ぼくらの素朴なポットスチルは、小さなブルースハープ［ハーモニカ］といったところだ。もし自分がジョン・コルトレーンならテナーサックスで魔法のような演奏をしてみせることができるが、それには音楽理論やスケールをきちんと理解している必要がある。

それにひきかえ、ブルースハープの名人は理論なんかほとんど何も知らないのに、本能的に吹き方を覚えて、楽器の意図を超えたベンドなんていう奏法［息の吸い方だけでハーモニカの音程を下げる高等演奏技術］まで生み出す。そういう意味で言えば、ぼくらの蒸溜の仕方はブルースマンのリトル・ウォルターや、もっといえばハウリン・ウルフに近いものなんだ」

大好況時代のあいだ、多くの蒸溜業者がマキューアンの言う「職人的な技術」の手間を省き、カラムスチルを使って極端に高いプルーフの蒸溜酒をつくった。水増しできるので利益が大きいのだ。そうしたウイスキーの質には大きなばらつきがあった。なかには、風味の乏しい中性スピリッツに熟成ウイスキーを少し混ぜて香りと個性を足し、少し上質なウイスキーの薄っぺらい模倣品に仕立てているものもあった。色や甘みは焦がした砂糖やプルーンジュースなどでつけてあり、害こそ少ないが、味がよいとは言いにくい。ひどいものになると、本物の熟成ウイスキーの感じを出すために、硫酸や硫酸アンモニア——どちらも今日では殺虫剤や爆弾の原料として有名だ——が加えられた。当時は、模造ウイスキーのつくり方を記した蒸溜の手引き書がよく売れていた。一八六三年に出版されたピエール・ラクールの『リカー、ワイン、コーディアルの蒸溜に頼らない製法 *The Manufacture of Liquors, Wines, and Cordials without the Aid of Distillation*』では、精溜業者に「オールド・バーボン・ウイスキー」のつくり方を指南しているが、それによると、中性スピリッツ四ガロン（約一一リットル）に三ポンド（約一・三キロ）の砂糖、一パイント（約四七三ミリリットル）の煮出した紅茶、ウィンターグリーンの精油、コチニールのチンキ剤（乾燥させたカイガラムシの体をすりつぶして採った赤い色素）、焦がした砂糖を加えている。味はおそらく知れていたが、そんなものでも売れたのだろう。

危険な添加物や昆虫の組織で風味づけしたウイスキーは、大好況時代の政治とビジネスをこれ以上ないほど忠実に表している。だが、やがて政官界の高官を相手とするロビイストのなかに、政府の規制変更を求めてバーボンのためにロビー活動をする人々が現れ、それがウイスキーの質を改善することになった。

◉

ケンタッキー州の民主党員ジョン・カーライル――ウイスキー業界に有利な法制度を取りつけることで、本職で失った信頼を穴埋めした男――は、ポーカーの腕はいまひとつだったが、大統領や議員相手にカードを操ることはできた。上下院議員、そして財務長官として三〇年以上にわたって公職を務めたカーライルは、ウイスキーの質の向上に結びつく税法改正を求めてロビー活動を行なった。この改正により、蒸溜業者はつくったウイスキーをより長い期間熟成できるようになり、熟成過程で蒸散するぶんには税金を払わなくてもよくなった。この改正は消費者からは歓迎されただろうが、南北戦争後、支持層に禁酒活動家が増えていた共和党は、ウイスキーを材料に政治的な攻撃をはじめた。彼らはウイスキーを民主党員の「国民的飲み物」と呼んだ。また、「ブルボン民主党」という言い方は、飲み物としてのバーボン（ブルボン）というより、「ブルボン」という言葉に含まれる古くからの政治的意味を引きあいに出しており、カーライルやグロバー・クリーブランド（一八三七～一九〇八、第二二代および第二四代大統領）、若かりし日のウッドロー・ウィルソン（一八五六〜一九二四、第二八代大統領）といった、保守的だが政治信条は古典的自由主義者である民主党員たちを笑いものにするのが目的だった。「ブルボン民主党」とは、もともとはルイジアナで旧態依然な考えの民主党員を表した言葉で、その一世紀近く前のフランス革命に反対した愛国主義者と彼らを重ね合わせたところから生まれたものだった。一方では使い勝手のいいマーケティングの道具でありながら、もう一方では政治的に侮辱する手段と使われるなど、「バーボン（ブルボン）」はここでもその万能性をしぶとく示した。

蒸溜酒業界にかかわる連邦規則が増えはじめると、カーライルやペンシルベニア州の上院議員ジェームズ・キャメロンなど、ウイスキー産業の強い州の政治家たちは、自分たちの州に確実に利益となるような働きかけをした。一八七九年、カーライルは蒸溜酒の保税期間――貯蔵熟成中のウイスキーは課税を免除するという期間――を一年から三年へ延長するよう働きかけ、それによって蒸散するぶんの税金を支払わなくてよくなった蒸溜業者は、さらに熟成期間を延ばすようになった。ほんの数年前のウイスキー・リングのスキャンダルの余波がまだくすぶっていた状況を考えると、保税期間を延長できたことはウイスキー業界にとって大きな成果だった。その後、一八九四年に保税期間は八年に延び、ほとんどのバーボンが飲み頃になるのに必要な期間が担保された。

このようにウイスキー業界と政府は協働して重要な先例をつくっていったが、当然ながら、なかには失策もあった。たとえば、議会は何度かウイスキー税を引き上げようとしたが、蒸溜業者の反対によって、保税倉庫で熟成中の蒸溜酒がさかのぼって課税されることは一度もなかった。そのため、増税が実行されるらしいという噂がワシントンから流れてくると、蒸溜業者は大増産をかけてウイスキーを倉庫に詰め込み、古い税率を適用させることで増税の影響を抑えようとした。その結果生まれたのが、需要をはるかに上まわる大量の在庫だった。保税期間が過ぎて税の申告を迫られると、蒸溜業者は損失を覚悟で無理に売りさばくか、売り値が悪ければ廃業を余儀なくされた。ところが、価格が戻るとふたたび蒸溜業に起業家が殺到し、無計画なひどい経営が繰り返された。

そうした不安定な過剰供給に追い打ちをかけたのが証券取引所だ。国内の主要紙のほとんどがウイスキー業界の動きを逐一追いかけ、『ウォール・ストリート・ジャーナル』紙は、石炭や鉄鋼や豚の三枚肉と並べてウイスキーの価格を日々報じた。一八八三年、ケンタッキー州のウイスキーの半分近くを実際に所有していたのは、ボストンやニューヨークやシンシナティの銀行家たちだった。彼らは、すぐに現金がほしい蒸溜業者のために保税倉庫のウイスキーを買い取ったのだが、それもまた蒸溜業者が後先考えず増産に走る原因になった。その結果として、ウイスキーの在庫は一八七九年の一四〇〇万ガロン（約五三〇〇万リットル）から一八八二年の九〇〇〇万ガロン（約三億四〇〇六万リットル）に増え、当時の人々が飲んでいたウイスキーの量のおよそ六倍にふくれ上がった。厖大な余剰在庫によって価格は急降下し、銀行家たちは「ケンタッキーの金（ゴールド）」の愛称を持つ投資対象を守るために、保税期間の引き延ばしを求めてロビー活動をくり広げた。一八八三年、歳入委員会は銀行家の提案を支持したが、上院に否決された（承認されたのはそれから一〇年後だった）。保税期間を延長できなかった政府に腹を立てたある銀行家は、「大きすぎてつぶせない」と理屈をこねて銀行の救済を求め、「一ポンドの肉」［シェイクスピアの『ヴェニスの商人』に出てくるエピソード。借金を期限までに返せなかった債務者が胸の肉一ポンドをえぐられかける］を取り立てようとする政府の態度は、「多くの銀行を破綻させ、あらゆる産業や業界を末端まで損なうだろう」と、『ボストン・デイリー・グローブ』紙に語った。

価格の急落を、ウイスキーが安く買えるなら悪くないと考える消費者がいるかもしれない。だが、そのせいで業界が破綻してしまっては問題だ。蒸溜業は国中に広がった一大産業であり、さまざまな経済活動と結びついていた。蒸溜所ができたところでは決まってほかの産業も栄えた。蒸溜所の使用済みマッシュを利用した牛の肥育業などがその好例である。ウイスキー業界が打撃を受けると、その地域の経済活動も苦境に陥った。大好況時代の不安定な経済のもとでは、そうした急激な景気後退を繰り返すこともめずらしくなかった。

きわめて不安定な景気のせいでウイスキーの取り引きはとてつもないギャンブルとなったものの、その見返りは危険を冒すだけの価値があった。南北戦争後の数十年間、ウイスキーはアメリカの酒類ビジネスの七〇パーセント近くを占めていた。一九世紀半ばに流入してきたドイツ系移民の影響でビールの人気も出はじめていたが、まだまだウイスキーの売り上げには届かなかった（ビールの消費量は一八八〇年から一九一三年のあいだで四倍に増え、その後ウイスキーを追い抜いた）。ギャンブルの名手にならって、蒸溜業者も勝機を高める道を探った。そのためには業界に「秩序」が必要だ。大好況時代にふさわしい流儀に従えば、その「秩序」とはすなわち価格操作であり、振りかまわぬ競合相手への妨害を意味した。カルテルを結成してウイスキー・ビジネスの勝者となろうとしたのである。

◉

世界一裕福な人間として知られていたスタンダード・オイルの創業者ジョン・D・ロックフェラー（一八三九〜一九三七）はある日、ブラウン大学の聖書研究会で学生たちに花づくりの助言を行なった。尊敬の眼差しを向ける若い聴衆に向かって彼はこう言った。「一輪のアメリカン・ビューティーは、まわりで育つ若芽を摘み取ることではじめて、見る者の心に響くような美しくかぐわしいバラに育ちます。この話を会社の経営に置き換えてみてください。それほどひどい話ではないことはおわかりですね。自然界の法則と神がおつくりになった法則は、まさにそうなっているのです」

ロックフェラーがバラにたとえた大胆不敵な「ひとり勝ち」の考え方は、スタンダード・オイルがいかにライバルたちを蹴落としてきたかをよく表している。神がどうのという言及は、イギリスの哲学者ハーバート・スペンサーの言葉が道徳的にも正しいと、なんとか示そうとしたのだろう。スペンサーはちょうどその頃、「適者生存」といった自然科学の概念を拡大解釈して人間社会を説明する「社会進化論」を唱えており——これが大好況時代の思想的背景となった——悪徳資本家たちを大いに魅了していた。

こうして、一八八七年に有力なウイスキー蒸溜業者が数社集まってカルテルを組むことになったときには、世界でもっとも成功している独占組合——その五年前にできたロックフェラーのスタンダード・オイルの企業合同（トラスト）——を、そっくり真似ることになった。ウイスキー・トラストは正式には「蒸溜業者と牛の肥育農家のトラスト」と呼ばれ、スタンダード・オイルの宣言書をほぼ一字一句コピーしていた（独占組合をつくるというスタンダード・オイルのビジネスモデルは、法律上はまだ違法ではなかったが、それを違法とする一八九〇年のシャーマン反トラスト法を生む下地になった）。

そんなウイスキー・トラストを、新聞記者たちはやがて〝蛸（たこ）〟と呼びはじめた。* 〝蛸〟の舵取り役はジョゼフ・B・グリーンハット、大好況時代のアメリカ最大の蒸溜業者だ。グリーンハットがどのような人物だったか、今日ではほとんど記録が残っていない。当時のビール業界のライバルたち——アンハイザー、パブスト、ブッシュ、シュリッツなど——の名前がいまでも各地のバーや野球場で無数のネオンサインを飾っているのと対象的に、グリーンハットの名前はほぼ忘れ去られている。彼のつくりあげたウイスキー業界と今日の業界とがまったく別物であることが、その理由のひとつだろう。現代のアメリカン・ウイスキーのビッグネームたち、ビーム、サミュエルズ、ダニエルは、グリーンハットの時代にはどちらかというと小規模の蒸溜業者で、二〇世紀に食品業界に大々的な規制が導入されてから大きくなった。ケンタッキー州バーズタウンにある、ビーム一族が維持管理しているジムビームゆかりの家は質素な一軒家だ。それに対して、イリノイ州ピオリアにあるグリーンハットの自邸は三五部屋からなる大豪邸で、小塔やガラス窓のサンルームまで備えている。一八九九年、グリーンハットはその屋敷でウィリアム・マッキンリー大統領（一八四三〜一九〇一）をもてなし、一九一六年には、ニュージャージーの海辺の別邸をウッドロー・ウィルソン（一八五六〜一九二四、第二八代大統領）に夏のホワイトハウスとして貸し出している。今日、シェリダン・ロードとハイ・ストリートの終点に建つ彼の自邸はマンションとして分譲されているが、少し修繕したほうがよさそうだ。

＊　鉄道トラストにも同じ俗称が使われることがある。

だが、当時のグリーンハットはウイスキー界の大物で、彼が有力者であることはだれの目にも明らかだった。グリーンハットはハンサムで、ブルドッグのようにがっしりした体格をしており、プロイセンの陸軍元帥さながらの濃い口ひげをたくわえていた。彼が部屋に入ってくるとみないっせいに振り返るのに、彼のほうからは言葉を発することも非礼を詫びることもなかった。一八四三年にオーストリアで生まれたグリーンハットは、一八五二年に家族とともにシカゴへ移住した。一〇代になるとアラバマ州モービルへ旅し、そこで銅細工職人となる。銅細工職人はスチルを扱うことができたので、ウイスキー業界に転身する人が多かった。南北戦争で功を成したグリーンハットは、戦後シカゴの地に戻り、やがて一八七八年、シカゴから西のピオリアを目指すことになった。

グリーンハットのたどり着いたピオリアは、ただのウイスキーの町ではなく、全米一のウイスキーの町だった。南北戦争から禁酒法時代にかけて、ピオリアはアメリカのどの町よりも多くの蒸溜酒を生産していた。世界でもっともトウモロコシを購入している町でもあり、一日に一八万五〇〇〇ガロン（約七〇万リットル）の蒸溜酒をつくり、どこよりも多額の酒税を政府に納めていた（次に多くの酒税を納めているのはシカゴとシンシナティで、いずれもピオリアにつぐウイスキーづくりの中心地だった）。だが、のちにウイスキー産業はケンタッキーとテネシーに集約され、ピオリアの過去の栄光は忘れられていった。なにより無念なのは、この町がケンタッキーほどの名声をついぞつかめなかったことだ。当時、さまざまな書き手が『ボンフォーツ・ワイン・アンド・スピリット・サーキュラー』などの業界誌でピオリアの地位についてたびたび不満を表明し、認識を改めようとしたが、軽視されていたのは間違いない。それでも、ピオリアはかつてアメリカの蒸溜酒の中心であり、グリーンハットはその王として君臨していたのだ。

一八八一年、グリーンハットはグレート・ウエスタン・ディスティラリーを創業した。トーマス・ジェファーソンが肩入れしそうな農業主体の蒸溜所とはまるで正反対の、隅々まで管理の目が行き届いた、来るべき企業時代の現実的な先駆けとなる蒸溜所だった。グレート・ウエスタンでは、数字は小数点以下二、三桁まで記録され、醱酵を専門にする相談役を遠く日本から呼び寄せていた「高峰譲吉を指す」。当時の平均的な蒸溜所は一ブッシェルの穀物からおよそ四・二四ガロンのアルコールをつくったが、グリーンハットの蒸溜所は一ブッシェルあたり四・五三五ガロンをつくり出していた。ほんのわずかな差だが、それが毎年彼にもたらす収入は、小さな蒸溜業者の一生ぶんの稼ぎよりも多かった。

グリーンハットは、全国の六五の蒸溜所と八〇近くの工業用アルコールの工場を囲い込んでウイスキー・トラストを形成した。メンバーはおもに工業用アルコールと穀物中性スピリッツの類を製造し、精溜業者やブレンド業者がその酒をベースに自社のブランドのウイスキーをつくった*。カルテルの運営は九人の理事に任されていた。どこかの蒸溜所が参加を拒むようなことがあると、トラストは価格を下げて商売を妨害し、その蒸溜所も参加せざるをえないようにした。反対者を取り込んだら、ふたたび価格を引き上げ、競合ブランドに蒸溜酒を卸さないことに同意した卸売業者にリベートを与えることで業界を操った。ストレート・バーボンとライ・ウイスキーの生産者――精溜していない上質な蒸溜酒をつくる事業者——は直接の競合相手ではなかったので業界から露骨に排除され、そのせいでトラストと対立した。品質表示と商標の規制も十分ではなかったので、消費者はどれを買えばいいのか判断するのが難しかった。そのため、常にほかより低価格をつけていたトラストと安い模造品の供給企業が当然のことながら有利だった。

＊このため、トラストは高プルーフの蒸溜酒を専門にしているという意味で「ハイワイン・トラスト」と呼ばれることもあった。

グリーンハットは、自らのウイスキー・トラストに参加した蒸溜所の大半を（多くの場合、蒸溜所の意志に反して）閉鎖した。そうやって同業者をのみこんでいく戦法は、皮肉にも過剰生産を抑え、結果的に業界の健全さを保つことにつながった。トラストに囲い込まれた蒸溜所で生き残ったのはわずか一二か所にすぎず、富裕層の多い市場に近いとか、輸送費がどこよりも安いといったところだけだった。生き残った蒸溜所の大半はピオリアにあったが、それはピオリアが鉄道と水運の拠点であり、水や石炭、穀物の市場へのアクセスがよいという好条件に恵まれていたからだ。

〝蛸〟に敵対した蒸溜所は激しい報復を受けた。抵抗を続けると、保険会社に無記名の解約願いが何者かから送られたのちに蒸溜所が丸焼けにされた（蒸溜所の火事はめずらしくなかったので、犯罪の隠れ蓑にされやすかった）。シカゴのH・H・シューフェルト・アンド・カンパニーも、そんな目に合わされた蒸溜所のひとつである。ある日、爆発物が屋根の上に投げられた（全焼には至らなかった）。のちに、そのシカゴの蒸溜所への報復をやりとげるために内国歳入局のスパイに二万五〇〇〇ドルを払おうとしたという容疑で、トラストの秘書ジョージ・ギブソンが逮捕された。

彼は巧妙な仕掛けを使ってアルコールの樽に爆薬を放り込み、大爆発をおこそうとしたのだ。だが、不思議なことにギブソンは無罪放免となった（トラストはギブソンの名前を報酬支払名簿から外しもしなかった）。また、別の蒸溜業者がトラストの手口を暴いた本を出版しようとしたところ、原稿はトラストに五万ドルで買い取られ、日の目を見ることはなかった。

そうして安い模造品が世に出まわるにつれ、ストレート・バーボンとライ・ウイスキーの生産者は、高所得者層向けの小さな市場までそうした模造品に脅かされはじめていることに気がついた。彼らは自分たちのトラストをつくることで対抗した。「ケンタッキー州蒸溜所および倉庫組合」は、約一三五のブランドを扱う五九の蒸溜所の企業合同になった。ケンタッキー州以外でも、ペンシルベニア州やニューヨーク州などの多くの地方の蒸溜拠点でトラストが組まれ、ストライキをしたり価格をつり上げたりと協力しあって市場を操作した。

しかし、蒸溜業者のトラストは、グリーンハットのトラストも含めて、ほかの業界が成しとげたほどには長期にわたって独占したり市場を操作したりすることはできなかった。スタンダード・オイルが市場を支配できたのは、石油業がおそろしく参入の難しい業界で、そこに入り込むためには莫大な資金と専門知識を必要としたからだ。[*] ウイスキー・トラストが市場を支配していたとはいえ、思うようにライバルを排除できたことは一度もなかった。それどころか、成功して利益を上げることで、むしろライバルを業界に引き寄せていた。

＊　この状況は今日でも変わらない。二〇一四年、ディアジオ社が一億一五〇〇万ドルかけてケンタ

ッキー州に新工場を建設することを発表し、ウイスキー業界はその「巨大な」プロジェクトを歓迎した。だが、石油業界にしてみれば、この金額は深海に沖合油田をたった一基建てる程度の費用にすぎない。そう考えると、両者のビジネスに求められる資本の差が実感できる。

また、ウイスキー・トラストのメンバーの多くは、市場の今後について、さらにはブランド名が重要視されつつある状況について見誤っていた。トラストの主軸は安い蒸溜酒を販売業者に売る卸売業であり、販売業者はその酒をベースにして自分たちのブランドのウイスキーをつくっていた。だが、時がたつにつれて、ブランドの所有者たちは工程全体を管理したいと望むようになり、自社で蒸溜所を所有し、すべての作業を垂直統合した。ビール醸造業をはじめとする食品製造業者もすでにその方法をとりはじめていた。つまり、合理化された閉じたシステムで生産することで収益性を高めるのだ。

一方、合衆国政府も、「シャーマン反トラスト法」の法規にもとづいてトラストの妨害活動を追及しはじめた。また、大好況時代の行きすぎに不安を覚えるようになった世間の監視の目も無視できなかった。新聞はといえば、カルテルに反旗を翻した独立系の蒸溜所について盛んに記事にした。そのひとつに、『ナショナル・トリビューン』紙が取り上げたミズーリ州カンザスシティのグリーン・マウンテン・ディスティラリーに関する記事がある。そこには大好況時代にふさわしく、もったいをつけたやや過剰な文体でこんな社説が書かれていた。「日々の必需品の取り引きを牛耳る、もしくは牛耳ろうとして合法的な競争を排する、極悪非道なあまたの資本連合のなかでも、これほど遠くまで食指を伸ばし、これほど手口を心得ていて、これほどしたたかに強欲さを発揮し、これほど無節操かつ無慈悲なやり方で独立心あふれる蒸溜業者の息の根を止めようとする者は、かの独占組合の王ウ、イ、ス、キ、ー・ト、ラ、ス、ト、をのぞいてほかにはない」

第8章　ブランド誕生

酒のブランド名を決めるには芸術的なセンスを必要とする。飲み手に歴史や伝統を感じさせなくてはならず、なにより売れなくては話にならない。現代のブランドはそれぞれ、うまい公式を見つけ出している。ラム酒には海賊や熱帯の島々の名前がつけられ（キャプテンモルガン、マウントゲイなど）、スコッチは、響きは美しいが、やけに発音の難しいスコットランドの地名を謳っている（ラフロイグ、ブルイックラディ、オーヘントッシャンなど）。ジンのブランド名は、乗馬ズボン（ジョドプル）に探検帽（ピス・ヘルメット）というでたちの探検家をインドへ送り込んでいた往年の大英帝国をしのばせる（ボンベイ・サファイア、オールドラジなど）。ウォッカのラベルが高級志向なのは、それを買うために金を使いすぎたことを忘れさせるためだろうか。

それらとは異なり、バーボンのブランド名は個人の名前を称えていることが多い。エルマー・T・リー、アルバート・ブラントン、ブッカー・ノー、ジミー・ラッセルなど、熟練職人の鑑識眼に敬意を表したラベルもあり、そうした職人の名前を冠したラベルには彼らの味の好みが反映されている。それ以外のバーボンは単に人物の名前だけを拝借している。エライジャ・クレイグ、エヴァン・ウィリアムス、トーマス・ジェファーソン、ベイシル・ヘイデンなどだ。

とはいえ、特徴のある人物をひとりだけ選び出すとさしさわりもあるので、名前をつけるのも容易ではない。場合によっては、ブランドを立ち上げたあとにとんでもない事実が発覚するときもある。現在、エヴァン・ウィリアムスのボトルには、ブランド名の由来である人物が一七八三年にケンタッキー州の「最初の蒸溜業者」になったと書かれている。ウィリアムスが「最初」であるとした歴史家のルーベン・ダーレットの一八九二年の記述を根拠にしているのだが、これは事実誤認である。リチャード・コリンズによるイライジャ・クレイグの神話と同じで、ダーレットも十分な検証を行なわないまま不確かな情報を寄せ集めただけで、それが世代を経て周知の事実のようになってしまった。実際には、ウィリアムスは当時アメリカに来てもいなかった。最初に上陸したのはペンシルベニアで、それも一七八四年のことだ。ようやくケンタッキーに着いた頃には、蒸溜業はずいぶん前からすでにあちこちで営まれていた。ボトルに説明されていない事実はもうひとつある。ルイビルの近隣の住民がウィリアムスのウイスキーを有害視し、蒸溜所を害虫呼ばわりしたのに加え、無許可で酒を売っているとウィリアムスを訴えたのだ。

それにもかかわらず、一九五七年にブランドを立ち上げたヘブンヒルは、不思議なことに誤った史実を採用した。なぜもっと確かな物語を選ばないのだろうか？　説得力のある辺境地帯の神話の主人公はいくらでもいるはずなのに、いくら無害そうに見えたとはいえ、なぜわざわざウィリアムスを選んだのだろう？　こうなると、ほかにも信用できない情報がラベルに書かれているのではないかと疑いたくなってくる。本物の歴史とはいったいなんなのだろうか？　そしてボトルに掲げられたブランド名は、正確にはどんな意味を持つのだろうか？

◉

長いあいだ、バーボンの周辺には怪しげな噂が流れていた。オールド・フォレスターのブランド名が、クー・クラックス・クランの設立にかかわった南軍の騎兵隊長ネイサン・ベッドフォード・フォレストに由来しているという噂だ。フォレストの肖像がボトルに使われたことは一度もない。落ちくぼんだ目、こけた頬、先の尖ったあごひげは、北軍の大将ウィリアム・テクムセ・シャーマン評するところの〝恐るべき悪魔〟の外見によく似ている。フォレストは貧しい家の生まれだが、奴隷商として財を成した。騎兵として参加した南北戦争では残忍な戦いぶりで名を上げ、ナチの陸軍元帥エルヴィン・ロンメルの電撃戦にヒントを与えたと言われる。ピロー砦では、降伏を請う北軍のアフリカ系アメリカ人兵を多数虐殺した。フォレストはいまでも南部の抵抗の象徴として南部の一部の人々から高く評価されている。老獪で雄々しいところが人気があるようだ。

当のオールド・フォレスターはウイスキーの伝統的なブランドのひとつであり、バーボン界の首都ルイビルの人々のお気に入りとしてよく宣伝されている。オールド・フォレスターは一八七〇年、ジョージ・ガーヴィン・ブラウンによってつくられた。彼が仲間と共同創業したブラウンフォーマン・コーポレーションは、今では世界有数の酒類企業に成長している。バーボンとしてのオールド・フォレスターは、「伝統的(クラシック)」という評価がぴったりだろう。しっかりしたトウモロコシのベースに適量のライ麦が風味を添え、スパイスの香りがトウモロコシの甘ったるさをほどよく抑えている。熟成は四年から六年。穀物と樽と酵母のそれぞれの香りが絶妙なバランスで溶け込んでいる。手ごろな価格で流行に振りまわされない、多くのブランドのお手本になるような理想のウイスキーだ。*したがって、フォレストのような人物のせいで疵がついてほしくないバーボンのひとつである。

＊この種のブランド――企業の成功を支える主力商品であり、安価なわりに楽しめるウイスキー――としては、ワイルドターキー八年、バッファロー・トレース、フォアローゼズ・イエロー・ラベル、オールド・グランダッド、エヴァン・ウィリアムス、エンシェント・エイジ、ヘブンヒル、オールドウェラー・アンティークなどがある。とびきり上等で高価なウイスキーを堪能するのもひとつの楽しみ方だが、大仰な広告をやりすごして、普段のバーボンの真の品質と価値を理解できるようになったら、それはあなたの舌が一段高いレベルに達したということだ。

今日、ブラウンフォーマン社はオールド・フォレスターについて、「いかなる形でもネイサン・ベッドフォード・フォレストとのかかわりはございません」ときっぱり否定している。広報担当からの手紙にそう書かれていたのだ。代わりにブラウンフォーマンが言うには、オールド・フォレスターの名称は創業者ジョージ・ガーヴィン・ブラウンの友人の医師ウィリアム・フォレスターにちなんだもので、当時、医師がウイスキーを薬としてよく処方していたのが本当の由来だという。本来、オールド・フォレスター（Old Forester）のつづりは、ウィリアム・フォレスター（Forrester）やネイサン・フォレスト（Forrest）のように「r」がふたつの「Forrester」だったのだが、フォレスター医師が引退してその名前に宣伝効果がなくなったために変えたのだそうだ。ただ、そう説明しながら、ブラウンフォーマンは、オールド・フォレスターという名前の由来にははっきりしないところがあることを認め、結局のところ「名称の由来は、ジョージ・ガーヴィン・ブラウンの死とともに消えてしまいました」と締めくくっている。

オールド・フォレスターというブランド名の由来はほかにもあるが、よけいに混乱を生むものばかりだ。いわく、フォレスター［森の人という意味がある］だけに一九世紀の林業に関係しており、一時はオークの葉がラベルに描かれていた……。それらすべて――つづりの変化、別の由来を示唆する古いラベルなど――を真に受けていたら、本物の歴史など突き止められそうにない。「ネイサン・ベッドフォード・フォレスト説」は、ジェラルド・カーソンという社会史家が一九六三年に著した『バーボンの社会史 *The Social History of Bourbon*』に登場する。著者が自分なりに集めた史実をまとめた一冊だが、そのなかでカーソンは、ネイサンがブランド名の由来であるという自説を披露している。出版業界にくわしいある歴史家は、カーソンはその情報をブラウンフォーマンから直接仕入れたと私に教えてくれた。だが、フォーマン社はネイサン・ベッドフォードとのつながりをきっぱり否定した。つまり「ウィリアム・フォレスター医師説」は、ブランドの評判を守るための商売用のつくり話だったのだろう。

だが、カーソンがアメリカの白人至上主義団体、クー・クラクックス・クラン（ＫＫＫ）の創立者をオールド・フォレスターの名前の由来に挙げた理由はもうひとつあり、それはブランドの伝統を救う一方で、流行に合わせてマーケティング方針を変えることの怖さも同時に浮き彫りにすることになった。カーソンがその本を書いたのは南北戦争からちょうど一〇〇年が経とうとしていた頃だ。戦争にちなんだ便乗ネタが広告を賑わし、レベル・イエールは南部ナショナリズムの再ブームで順調に稼いでいた。ブラウンフォーマンもそのブームに乗ろうとした。それまでブラウンフォーマン社は、ブランドの正しい由来をとくに宣伝したことがなかった。だから、それをいわくつきの南部の軍人と結びつければ「世間の注目を集める」と踏んだのだろう。だが、実際にはさほど注目を浴びることもなく、偽の由来だけが生き残った。それ以後、ブラウンフォーマンは自社の有名ブランドがKKKのメンバーにちなんでいるという説明は撤回している。これが、興味深い起源神話をいくつも抱えながら、凡庸な神話をわざわざ承認してしまったバーボン・ブランドのめずらしい例である。その話自体はおもしろいのがせめてもの救いだ。

◉

一八七〇年創業のオールド・フォレスターは、密封されたボトルでしか販売されない最初のバーボンである。客の持参した再利用容器――壺、かめ、瓶など――に店の樽からじかにバーボンを注いで売っていた従来の売り方と一線を画す、思い切った戦略だった。当時の小売り用のボトルは手吹きで値段が高く、ともすれば中身の液体より貴重だった。一九〇三年にマイケル・ジョセフ・オーウェンズが自動製びん機を発明すると、同じ規格のボトルを一分につき二四〇本製造できるようになった。おかげで人件費が八〇パーセント削減され、酒をボトル詰めすることが主流になりはじめた。一九〇三年にケンタッキー州でボトル詰めされた蒸溜酒はわずか四〇万ガロン（約一五〇万リットル）だったが、一九一三年までにその数字は九〇〇万ガロン（約三四〇〇万リットル）に増えた。

また、オールド・フォレスターは、ウイスキーの広告における新時代の幕開けに立ち会った。南北戦争後のその時代は、地元の市場からより広域な市場に拡大していた頃であり、オールド・フォレスターやオールド・クロウなど、全国的に注目を浴びるラベルも現れはじめた。輸送手段の向上によって遠くまで低いコストで商品を運べるようになり、雑誌の広告は情報伝達を速めた。さらに蒸溜技術の進歩によって大量生産が可能になり、宣伝によって、増大する需要もまかなえるようになった。

ジョージ・ガーヴィン・ブラウンはウイスキー関連の仕事をする以前は薬を販売していて、友人のウィリアム・フォレスター医師のもとをたびたび訪れていた。当時、ウイスキーはまだ薬として人気があり、ブラウンがウイスキー業界に足を踏み入れたのもその縁である。ブラウンは、薬としてのウイスキーの市場に可能性を感じたのだ。品質にばらつきがあり中間業者によって混ぜ物をされた品質の怪しいウイスキーが多いことに医師たちが不満を持っていたことを知ったブラウンは、彼らに密封ボトルのオールド・フォレスターを直接届けるようにした。ボトルには「史上最高の品質」と書かれた札をつけた。ボトルは、中身に手を加えられるのを防ぐだけでなく、それ自体が宣伝媒体となり、ほかのブランドとの差別化を図れたのである。「Old Forrester」から「Old Forester」へつづりを変えた理由はいまでもはっきりしていない。ドクター・フォレスターの引退を理由とする声もあるが、おそらくほかの医者たちがライバル医師の名前がついたものを処方するのを嫌がった、というのが真相ではないだろうか。禁酒運動が全国に広がるなかで、ドクター・フォレスターがウイスキーのボトルに自分の名前が刻まれていることに神経質になったという説もある。

数十年後、ブラウン方式は業界で一般的になった。広告は、値段でなく購入者の感情に焦点を合わせるようになった。消費者も、バーボンの背後に秘められた説得力のあるストーリーといった無形の価値に目を向けはじめ、こうしたストーリーはブランドの近代化に貢献した。一八七〇年に米国商標法のもとで登録された商標は合計一二一商標だけだったが、オールド・フォレスターのように、それまではブランドというより一般的な名称だと考えられていた商品のなかにも将来有望なものが現れはじめる。キャンベルのスープ（一八六九年）、リーバイスのオーバーオール（一八七三年）、クエーカーのオートミール（一八七八年）、アイボリーの石鹸などである。

現代と違い、南北戦争後の数十年間に台頭したほとんどのウイスキーブランドは、実際にウイスキーを製造する蒸溜所によって販売されているわけではなかった。どこの蒸溜所も、消費者向けのブランドについては卸業者に任せることで満足していた。そのため、一時は生産者よりも卸業者のほうが力を持っていた。だが、ブランド名をつけるのが一般的になってくると、仲介業者の多くは自分たちが業界内で強い影響力を持っていることに気づき、蒸溜所を買い取って同業者のあいだでそれを売買するようになった。もっとも力の強い仲介業者がニューヨークやシカゴなどの大都市を仕切り、その小型版のような業者が地方の市場を支配した。そして、酒場のハウス・ブランドをつくったり、土地ごとの嗜好に合わせたブランドをつくったりしていった――「アリゲーター・ベイト」はフロリダで人気のあったブランドで、「ジェフ・デイヴィス」［南北戦争時のアメリカ連合国大統領の名前］はアメリカ最南部（ディープ・サウス）のお気に入りだった。

兄弟とともにウイスキー業界に入ったブラウンは仲介業とブレンド業をはじめた。そうしてつくられたオールド・フォレスターは、外部の供給者から仕入れた質のよい熟成ウイスキーをブレンドし、個性的な風味のウイスキーに仕上げたものだった（つまり彼はNDP〈非蒸溜製造者〉だったのである）。だが、一九〇二年になると自社で蒸溜と熟成も行なうようになる。[*] その頃には多くの蒸溜業者が、自分たちで酒を市場に売り込むことは、卸業者に売るのとそれほど変わらないことに気づいていた。仲介業者は変わらず大きな力を持っていたものの――今日でもそうだ――ブラウンのような男たちは、すべての工程を一手に管理するほうが効率的だと気づいた。石油や鉄鋼やビール業界ではこうした垂直統合がよく行なわれていた。

＊　ブラウンの会社は創業から二〇年間は共同事業者が変わるたびに社名も変わったが、一八九〇年にブラウンフォーマンに落ちついた。フォーマンとは同社の会計士の名前だった。

〝ドラマー〟とは当時のウイスキー業界の言葉で、バーなどの販売者にウイスキーを売り歩く行商人のことを指す。こうした男たちはバーに出入りし、自分たちの売り物がいかにすばらしいかを吹聴してまわった。競合ブランドの樽に釘を忍び込ませることさえあった。鉄がウイスキーを黒くしてしまうからだ。顧客に味比べをさせるという方法もあった。その場合、自分たちのウイスキーを先に注いでから長々と口上を述べ、それから客に飲ませる。ウイスキーは注いでから少し経つと不快な風味やよけいな化合物が自然に揮発するので、この方法を使えばほかのふたつのライバルウイスキーと比較するときに有利になった。

〝ドラマー〟は売り文句を差し替えるのもお手のものだ。ブランドが無名の場合は、これはめったにない掘り出し物ですぐに飛びつく客がいるからなかなか目に入らなかったのだと説く。熟成した在庫を売るときはその古さを強調する。若いウイスキーしかないときは、熟成の話題は持ち出さない。このようにして、ウイスキーの歴史はひとり歩きしてゆく。今日の酒類企業も、消費者を「教育」するときは、自分たちが売りたいウイスキーの味に人々の味覚を誘導することが多い。たとえば一九七〇年以降、売れなくなって余ったバーボンが樽に長く残るようになると、熟成期間が大きなセールスポイントとなった。業界の人々の多くが、木のタンニンを吸収しすぎているからろくなウイスキーではないと思っていたにもかかわらず、この戦略は成功し、とくにバーボンをよく知らない海外市場では、熟成期間が長いほど高級であるかのように語られた。

だが、二一世紀も十数年がすぎたいま、その反対が正しいとされている。ウイスキー人気が復活し、需要に追いつかないので若いウイスキーを売らざるをえなくなった蒸溜所の多くは、そうしたウイスキーの強い〝刺激〟や、より穀物を感じさせる風味を称えはじめているからだ（ある生産者などは、まがいものの密造酒を「気取りがない」と、さもそれが長所であるかのように宣伝した。実際は最近高級住宅地となった地域の現代的な蒸溜所でつくられたウイスキーで、競合他社のよく熟成させたウイスキーの四倍近い値段で売られているのだが）。蒸溜業者も熟成期間の話題は避けるようになり、「風味よく熟成された」「芸術的に熟成された」などと表現したり、年数表示を明らかにするのを避けるためにあいまいな表現を使ったりしている。需要が少なくて年数表示を宣伝材料に使っていた時代の古いブランドからも、年数表示はすっかり消えた。そうしたブランドは、熟成の浅いウイスキーをブレンドすることで古い在庫をできるだけ早く減らそうとしている。ボトルの年数表示は、ブレンドしたもののうちのもっとも若いウイスキーの年数を表示しなければならないのだが、いくら若いウイスキーのほうが好まれるとはいえ、年数の短さが宣伝のメリットになることはほとんどない。それでも企業は、情報開示を拒むのではなく、若くても年数をきちんと示したうえで、熟成期間の長いウイスキーがよいとは限らないことをきちんと説明するべきではないだろうか。正しい情報を与えられた飲み手は、それをもとに味覚を育てることができる。いずれにせよ、企業がボトルの中身を包み隠さず公表していなかったら——マッシュビル、熟成期間、樽詰めプルーフ、使用した樽のサイズ、実際に蒸溜された場所、そのほかの技術的な詳細が、ラベルやウェブサイトに記載されておらず、カスタマーサービスに電話をしてもわからなかったら——、その企業は好ましくない特徴をうまく隠しているのかもしれないと考えよう。実際、そうであるなら要注意だ。ウイスキーの宣伝の歴史では、そういうことはたくさんあったのだから。

◉

一九世紀、白人プロテスタントと少数のカトリックの蒸溜業者は、バーボンのブランドに辺境の先人たちの名前をつけた。そうした西ヨーロッパからの移民にとって、ウイスキーはアメリカで経済的な地歩を固めてくれたものであり、その先人の歴史は神聖視された。ウイスキーはまた、一九世紀後半にヨーロッパからアメリカへ逃げてきた多くのユダヤ系移民にも同じような経済的機会を与えたが、彼らの名前がボトルに刻まれることはまずなかった。

そうしたユダヤ系アメリカ人のひとりに、アイザック・ウォルフ・バーンハイムがいる。一八六七年にアメリカへ移住した彼は、ウイスキーを商売にするつもりはなかった。ましてや〝バーボン貴族〟になるとは夢にも思わなかった。〝バーボン貴族〟とは、一九世紀後半にケンタッキー州で目覚ましい成功を手にした蒸溜業者に対する呼称である。バーンハイムは一九四五年にこの世を去る頃にはたくさんのブランドを立ち上げていた。ただし、彼の名前がついたものはひとつもない――しかしI・W・ハーパーだけは例外だ。バーンハイムが一八七九年につくったこのブランドは、彼の最初のふたつのイニシャルだけを冠していて、姓にあたる部分は彼の馬の調教師だったジョン・ハーパーから取ったとされている（これについては異論もある）。当時のユダヤ人蒸溜業者の多くがそうだったように、ユダヤ人だということがすぐにわかる自分の名前が売り上げに響くことを恐れたのだろう。だが、第二次世界大戦後、I・W・ハーパーは有名になり、一一〇か国で販売された。いまでもあいかわらずの人気だが、現在は輸出のみで合衆国内では売られていない［その後、二〇一五年三月から米国内でも販売が再開された］。

ドイツからアメリカに渡ったバーンハイムは、おじの住むケンタッキー州パデューカを目指し、そこで帳簿の知識を買われてモーゼズ・ブルームとロイベン・ローブの経営する蒸溜所で働くようになった。バーンハイムは稼いだ金で弟のバーナードを呼び寄せ、兄弟ふたりは一八七二年に「バーンハイム・ブラザーズ・ディスティラリー」をはじめた。その後、蒸溜所は一八八八年にルイビルに移った。

バーンハイム兄弟が拠点にしたルイビルでは、街の人口の三パーセントしかいないユダヤ人がウイスキー業の関係者のおよそ四分の一を占めていた。ほかの都市でも、おおむね似たような構成だった。アメリカ第三の蒸溜業の拠点シンシナティでは、一八七五年に同市で操業していた一五の大手蒸溜業者のうち五つがユダヤ人による経営だった。シーグラム帝国がやがて繁栄し、一時は世界最大の酒類企業となるカナダでは、イディッシュ語で「蒸溜業者」を意味するブロンフマンという姓の一族が商売をはじめていた。

そうした都市でユダヤ人の酒類事業家が増加していたことからも、アメリカに新しくやってきた人々にとってウイスキーが貴重な頼みの綱となっていた状況がうかがえる。歴史的にも、酒の商売はユダヤ人が迫害から逃れるのに一役買っていた。宗教の儀式で使われるワインはユダヤ教の教義に沿ってつくられる必要があったので、ユダヤ人は必然的に酒の製造から販売までのすべての工程に古くからかかわっていた。耕作地の所有を禁じられた中世から近代にかけては、多くのユダヤ人が中間業者に転じ、アルコールの輸入や輸出も行なえるようになった。ロシアが東欧諸国を掌中に収めて以降は、酒類業はユダヤ人が携わることが制限されない数少ない仕事のひとつになった。こうして、ロシアと東欧諸国から、バーンハイムやグリーンハットのようなユダヤ系移民の波が合衆国へ押し寄せることになる。

一九世紀にアメリカにやってきたユダヤ人たちは酒の取り引きに明るく、主としてウイスキーの取り引きに注力した。ワインは市場が小さすぎて本腰を入れるには物足りなかったし、ビールは一九世紀半ばに急増したドイツ系移民のおかげでそれなりの商売にはなっていたものの、醸造業者が雇うのはドイツ系のプロテスタント移民だけだった。ヨーロッパ各国の醸造者ギルドがユダヤ人を閉め出していた慣習の名残だったのだろう。ビールの醸造業者はまた、「特約居酒屋」制度という仕組みによって醸造業者から酒場へ直接供給するルートを築いているところが多く、ビール醸造に文化や血縁のつながりを持たないユダヤ移民の足がかりになるような中間業も存在しなかった。

それに対して、ウイスキーはビールの取り引きのように垂直統合されておらず、直接流通の仕組みもなかったので、事業家を目指す者にもチャンスがあった。移民の集団は親類縁者をも労働力として引き込み、地元で大きく成長していった。地元ルイビルのユダヤ人向け刊行物にはこんな広告が載っていた。「ユダヤ人の若者三名募集、職務はウイスキーの大手商会の代理人。経験不問、ただし第一級の優秀な販売員であること。仔細面談」。シンシナティの蒸溜業と酒類卸業の二大業者であったソロモン・リーヴァイとユリウス・フライベルクは、地方まわりの営業員と事務員には決まって若いユダヤ人を雇うことにしていた。これは業界全体の慣習となった。

アメリカン・ウイスキーにおけるユダヤ人の足跡は、その多くが知られていない。アイザック・ウォルフ・バーンハイムの名前がボトルに登場したのも、彼の死後半世紀以上経ってから で、二〇〇〇年にヘブンヒル蒸溜所が「バーンハイム・オリジナル」というウィート（小麦）ウイスキーを売り出したときだった。*それは、ロシア系ユダヤ移民のシャピラー家によって一九三四年に創設されたヘブンヒルからバーンハイムへの敬意の表し方としてふさわしいものだった。バーンハイムと同じく、シャピラーの名前もラベルに冠されたことはない。その代わり、ヘブンヒル蒸溜所はエライジャ・クレイグやエヴァン・ウィリアムスといったブランドによって成功した。どちらのラベルもバーボンお得意のつくり話がもとになっていて、このふたりと実際に何らかの関係があったわけではない。だとしても、今日のヘブンヒルは、ユダヤ人の足跡を別の方法でひっそりと称えている。

ビジター・センターの試飲バーの上部には、建物にはめ込まれるように木の梁が渡されているが、その梁は「ダヴィデの星」の形に組まれた鉄骨で支えられている。注意して見なければわからないが、人知れずバーボンの功労者たちの名前の重みを支えているのである。

＊　正確には、バーンハウム・ブラザーズ・ディスティラリーにちなんだラベルである。

◉

オールド・フォレスターやI・W・ハーパー、キャンベル・スープやコカ・コーラといったブランドが成長するにつれ、企業はどこよりも消費者の目を引くことに躍起になった。消費者が行動する動機はなんなのか？　何を考えている時間がいちばん長いのか？　その考えのなかにどうやったら入り込めるのか？　今日、企業はその課題だけに取り組む専門の心理学者や市場アナリストのチームを雇っている。伝説の人物や英雄といった国の偉大なシンボルたちが国民の集合意識と共鳴してたくさんの酒を売っている。そのほかに人の心をつかむ方法といえば？　簡単だろう——スポーツとセックスだ。

第一回のケンタッキー・ダービーは一八七五年に開かれた。シャピージ家の兄弟ふたりがオールド・チャーターのバーボンを世に送り出したその年だ。ケンタッキー・ダービーに〝デビュー〟してからというもの、オールド・チャーターは競馬との縁を大きく宣伝していた。酒とギャンブルは、まるでバーボンとミントのように引き合う関係で、ミントジュレップも早くから競馬文化の一翼を担っている。ケンタッキー・ダービーの開催地チャーチルダウンズ競馬場では、一九三八年にミントジュレップが競技の公式飲料になった。当初は、持ち帰り可能な「公式」グラスに入ったジュレップが一杯七五セントで売られていた。今日では、レースとレースの合間――二分もないが――に、チャーチルダウンズは一五〇ブッシェル（約五二八〇リットル）のミントと六〇トンの氷でつくったミントジュレップを売りさばく。

ケンタッキー州の伝統的な競馬文化は、同州のバーボン業界と密接なつながりがある。ブラントンのボトルキャップには馬の小さなフィギュアが乗っているし、ロック・ヒル・ファームのボトルには草原に立つサラブレッドが描かれている。W・L・ウェラーはかつて「バーボンのサラブレッド」を名乗って宣伝し、禁酒法時代以前にもっとも広く宣伝されたブランドであるグリーン・リバーは、幸運の蹄鉄をロゴにしていた。禁酒法時代に消えた何百というブランドが馬をマスコットにし、ケンタッキー・チャンプやオールド・スポートやトロッターといった競馬にまつわる名前を持っていた。ウッドフォード郡に点在する豪邸や厩舎は、かつてバーボン貴族が所有していたものだ。一九世紀最高の勝ち馬の一頭テン・ブロックを有していたアイザック・ウォルフ・バーンハイムの厩舎もこの地域にあった。ケンタッキー州に伝わる伝説によると、ニューオーリンズへ出荷された最初のウイスキー樽は馬と交換されたという。馬は足が速いので、ミシシッピ川沿いの人里離れた地域を通って帰途につくウイスキー商人たちが盗賊に襲われてもすばやく逃げ出せたかららしい。こうしてケンタッキーの新しいわが家にたどり着いた馬たちは、青々とした牧草（ブルーグラス）を食み、脚力の強い馬に育った。その牧草は、鉄塩を濾過してバーボンを甘くしてくれるあのカルシウムたっぷりの土壌で育っているので、骨の成長によいからだ。

もちろん、競馬史の専門家は別の見方をしている。歴史家たちは、ケンタッキー州で競馬というスポーツが有名になったのは、一八九〇年代から一九〇〇年代にかけて、保守的な北部人が東部の州で競馬をはじめとする賭け事を一切禁止したのがきっかけだと反論する。ケンタッキー州にはそうした禁止令はなかったので、ルイビルのマシュー・ウィンという商売人がその状況を利用して、最低賭け金を下げ、「パリ・ミュチュエル方式」と呼ばれる賭け方を導入することで胴元役を排除した。それによって利益が増え、人が集まるようになったケンタッキー州の競馬は経済的に大きな成功を収めた。その後、万馬券を引き当てたギャンブラーや有力なサラブレッドの育種家が国中からウッドフォード郡に集って豪邸を建てはじめた。その同じウッドフォード郡では、半世紀前にジェイムズ・クロウがバーボンを現代的な姿に変えていた。

今日、クロウのゆかりの地に建つウッドフォード・リザーブ・ディスティラリーは、ケンタッキー・ダービーの「公式」飲料であるバーボンをつくっている。一九九〇年代にできたばかりのブランドという点を考えれば、そういった歴史的イベントには似つかわしくない。だが、ブランドとして「品格がある」ことは疑いなく、その提携は近年ダービーのイメージアップを図ろうとしているチャーチルダウンズの意向と無関係ではないだろう。ダービーはとかく贅沢な社会行事として知られてきた。そこに集うのは、華やかな帽子やサッカー地のスーツで着飾った南部婦人（サザン・ベル）やカーネル・サンダースのそっくりさんたちの姿だ。だが、ルイビル生まれのジャーナリスト、ハンター・S・トンプソンが一九七〇年に「退廃的で堕落したケンタッキー・ダービー」という記事で指摘したとおり、ダービーとは、言うなれば酔っぱらいが大声で怒鳴り合い、ミントジュレップをがぶ飲みしながら子供の大学入学資金をギャンブルですってしまうといった、目も当てられないような馬鹿騒ぎにほかならない。ウッドフォード・リザーブのようなビジネスクラスの飲料を公式バーボンにするのは、そうしたイメージを打ち消すためでもある。

「高級仕立ての」ブランドとして、ウッドフォードはブランド・マーケティングの面でも価値ある教訓を授けてくれる。ウッドフォードはオールド・フォレスターを製造しているのと同じ会社がつくっている。ウッドフォードのほうが値段は高いが、そこで使用されるマッシュビルや酵母はオールド・フォレスターとまったく同じものだ。ウッドフォードのほうが熟成期間を少し長くとり、温度を高く設定した倉庫に入れることで熟成プロセスを少し早めているというだけの違いである。風味はウッドフォードのほうがややまろやかでこくがあり、オールド・フォレスターほど穀物の味が前面に出てこない。同じ製造元の違うブランドが似たようなマッシュビルを使うのはウイスキー業界ではよくあることだが、購入者層の違うブランド同士の類似点が宣伝されることはほとんどない――オールド・フォレスターは市場では値頃なブランドという位置づけだが、ウッドフォードはもっと高級品として扱われる。バッファロー・トレースのW・L・ウェラー一二年のバーボンも、銘酒と謳われるパピー・ヴァン・ウィンクルと共通の製法でつくられるので味わいがかなり似ている。だが、パピー・ヴァン・ウィンクルが一〇〇〇ドル近くで売られているのに対し、W・L・ウェラーははるかに良心的な価格である。バッファロー・トレースのこの二種類のバーボンは、名前も違えば、市場も違う。両者がどんなに似ていようと、ほとんどの飲み手は気づかない。

◉

バーボン貴族のなかでとりわけ目立ちたがりだったジェイムズ・ペッパーは、自分のバーボンのブランド名をすぐに思いついた。自分の名前をつければいいのだ。イライジャ・ペッパーの孫にしてオスカー・ペッパー（ジェイムズ・クロウの雇い主）の息子であった彼は、まさしくバーボンの特権階級に属していた。一族の財産である蒸溜業は引きつづき行なっていたが、彼が先駆者になったのは、ウイスキーのマーケティングという重要な別の側面においてだった。つまり、宣伝すべき歴史の大半をでっち上げたのだ。彼がボトルに印（しる）した主張や日付は信憑性に欠けるものばかりだった。今日、その点が忘れられがちなのは、時が経つうちにペッパーが捏造した歴史が「史実」となってしまったからである。だが別の見方をすると、彼はバーボン業界の伝統を築くのに一役買っていたとも言える。

　多くの象徴的なブランドと同じように、ジェイムズ・E・ペッパー・ウイスキー（「e」なしで「Whisky」とペッパーはつづった）はもはやこの世に存在しない。廃業したのは一九五八年だが、最後の数十年間は複数の複合企業でそのブランドが資産として売り買いされていた。ところが、今世紀に入ってアミール・ピーというビジネスマンが外部の供給業者からブランドを「ソーシング」し、ペッパーの商標をよみがえらせた。このように、バーボン人気の再興によって、一度は消えたブランドを復活させる手法はよく見られる。伝統がものを言う業界だけに、企業もかつて人気を博したラベルの失われた栄光をよみがえらせようとする。ピーはとびきりのウイスキー好きで、ペッパーに関連するコレクション（ボトル、権利書、広告、事務所の書類）を保管するためだけに倉庫を一区画分借りている。[*]今日、ペッパーのブランド名で売られているウイスキーは、昔のものとまったく同じとは言えないかもしれない。だとしても味はなかなかのものだし、ピーがいなければこの伝説のバーボンの記憶はすっかり失われていたことだろう。

＊　ピーがブランドを取得する前はドクター・ペッパーがその復活を妨げていた。理由は言わずもがなだろう。

ペッパーは先進的な蒸溜業者のもとに生まれたが、両親は彼が幼いうちに亡くなり、バーボンの影の枢機卿と言われるエドモンド・H・テイラー・ジュニアに引き取られた。オスカー・ペッパーの死後まもなくオールド・クロウのブランドの権利を買い取ったテイラーは、同じ頃、ジェイムズ・ペッパーの法定後見人となった。ペッパーはやがてオールド・クロウの権利を相続したが、一八六七年にゲインズ・ベリー・アンド・カンパニーにその権利を売却した（生産自体はその後もペッパーの蒸溜所が請け負った）。一八七九年、ペッパーはレキシントンにヘンリー・クレイ・ディスティラリーを開いた。当時の多くの蒸溜所と同じく、外部の業者に卸すブランドのウイスキーをつくる蒸溜所だった。

一八九〇年頃には、ペッパーは味も質もおかまいなしの外部のブレンド業者のためにウイスキーを製造することに嫌気が差し、ジョージ・ガーヴィン・ブラウンのように、ウイスキー製造の全工程を自分のものとすることに価値を見出した。そうして自身のブランドを立ち上げたペッパーは、それが「一七七六年、（アメリカ連邦）共和国とともに生まれた」[*]もので、祖父のイライジャの独立戦争時代の製法を使っていると主張した。だが、一七七六年は祖父のイライジャが生まれた年であって、もちろんウイスキーをつくりはじめた年ではない。一八一〇年につくりはじめたときも、孫のウイスキーと似てもつかない味だったことだろう。ペッパーはブランドの伝統を強調するために一一四年もサバを読んだわけだ。

＊　ジェイムズ・E・ペッパーのブランドはこの種のキャッチフレーズを多数使ったが、そのいくつかはペッパー亡きあとブランドのマーケティング担当者たちがつくったものだった。

だが、それはたいした問題ではなかった。ペッパーの威勢のよい宣伝文句が道を切り開くと、あとには多くの者たちが続いた。さすがにペッパーほど図々しいところは少なかったが。ペッパーはまた、オールドファッションドというカクテルをルイビルのペンデニス・クラブからニューヨークへ紹介した人物だと言われている。もちろん、ペンデニス・クラブができる前にすでにオールドファッションドは存在していたが、その起源について確かなことはだれにもわからない。多くの〝伝説〟を適当にでっち上げた人物の伝説をよみがえらせようとしたピーは、そうした大言壮語を現在のラベルにそのまま残すことに決めた。そうすることで、史実を無責任に曲げてきたバーボン販売の歴史を皮肉まじりに称えているのだった。

レキシントンに建てたペッパーの蒸溜工場は、高品質なウイスキーを大量に生産して同時代の技術者たちを驚かせた。この工場から生み出される利益のおかげで、ペッパーはニューヨークのウォルドーフ＝アストリア・ホテルに住み、マンハッタンとレキシントンを鉄道の専用車両で行き来できるようになった。一八九五年一二月、ペッパーはジェイ条約一〇〇周年を記念してニューヨークのデルモニコスで開かれた、アメリカの財界人が集まる晩餐会に招待された。出席者は順番に壇上に立ってはそれぞれの業界についてスピーチをした。ペッパーはジョン・ジェイコブ・アスター(不動産)、ジョン・D・ロックフェラー(石油)、コーネリアス・ヴァンダービルト(蒸気船)、チャールズ・ピルズベリー(製粉)、フレデリック・パブスト(ビール醸造)、チャールズ・ティファニー(宝石)、ウィリアム・スタインウェイ(ピアノ)、フランシス・デュポン(火薬)、リーヴァイ・モートン(銀行)、ピエール・ロリラード(タバコ)、トーマス・エッカート(ウエスタン・ユニオン)、フィリップ・アーマー(精肉)といった面々とともに壇に上がり、ウイスキーについて語った。

ウイスキーと同じくらい有名だったのがペッパーの競走馬だ。その多くは「バーボンアンドピュアアイ」号といった名前をつけられていた。ケンタッキー・ダービーを三度制し、史上最高騎手の呼び声も高いアフリカ系アメリカ人騎手アイザック・バーンズ・マーフィが、ある年のダービーでペッパーのミラージュ号に騎乗し、『ニューヨーク・タイムズ』の社会面は競馬場でのペッパーの数々の成功をくわしく報じた。だがタイムズ紙はまた、彼の少なからぬ失敗についても記した――ウイスキーと財産をこしらえるのは得意だが、財産管理は苦手だ、と。その数年前に破産して一族の蒸溜所を売りに出すはめになっていたからだ。だがペッパーは、経済的苦境に陥っても、たいてい妻のエラ・オファット・キーンの実家の資産に頼っては切り抜けてきた。おそらくペッパーは妻にビジネスを任せるべきだったのだろう。あるとき、困窮したペッパーが厩舎ひとつ分の勝利馬を手放さなければなくなったとき、エラはそれらの馬を安く買い取り、レースに出して勝たせてから売りに出し、かなりの利益を上げたという。

一九〇六年、うっかり転んだことが原因でペッパーが帰らぬ人となったあとも、ブランドの派手な宣伝手法はそのまま引き継がれた。そして一九一〇年、ジェイムズ・E・ペッパー・ウイスキーは、二〇世紀最大のスポーツイベントの背景を飾った。その年の七月四日、ネバダ州リノでボクサーのジャック・ジョンソンとジム・ジェフリーズが「世紀の決戦」に臨む。世界ヘビー級王者のジョンソンは全米でもっとも有名なスポーツ選手だったが、かなり問題の多い人物だった。彼は当時まだ根強かった人種的偏見への反発から多数の白人女性と関係を持ち（七人の女性と結婚し、離婚した）、一時期など白人の小人症の男を付き添いにしていた。

ジム・クロウ法［アメリカ合衆国南部で一九世紀末から一九六四年まで存在した有色人種隔離（すなわち人種差別）に関連する法律の総称］が十分に効力を発揮していた時期に行なわれた、ジョンソンとかつての無敗ヘビー級王者ジェフリーズとの対戦は、いわくつきのアフリカ系アメリカ人と、「白人の期待の星」と呼ばれる男の戦いでもあり、国中から注目された。ジェイムズ・E・ペッパー・ウイスキーはその試合を協賛し、古い写真には「（アメリカ連邦）共和国とともに生まれた」という垂れ幕がリノの町中を飾っているようすが見られる。[*] 自分たちに勝るとも劣らない宣伝の才があると見たのか、ペッパーのブランドは、物議を醸すジョンソンの側についた。ペッパーの広告には、スーツ姿のジョンソンがファンに囲まれて座っている。そしてにっこりと笑みを浮かべる彼の隣にはジェイムズ・E・ペッパーのボトルが置かれている。世紀の一戦へと出かける前の、カメラマンに向かってグラスを掲げるジョンソンの姿がそこにはあった（結局、ジョンソンが試合に勝った）。

＊　対戦当日に撮影された写真には、垂れ幕があとから描き込まれたようなふしがあり、ペッパーの

伝説に妙にふさわしい。

◉

バーボンのボトルに白人の男ばかり出てくるのは、父権制社会を物語っている。女性やマイノリティがバーボンの歴史に貢献していないのではなく、その貢献を認められていないだけだ。蒸溜所の古い写真には、女性やアフリカ系アメリカ人がボトル詰めのラインで作業したり、糖化槽をかき混ぜたりしている姿が写っている。彼らこそが実際のウイスキーのつくり手だったが、その功績が表立って称えられたことはほとんどない。女性やアフリカ系アメリカ人がボトルのラベルのデザインの一部として使われるときも、ほとんどの場合、称賛とは無縁だった。

セックスも売り物になった。酒類業界では広告に性的表現を利用するのが当たり前だった。ジンは都市部で底辺の生活をする貧困層の飲み物だったが、セントルイスの企業リー・リーヴァイ・アンド・カンパニーが製造するブラック・コック・ヴィガー・ジンなど、あからさまに卑猥な名称のブランドがそのイメージをますます悪くしていた。ブラック・コックの原価は二七セント、販売価格は一本たったの五〇セントだった。ラベルにはたいてい裸の白人女性が描かれ、ある雑誌はその味を「マッチの火のような熱の波が一瞬押し寄せ、そのあと甘みと苦みを含んだ強烈な臭いが立ちのぼる。喉の奥に残るのは嫌なカビ臭さだ」と表現している。

今日、DISCUS（合衆国蒸溜酒会議）は、酒類業者がしたがうべき行動規範をまとめた規定をつくり、会員企業に自主的な遵守を促している。ブラック・コック・ヴィガー・ジンは間違いなくその規定に引っかかるだろう。現在ではそれを破った企業にはペナルティが課され、業界イメージを損なうようなマーケティング手法を回避する仕組みになっており、この規定が防波堤の役割を果たしている。

だがそうした縛りは、自由競争が行なわれた大好況時代や現代マーケティングの黎明期には存在しなかった。ユニオン・ディスティリング・カンパニーのブランド、ティピカヌー・ケンタッキー・ウイスキーは、上半身裸の肉感的なアメリカ先住民の娘がカヌーを操る姿を広告に使った。シンシナティのメイヤー・ブラザーズ・アンド・カンパニー・ディスティラリーの広告も一八九〇年代に人気を博した。そこには中東のハーレムにいる裸の女性が描かれていたが、背景にいる長衣をまとった男たちは鼻息も荒くうろつきながら女性へ露骨な視線を向けている。[*] 同社のハドソン・ウイスキーの広告ビラに描かれた嗅ぎタバコ入れも有名だ。「一服どうぞ」と書かれた箱のなかに、またもやハーレムの娘がトルコ後宮の女奴隷（オダリスク）のような姿で横たわり、「なんといってもハイボール」という宣伝文句が添えられている。この宣伝を皮切りに、卑猥な紙マッチやトランプといった販促品が続々と登場し、バーのカウンターを埋めるようになった。

＊　古代ギリシアや中東のハーレムを模した背景のなかに裸の女性を描くことで、企業はそうした広告を「芸術」であると主張しやすくなり、ポルノグラフィを取り締まる当時の法律をかわすことができた。

酒の品質は広告にも表れていたが、かといって上質のブランドが世間の流行に超然としていたわけではなかった。ジェイムズ・ペッパーがオールド・クロウをニューヨークの投資家に売却して間もなく、オールド・クロウのトランプ——下着姿の娼婦ふたりがタバコをくゆらせながら笑い合っている図柄——が酒場で見られるようになった。I・W・ハーパーの広告では、ソファに座った男が腕を遠くに伸ばして、ウイスキーのボトルを渡すまいとしている女性と楽しげに取っ組み合っている。その横に「男はそれを手にするまで満足できない」と書かれている。別のI・W・ハーパーの広告には、ドレスを着た上流階級の女性が描かれ、その上に「ドレスを脱がせてくれたら、最高のウイスキーをお目にかけますわ」という文句が添えてある。広告の裏面では、裸に近い姿の女性がI・W・ハーパーのボトルを手にしているというわけだ。

また、ベル・オブ・ネルソン、ベル・オブ・リンカン、ベル・オブ・アンダーソンといった「ベル（貴婦人）」ブランドのウイスキーの広告も流行した。Belle とは、フランス語で知性と美しさを組み合わせた意味を持つだけあって、ベル・ブランドの広告では卑猥さがかなり抑えられていた。広告のなかの女性たちは典型的なヴィクトリア朝の装いで、つば広の帽子、サッシュベルト、ジゴ袖の丈の長いドレスなどを身にまとっていた。とはいえ、ときおりドレスの下からのぞくくるぶしが誘うように描かれている。それらのブランドのウイスキーは女性も飲んでいたかもしれないにもかかわらず、広告は女性をターゲットにはしていなかった。飲酒は男性にふさわしいものだと暗示し、ほかのブランドの広告よりいかがわしさは抑えつつも、やはりセクシャルな雰囲気をアピールしていたのだ。だが、アルコールがらみの暴力沙汰は禁酒運動を推し進める動機のひとつになっていた。先見性のある広告業者は、いかがわしいものと結びつければ短期的には利益を上げられても、長期的な戦略としては割に合わないことがわかっていた。

女性と同様に、アフリカ系アメリカ人も大好況時代のウイスキーの広告ではまともな扱いを受けていない。広告に登場する彼らはたいてい漫画に描かれているように口が大きく、ミンストレル・ショー［一九世紀のアメリカで流行した黒人文化を風刺する劇］の芸人さながらの誇張した容貌で描かれた。オールド・クロウのある広告では、猿の体をした黒人の男がボトルの上でタップダンスを踊っていた。ライ・ウイスキーの別の広告では、片腕に盗んだ鶏を、もう片腕にスイカを抱えた黒人の男が土の道の真ん中に立っていた。男は地面に転がっているウイスキーのボトルをうらめしそうに見つめ、それを拾い上げるためにどちらの腕のものを落とすべきか思案している。添えてあるのはこんな言葉だ。「さあて、どうすっかな」。南北戦争で財産を失った、南部連合を支持するケンタッキー州の一族が創業したルイビルのポール・ジョーンズ・ディスティラリーは、「聖アントニウスの誘惑」と題された絵を使ってウイスキーを宣伝した。それは有名な宗教画の主題をもじったもので、描かれていたのは南部の貧しい一家だ。ひとりの黒人の少年が困ったような表情で母親と父親のあいだに座っている。母親は巨大なスイカを抱え、父親はポール・ジョーンズのウイスキーを手にしている。少年はどちらを選べばいいのかわからないというわけだ。

北部へ移住する黒人が増え、低賃金の農場労働をやめてウェイターやポーター、ベルボーイなどの職に就くようになると、それを受けて広告も変化した。一九一一年にはクリーム・オブ・ケンタッキー・バーボンが、貧しい農場労働者ではなくサービス業で働く黒人を描きはじめた。それでも、彼らは依然として白人に使われる存在だった。一九四〇年、クリーム・オブ・ケンタッキーは、アメリカで国民的人気を誇るイラストレーターのノーマン・ロックウェルに広告のイラストを依頼した。描かれたのは、白人の男と黒人の給仕係が当時の人気ラジオドラマ『エイモス・アンド・アンディ』〔黒人の人気キャラクター、エイモスが登場するドラマ〕を自信なげに真似している姿だった。

ほかのマイノリティもステレオタイプな役柄ばかりが与えられた。中国系アメリカ人は細い切れ長の目が強調され、大陸間鉄道の建設や辺境開拓にたずさわる安い労働力として描かれた。* 一八八〇年代、シカゴのA・バウアー・アンド・カンパニー・ディスティラリーが西部の荒野を舞台に描いた人気広告では、アメリカ先住民と中国人の男とカウボーイが織物の上でポーカーに興じている。エースのスリーカードで賭け金を獲った〔大当たりを出した〕中国人にアメリカ先住民がつかみかかり、カウボーイは六連発拳銃を中国人の頭に突きつけている。三人の背後には「サム・タフナッツ・サルーン」という酒場が描かれ、窓辺にバウアーの宣伝する精溜ウイスキーが四本並んでいる。西部でなにより支持を得たのはバウアーのようなブランドだった。

＊ 一八八三年、ニューヨークの有名な政治風刺画家で中国系移民への偏見解消運動に反対したトマス・ナストは、中国人が中国本土から輸入した蒸溜酒やワインの代わりにアメリカのウイスキーを飲むならアメリカ人も彼らを認めるだろう、と強烈に風刺した。その風刺画には、中国人の男が巨大なウイスキーのボトルを抱きかかえている姿が描かれている。

もちろん、バウアー・アンド・カンパニーがその広告を出す頃には、アメリカの有名な辺境神話も終わりに近づいていたが、ウイスキーの広告のなかではその後も長く使われつづけた。マーク・トウェインは、合衆国議会議事堂にかかっている絵画——エマヌエル・ロイツェ作「帝国の進路を西に取れ *Westward the Course of Empire Takes Its Way*」——を揶揄したときにそのことに触れた。

それは、ゴールデンゲート海峡に反射する明るい光に照らされた西の地平線に向かう開拓者たちの姿を描いた作品である。アメリカ人の自信過剰ぶりをやりこめて楽しんでいたことで知られるトウェインは、『ミシシッピの生活』［吉田映子訳。一九九四年、彩流社］という作品で、絵画のタイトルを「帝国のジョッキを西に取れ」ともじり、こう書いた。「文明の先端を行くのは、蒸気船でもなければ、鉄道でも新聞でもない。安息日学校でも宣教師でもない――いつだってウイスキーだ！」まずは、ウイスキーの道筋をたどって貧しい移民がやってきた。それから商人と勝負師とならず者と追いはぎがやってきた。その一団を追って、弁護士と葬儀屋がやってきたのだ。

順応性に富むバーボンは、成長を続けるアメリカの影響力が増すにつれて、その広告のテーマも変えていった。一八九八年に米西戦争［キューバの独立闘争に介入したアメリカとスペインの戦争］が起きて戦地がフィリピンに広がると、シンシナティのある蒸溜所は、マニラ湾海戦に勝利したジョージ・デューイ海軍大元帥にちなんでデューイズ・オールド・マニラ・ウイスキーを発売する。グリーンブリア・ウイスキーは、マニラでのデューイの成功は「オールド・グリーンブリアなしにはありえなかった」と宣伝し、業界誌『ボンフォーツ・ワイン・アンド・スピリット・サーキュラー』の記事では、アメリカ軍がキューバ島を占領したとき、バーボンをキューバの国民的飲み物にするべきかどうかをめぐって議論が交わされた。数年後、パナマ周辺でアメリカの影響力が高まると、エドモンド・H・テイラー・ジュニアが、合衆国は「オールド・テイラー［バーボンの名前］でパナマ運河地帯の防衛を固めたほうがいい」と提案した。

だが、テイラーのような男たちやそのブランドが何を防衛するにしても、まずは、手塩にかけてつくり出したラベルをおびやかしている不正な模造品から自分たちを守る必要があった。

第9章 〝純粋〟と〝イミテーション〟

一八八七年に建設されたオールド・テイラー・ディスティラリーは、ケンタッキー州で当時もっとも見応えのある蒸溜所だった。最大の蒸溜所ではなかったが、当時典型的だった工場のような蒸溜施設に比べると、美しさが際立っている。この施設はグレンズ・クリーク沿いのジェイムズ・クロウの古い蒸溜所の近くにあり、ライムストーンの石づくりの建物は、サー・ウォルター・スコットの小説『アイヴァンホー』［菊池武一訳。一九六四年、岩波文庫］に出てくる架空の中世の城を彷彿とさせる。スプリングハウス［泉や小川にまたがって建てられた乳製品や肉類の貯蔵小屋］は古代ローマの浴場を模した設計で、イオニア式の柱に支えられた蔓棚（つるだな）が心地よい日陰をつくっている。ビジター――通常の蒸溜所と違って歓迎された――はその下を通り抜け、サンクンガーデン［地盤より低い位置につくられた半地下の庭園］や鏡面のような池のまわりをそぞろ歩いた。ビジターには漏れなく、オールド・テイラー一〇パイントが無料で提供された。

しかし、二一世紀のいま、オールド・テイラー蒸溜所は廃墟になっている。雑草に覆われた建物は、アマゾンの秘境で消失した都市のようにも見える。その気になれば有刺鉄線の破れ目からなかに入れるが、足下はガラスや瓦礫だらけだ。アメリカの産業化時代の美意識を押し広げた、その古城に似た建物は、古代都市カルタゴと同じ運命をたどっていた。

そうした廃墟はケンタッキー一帯に、また、ウイスキーで有名な他の州にも何十と点在している。どこも、業界の統合の波が続々と押し寄せたあげくに犠牲になった蒸溜所だ。* 閉鎖された蒸溜所の存在は忘れられて久しいが、オールド・テイラーだけは例外と言えよう。現代の消費者が買うバーボンのほぼすべてのボトルには、オールド・テイラーの創業者エドモンド・H・テイラー・ジュニアの残した功績が刻まれているからだ。彼は、マーケティング、財務、品質管理、ロビー活動など、バーボンの新しい産業にかかわるさまざまな要素をひとつに束ねあげた。そこには壮絶な闘いがあった。なかでもテイラーにとって脅威だったのは、品質のよさで評判を築こうとしているオールド・テイラーのようなブランドの偽物をつくる精溜業者たちだった。テイラーは大好況時代の行きすぎを是正しようと、ほかの改革者と協力してラベルの表示方法や消費者保護の規則などたくさんのルールをつくりあげた。それらのルールはいまでも使われている。そうした努力がひとつの力となって、最終的にはすべてがテイラーの思い描いた通りになったのである。

＊　二〇一四年、バーボン人気の再興に目をつけたと思われる投資家グループが八二エーカー（約三三万平方メートル）に及ぶオールド・テイラーの跡地を一五〇万ドルにも満たない額で購入した。現在、そこに新しい蒸溜所を建設する計画が進んでいる。

◉

一八三〇年、エドモンド・テイラーは奴隷取引を生業とする両親のもとに生まれた。両親は若くして亡くなり、孤児になったテイラーはおじたちに育てられる。そのひとりの大おじは、のちの大統領ザカリー・テイラー（一七八四～一八五〇）であり、もうひとりの、同じくエドモンドという名のおじはケンタッキー州レキシントンに住んでいた。エドモンドおじは銀行家だったが、テイラーも同じ道を歩んだ。今日もっとも高級とされるブランド——コロネル・E・H・テイラー・ジュニアとジョージ・T・スタッグ——の名称の由来である男たちがいずれも銀行業を本分とし、穀物を酒より金に変えることに腐心していたという事実は、ビジネスとしてのバーボンの特質をよく表している。

一八五〇年代、テイラーはおじの銀行の支店を開設するためにケンタッキーの地方をまわっていた。そこでジェイムズ・クロウとオスカー・ペッパーに出会い、バーボン業界で頭角を現しつつあった彼らのオールド・クロウを知った。当時は大きなブランドの草創期であり、成長する蒸溜所は工場の設備改良と生産規模拡大のための資金調達に苦労していた。功名心があり、有力な銀行家を代理父に持っていた二〇代の青年テイラーは、まさに最適なタイミングで自分の居場所を見つけたのである。

一八五六年にクロウが亡くなると、オスカー・ペッパーはクロウの製法でクロウの名前を残したままバーボンをつくりつづけることを決めた。だが、一八六〇年には増大する需要に供給が追いつかなくなった。その頃テイラーは、のちにオールド・クロウを大きなブランドに育てることになるゲインズ・ベリー・アンド・カンパニーに入社し、財務の仕事をはじめていた。一八六七年にオスカー・ペッパーが死去すると、ゲインズ社はオールド・クロウの蒸溜所とウイスキーの在庫、そしてブランド名の権利を買い取った。テイラーが一四歳のジェイムズ・ペッパーを養子にした年でもあった。テイラーは単なる財務担当者としてウイスキーのビジネスをはじめたのだが、気づくとウイスキー業界にどっぷりはまっていた。

ペッパーの蒸溜所を取得した手法はテイラーのその後の仕事にも応用され、やがて業界全体で使われる標準的な手法となった。一八七〇年、テイラーは自分が所有するゲインズの権利を売った（経営にはかかわりつづけた）。その後はあちこちの蒸溜所に融資したり、蒸溜所の立ち上げにかかわったりして、やがて彼の事業の一覧には売り買いする蒸溜所が並びはじめた。テイラーは自ら会社を立ち上げると、その経営戦略を定め、販売や流通といった業務は外部の企業に委託した。部分的あるいは全面的な提携関係を結んだのである。しだいに、テイラーの共同事業者名簿は、複雑に交差するクモの巣のような様相を呈していった。

テイラー自身も、すぐに自分が生み出した迷宮にからめとられてしまっていることに気づいた。書類棚は、それぞれ独自の条件が記された賃貸借の同意書や契約書、財務関係の計画書――建設プロジェクト、投機的事業――などで板の合わせ目がはちきれんばかりにふくれ上がっていた。そうした混乱のなか、彼がケンタッキー州フランクフォートにつくった蒸溜所のひとつ――オールド・ファイヤー・コッパー（O・F・C）という名で知られる、現在のバッファロー・トレース・ディスティラリーの敷地に建っていた蒸溜所――がニューヨークのある企業の手に渡り、直後にその所有権がセントルイスの金融家ジョージ・T・スタッグに売却された。スタッグはもともとこの蒸溜所の共同出資者でもあった。

所有権を買い入れたスタッグは、テイラーにちょっとした便宜を図ったつもりだったのかもしれない。だが、その売却から得た収入は、建設ビジネスへの無謀な出資のせいで破産寸前となっていたテイラーを窮地から救った。それでも、テイラーの名前で売られていた伸び盛りのブランドがスタッグの手に渡ったことで、両者はやがて衝突することになる。その名もE・H・テイラー・ジュニア・カンパニー・ディスティラーズというその会社の、二五〇〇の株式のうちわずか二株しかテイラーの手元には残っていなかった。テイラーという名称の実質的な所有者はスタッグであり、かつては共同出資者ではあったもののやり手の金融家でもあった彼は、やがて会社の株式をニューヨークの外部投資家に売りはじめた。投資家たちは彼らなりの流儀で同社を経営しようとしたため、じきにテイラーはそうしたやり方に嫌気が差すようになった。自分の分身とも言えるその貴重なブランドは守りたかったのである。

スタッグと袂を分かったテイラーだが、一九世紀のずさんな商標法のおかげで新しい事業にも自分の名前を使うことができた。オールド・テイラー・ディスティラリーと名づけたその新事業とは、中世の城のような蒸溜所の創業であった。テイラーはその蒸溜所に、自身がそれまで手がけてきたウイスキー事業から得たあらゆる知識を――一〇年前に欧州の蒸溜所を視察して得た知識も含めて――投入した。醱酵の安定性を高めるため、石臼ではなく波形に加工したローラーを使って穀物を挽き、糖化槽を木製から掃除のしやすい銅製にしたのもその一環だった。また彼は、樽も自作した。樽のサイズを変えて四〇ガロンの小型の樽を使ったこともあった（結局は大きなサイズに戻したのだが）。

熟成に関しては、テイラーは「ラックハウス」と呼ばれる新しいタイプの複層式熟成庫を採用した。それはやがて業界の標準になった（今日もっともよく使われているのがこのラック方式である）。当時、樽は三段か四段にして直接積み上げられているのがふつうだった。だが、この積み方には問題があった。上の樽の重みで下の樽に液漏れが生じてしまうのだった。また、樽をすき間なく積むために空気が循環せず、カビが発生してウイスキーが臭くなりがちだったのだ。下の段の樽を動かしたりチェックしたりするのもひと苦労で、そのたびに、すべての樽を一から積み直す必要があった。テイラーの採用した複層のラック方式の熟成庫では、納屋のような倉庫に五層か六層の床がつくられた。各床には樽が三段積まれ、樽はその荷重を支える木桁に沿ってそれぞれの場所に収められた。庫内には細い通路が伸び、床はわざとすき間を残して張られた厚板かメッシュの鋼材でつくられ、空気が自由に出入りできるようになっていた。

こうした倉庫の内部はそれぞれ微妙に環境が異なり、倉庫ごとに異なる生物圏を形成する。倉庫ごとの環境の違いがウイスキーの味の違いを生むのだが、その違いは、温度や湿度に作用するさまざまな変数によって決められる。たとえば、倉庫の羽目板の素材は石か、木か、金属か。日光はどれくらい入るか。倉庫内に冷たい風の通り道があるか、などである。

熟成庫ごとに内部の環境が微妙に異なるということは、建物のどこに樽があるかによってもウイスキーの風味が大きく変わることを意味する。倉庫内での置き場所が違うだけで、同時に生産したウイスキーでも熟成や味が変わってくるのだ。最上層は温度が高くて変化が激しいので、ウイスキーが樽材の奥まで入り込んで早く揮発する。最上層で一〇年以上熟成させたウイスキーはバランスが悪くて木の風味が強いものが多い――というよりむしろ、倉庫内の気温の高い場所で一〇年以上寝かせると、大半の樽の中身は蒸発しきってしまう。それに比べて低層の場所は涼しく、ウイスキーはゆっくり熟成する。もしあなたが一〇年以上ものバーボンを見つけたら、そのバーボンの樽は倉庫の涼しい場所に置かれていた可能性が高い。そこでは、熟成は少しずつ進み、蒸散率も穏やかだからだ。

熟成期間中も蒸溜業者は倉庫内を歩きまわり、定期的にあちこちの樽からサンプルを採って熟成具合を確かめる。そうして望ましい風味に仕上がった樽はボトル詰めの印がつけられる。ブランドの味にばらつきが出ないように、現代の蒸溜業者はいくつもの樽の中身を均等に配合することで樽ごとに少しずつ異なるはずの風味を調整している。樽の中身は巨大な槽に一気に空けられ、過去のブレンドと風味が合うように試飲が繰り返される（味の比較のために、蒸溜業者は参照するサンプルに点数をつけている）。メーカーズマークなど、層の上下を入れ替えることで熟成を均一にしているところもわずかながらある。そうした蒸溜所は核となるブランドをひとつ持っているだけのことが多い。だとすると、風味の誤差を厳しく定めており、その基準内にすべてを収める必要があるからだ。フォアローゼズは一層のみの低いラックハウスを使っている。低い倉庫では環境の微妙な違いが生まれにくいので、樽の熟成差が少なく、大手企業に比較するとブランド数の少ないフォアローゼズにとってはメリットになる。*

＊　メーカーズマークには定番のブランドのほかに「メーカーズ46」という商品もある。これは通常のメーカーズマークを焦がしたフレンチオークの樽で六週間長く熟成させたもので、ほんのりスパイシーな風味が加わっている（フランスと日本のオークの木はアメリカのオークよりスパイスの香気成分を多く含んでいる。それに対して、アメリカのオークはバニラの風味が強い）。

ときおり、倉庫を巡回する蒸溜業者が「ハニー・バレル」を見つけることがある。熟成工程における各要素――期間、エステル化、酸化、抽出――が完璧な条件でそろっている、倉庫のなかでも限られた場所にしかない理想の環境（スイート・スポット）で熟成された樽のことだ。やがて蒸溜業者は、倉庫のどの場所がハニー・バレルを生み出しやすいのかを突き止める。窓際はかなり有望である。日差しとひんやりした風が樽の膨張と収縮のサイクルを早めてくれるからだ。低層の涼しい環境も、時間を十分与えられれば興味深い味を生み出すことがある。その昔、ハニー・バレルでつくられたウイスキーは売りに出されず、つくり手がこっそり楽しんだり、親しい友人と分け合ったりしたものだった。

◉

新しい蒸溜所のビジネスをはじめたエドモンド・テイラーは、かつての共同事業者スタッグと名称の使用をめぐって何年も揉めつづけた。商標法は産声をあげたばかりで、テイラーは――ジョージ・ガーヴィン・ブラウンやジェイムズ・ペッパーが同じ頃に気づいたように――印象的なブランド名を所有していることと、消費者がその名に寄せる信頼は価格だけで測れるものではないということに気づいた。名称をめぐってテイラーとスタッグは何度も譲歩の握手を交わしたものの、実際にはふたりとも、互いの同意事項を尊重することはめったになかった。テイラーがE・H・テイラー・ジュニア・アンド・サンズという会社を経営する一方で、スタッグの会社はE・H・テイラー・ジュニア・カンパニーを名乗りつづけた。テイラーはスタッグを告訴し、法廷でいったんは勝利したものの、抗告審で覆された——結局、スタッグの蒸溜所は一九〇四年まで、若干の変更をしながらもテイラーの名称を使いつづけた。

テイラーのウイスキーが評判になると、テイラー人気に便乗した似たような名前の模造品や精溜ウイスキーが次々につくられはじめた。ルイビルの精溜業者がつくった「ケンタッキー・テイラー」なる商品がヒットしたときはさすがのテイラーも裁判を起こし、貴重な判例を勝ちとることで自分のブランドの名誉を守り抜いた。

ウイスキー業界の発展にともなって、テイラーやジェイムズ・ペッパーのようなブランド名を頑なに守ろうとするビジネスマンが法廷に列をなすようになると、ラベル表示についての規則が法令化された。その結果、ブランドはまったく縁のない何らかの組織を連想させるような名前を使うことができなくなった。たとえばチャーチル・ダウンズ競馬場は、あるウイスキーに「チャーチル・ダウンズ」という名称がつけられるのを防ぐことに成功した。また、法廷が言うところの「虚偽情報」をラベルに載せることもできなくなった。ただし、この規則は形だけのものだった。というのも精溜業者は規則をかいくぐって偽情報を載せつづけ、消費者はその後もウイスキーの真の製造元や製法を確かめるのに苦労した。

地元だけでなく州の政治にもかかわっていたテイラーは、そうした状況をどうにかしようと、ケンタッキー州の上院議員ジョセフ・ブラックバーンと協力して、一八九七年にボトルド・イン・ボンド法を成立させた。この商標法は、ウイスキーの品質を合衆国政府が保証するという画期的な法律で、今日も活用されている（現在はオールド・グランダッド、ベリー・オールド・バートン、エヴァン・ウィリアムスの一部のラインがボトルド・イン・ボンド規格で生産されている）。政府の承認シールを得るためには、単一の蒸溜業者が同じ蒸溜所で同じ季節に生産したウイスキーで、しかもそれを四年以上熟成させて一〇〇プルーフでボトリングしていなければならなかった。また、ラベルにその生産者を明記しなければならなかった。そうした基準を満たしたウイスキーだけが、ジョン・カーライルの肖像を擁した緑色の証紙（シール）で封をされた。ジョン・カーライルは南北戦争後にウイスキーの保税期間の延長を求めてロビー活動をした例のケンタッキー州の下院議員だが、当時、グロバー・クリーブランド政権の財務長官にまでのぼりつめていた。緑の証紙を偽造することは重大な連邦犯罪だった。それからわずか数年後、ウイスキーはボトルに詰めて売られるのが一般的になり、消費者はボトルのシールを目印にウイスキーを探すようになった。

ただし、ボトルド・イン・ボンド法が制定されたからといっても、市場に流通するバーボンの品質保証をめぐるテイラーの闘いが終わったわけではなかった。ボンド法が施行されてまもなく、あいかわらず蒸溜所の資産や株を売り買いしていたジョージ・スタッグが、ニューヨーク州のウォルター・ダフィー・オブ・ロチェスターという薬用蒸溜酒の会社の共同経営者になった。スタッグの売り出した「ダフィーズ・フェイマス・モルト・ウイスキー」は、完全なまがい物だった。ダフィーズは『ニューヨーク・タイムズ』をはじめとする主要紙に全面広告を出し、あからさまな嘘八百を並べ立てた。ある広告では、一四八歳と自称する老人が長生きの秘訣はダフィーズだと述べていた（それどころか、ダフィーズによれば一〇〇歳を越えるアメリカ人はみんなダフィーズを飲んでいるからその年まで元気なのだそうだ）。ダフィーズはまた、著名な細菌学者のドクター・ウィラード・モースのような名だたる医療関係者の推薦文を金で買い、ブランドの宣伝や医学的な効能の説明をさせていた。

広告の効果はてき面で、ダフィーズは巨大ブランドに成長した。拡大した会社はスタッグの蒸溜所に投資をして事業に干渉し、それを機にスタッグは事業から手を引いていった。世紀の変わり目にはウォルター・ダフィーが蒸溜所の実権を握っていたが、依然としてテイラーの名前を使っていた。蒸溜所は「より安い」ウイスキーをつくって高値で売るようになっており、「低級品の大きな需要」に応えている、とテイラーはこぼした。また、彼らはさらに低級のウイスキーを外注業者につくらせ、地元のほかの蒸溜所を巻き込んでピオリアのウイスキー・トラストの小型版のような組織を形成していた。

テイラーはすぐにダフィーズともトラストとも一切かかわりがないことを表明した。だが、どれだけ勇ましく宣言しようと、彼の陣営は二分されたウイスキー業界のなかで少数派にすぎなかった。もう一方は二流ウイスキーをつくる精溜業者の集まりで、しかも拡大を続けていた。

テイラーは、大好況時代の腐敗を象徴する問題に悩まされていた。つまり、ダフィーズのような詐欺まがいの模造酒業者が野放図なシステムに乗じて富を築き、すぐれた仕事をしている人々の努力は報われないという問題である。アプトン・シンクレア（一八七八〜一九六八）やアイダ・ターベルをはじめとするジャーナリストは、『コリアーズ』や『マクルーアズ』などの社会不正を暴露する雑誌に投稿し、ウイスキー以外の多くの業界でもまったく同じ問題が起きていることを告発した。アメリカ人はしだいに憤り、警戒心を抱くようになった。それはまさに、政治経済学者のヘンリー・ジョージが一八七九年に著した『進歩と貧困』［山嵜義三郎訳。一九九一年、日本経済評論社］で懸念していた反応だった。ジョージはその本のなかで、産業革命がもたらした豊かさと快適さは労働者階級の犠牲のうえに成り立っていると警鐘を鳴らしていたのだ。大好況時代は好機と可能性が豪華な供宴をくり広げていたが、それに奉仕していたのは貧困と腐敗だった。ジョージは革命を恐れていた。

一八九六年、連邦議会がようやく重い腰を上げて、どんな種類のウイスキーがヘンリー・ジョージの言う「アメリカの大供宴」に供されているのかという調査をはじめた。調査委員会が公表したのは、国内で売られているウイスキーのうち「製造時と同じ状態のもの」のはわずか二〇〇万ガロン（約七六〇万リットル）にすぎず、一億五〇〇万ガロン（約三九七〇万リットル）には、精溜した蒸溜酒か危険な混ぜ物が、運がよければ七本に一本の割合で混ざっているという事実だった。まともな酒を口にしているのは社会の上層のひと握りの人々だけで、それ以外はウイスキーを飲むことでゆっくりと命を縮めている可能性が高かったのだ。

だが、『進歩と貧困』が出版されたその年、改革派のテディ・ルーズベルト（一八五八〜一九一九）は大学卒業を迎えていた。やがてエドモンド・テイラーとチームを組むドクター・ハーヴェイ・ワイリー――のちに食品純粋法の成立を目指してルーズベルトとともに戦うことになる――も、官僚組織の階段を着実にのぼっていた。ヘンリー・ジョージが警告したように、革命はすぐそこに迫っていた。ただし、それは彼が危惧したような革命ではなかった。

◉

セオドア・〝テディ〟・ルーズベルトが大統領になって最初に行なったことのひとつは、トラストの権力に歯止めをかけて消費者を守る必要がある、と訴えた二万語の議会演説である。彼の声は議場じゅうにとどろき渡り、隣接した廊下に集まっていたロビイストや党派紛争の調停人たちの耳まで届いた。

ルーズベルトは、ウィリアム・マッキンリーの暗殺にともない急遽大統領職に就き、多くの者を驚かせた。一見すると、ルーズベルトは改革者には見えなかったからだ。裕福で、総じて現状維持を好む特権階級出身のルーズベルトは、休暇には狩猟に出かけるような伝統的で財界寄りの共和党員であり、祖父はニューヨーク銀行の創立者だ。実際、ルーズベルトも当初はがちがちの保守主義者で、政府が民間事業を規制することに反対していた。あるときなど、人民党［一八九〇年代に結成された、低所得の農民等を支持基盤にした政党。一九〇〇年解党］の党員を一列に並べて射殺するべきだと冗談を飛ばしたこともあった。

だが、ルーズベルトは現実が目に入らないわけではなかった。酒客ではなかったが、混ぜ物をしたウイスキーを問題視し、連邦政府による公衆の安全の確保を主張した。ルーズベルトのそうした姿勢は、自分がかつて経験した、腐敗した食べ物にまつわる事件にもとづいていた。一八九八年、米西戦争で第一合衆国義勇騎兵隊、通称〝ラフ・ライダーズ（荒馬乗りたち）〟を指揮していたとき、彼の部下がアメリカの食肉処理場でつくられた肉の缶詰を大量に持参していた。キューバを制したルーズベルトの部隊は肉の缶詰で宴会を催したが、やがてそれが腐っていることに気づいた。多くの兵士が体調を崩し、命を落とした者もいた。史料によると、その肉による死者の数は実戦で失った人数よりも多かったという。

この事件はルーズベルトの記憶に深く焼きつけられた。そんな彼が大統領になった以上、政権の改革派メンバーはもはや脇役とは言えなかった。改革派の筆頭はドクター・ハーヴェイ・ワイリーで、農務省の化学部門長だった。彼はバーボン通でもあり――ワシントンDCのコスモス・クラブという学術社交クラブのバーで選酒をしていた――、それまで一〇年にわたって食品純粋法の成立に尽力したことでその名を広く知られていた。並はずれた才覚に加えて自尊心も人一倍強いという型破りな人物で、エドモンド・テイラーと組んでウイスキーの品質を規制するために闘い、一九〇六年には純正食品・薬品法を成立させてウイスキーのルールづくりに貢献した（じつは二〇世紀初頭には、ウイスキーのロビイスト団体はおもに精溜業者が牛耳っていて、ウイスキーの定義と規制についての議論を長引かせることで議案の成立を遅らせていた）。

ワイリーの改革はルーズベルトの政治サポートがあったからこそ成功した。だが、当のふたりは波長が合わなかった――ルーズベルトがワイリーのことを「口やかましくてうっとうしい間抜け野郎」と評したこともあった。親しいとはとても言えない間柄だったが、それでも最終的にルーズベルトはワイリーがホワイトハウスの閣議室を臨時の蒸溜所にすることを許し、そこでふたりは酒を酌み交わした。

◉

ハーヴェイ・ワイリーがウイスキーの表示規制の闘いに足を踏み入れたのは、奇しくも彼がはじめて自転車を買って物議を醸したからだった。インディアナ州のパデュー大学に勤めていたワイリーが自転車を買ったのは、一八七四年から化学の講義を受けもつことになったからである（その後、一時期パデュー大学を離れてドイツで糖化学の研究をし、砂糖製造業者から、有害な化学物質を保存料として製品に混ぜ込むためのなん通りもの方法を学んだ）。

ワイリーが買った自転車は、前輪が巨大で後輪が小さい、いかにも珍奇な代物だった。自転車など見たことのなかったパデューの保守的な年寄り理事たちは、教員としてあるまじき行為と考えた。理事たちはワイリーの研究者としての能力はおおむね評価していたが、彼が「若くて快活すぎる」ことが癪にさわり、体育の授業で学生たちと親しくつき合うことすら嫌悪した。

だが、理事たちがなにより気に入らなかったのは、彼の自転車だった。ある者はワイリーの評価表のなかで「本学の教授のひとりが猿のような身なりで車輪にまたがり構内を乗りまわしているのを目にしたときの、私や理事会メンバーの胸中を察したまえ」と書いている。

幸運なことに、ワイリーは合衆国農業委員のジョージ・ローリングの目にとまり、一八八三年に農務省の化学部門長の職に就くことになる。それからまもなく、多くのウイスキーのブランドも使っていた化学保存料や混ぜ物の使用をめぐる大論争に巻き込まれた。一八九九年の年次報告書では、食品と医薬品の不正表示が国中に蔓延し、ワイリーは何百万ものアメリカ人の健康がおびやかされていると主張した。

当時はまだ適正広告法が存在していなかったので、食品表示は手のつけられない状態だった。「ピュア・ハニー（純粋蜂蜜）」として売られているものの正体が風味づけされたブドウ糖で、「それらしく」見せるために瓶に死んだミツバチが一匹ずつ入っていることもあった。独自に品質管理の法律を課している州もあったが、州をまたいだ取り引きが増えていたので、連邦法がなくては意味がなかった。ウイスキーの販売業者も平気でボトルの中身をごまかしていた。オハイオの生産者がつくる「一〇年熟成の純粋なケンタッキー・バーボン・ウイスキー」というラベルと中身がまったく一致していないときもあった。一〇年どころか、その日できたウイスキーに焦がした砂糖や石灰酸を混ぜ込んでプルーンジュースで色づけしていることすらあった。たとえ生産者が良質なウイスキーをつくっても、腐敗した流通業者が台なしにしたのだ。その問題を扱った連邦議会の公聴会で、ジョゼフ・グリーンハットは――彼はまだ世界最大の蒸溜業者で多くの精溜業者向けにブレンド用蒸溜酒を生産していた――自身の強力なトラストをもってしてもこの問題はどうにもできないと認めた。流通業者は「思いつきしだいでどんなブランド名もつけ放題だ」だったのだ。

純正食品・薬品法は原則として表示に関する規則であり、ウイスキーなどの食品生産者はとにかく「ラベルに真実を書くべきだ」と、ワイリーは議会に向かって熱弁をふるった。すると、それぞれの州の特定の利益を代表している政治家たちから猛烈な反発を食らった。マサチューセッツ州の上院議員がロビー活動をしているタラ産業では、保存料にホウ酸を使っていた。メイン州が代表して闘ったニシン業界は、ニシンを「フランス産の輸入イワシ」と不正表示することで利益をかさ上げしていた。ニュージャージー州の政治家は自州の缶詰業界を守ろうとしたが、その業界は食品の保存料を安息香酸(あんそくこうさん)ナトリウムに頼っていた。ウイスキー市場の七五パーセントから九〇パーセントを支配していた精溜業者も同じようにロビー活動をはじめた。彼らは食品業界のほかの業者と同じだった。安いウイスキーを高級なストレート・ウイスキーだとごまかして売っていたので、正確な表示を強いられたら採算が取れなくなる。ウイスキー業界の雇った〝殺し屋〟は、オハイオ州の上院議員ジョセフ・フォラカーとケンタッキー州の代議員ジョセフ・シャーリーだった。それぞれがシンシナティとルイビルの精溜業者の権益に目を光らせていた。

　ワイリーの政敵は調査員を雇ってワイリーのゴミ箱を漁らせ、信頼失墜につながりそうなネタを探しまわった。それに対してワイリーは、自分は「不正業者の一味が操作できるあらゆる機関誌や新聞、雑誌から一斉放射される毒矢の標的」になっていると公の場で訴え、簡潔な言葉でその聖戦を言い表した――「私はいつだって食べ物らしい食べ物のために闘っている」。ワイリーはわかりやすいキャッチフレーズをつくるのがうまかった。たとえば、不正表示を「吐き気をもよおす罪」と表し、混ぜ物をした食品は人々をだまして健康な心身の育成を阻んでいると強く非難した。自分を批判する相手のことは「悪魔の宿主」と呼び、自らの改革については、「独立戦争や南北戦争にも匹敵する人権を求める闘い」だと言い切った。「強盗行為を阻止し、健康が保証された生活を手に入れるための闘いだ。かつてもいまも、これは不正業者が有する既得権益から個人の権利を取りもどすための闘いであり、人類と金との闘いなのだ」と。

ウイスキーの表示をめぐる議論が続いたため、純正食品・薬品法の成立は二年も遅れることになった。ほかの改革派はウイスキーの条項をのぞけばもっと早く成立させられると考えたが、ワイリーはウイスキーも対象にするとして譲らなかった。法案の通過には禁酒運動家の票が必要だが、ウイスキーを不問にするとこの強力な代表団の同意を得られない、というのがワイリーの意見だった。

こうしたウィスキーをめぐる議論の大半は、「純粋（pure）、純度（purity）」という言葉をどう定義するかに費やされた。それは、多くのブランドが広告の肝として使っていた言葉だった（マッケンナーの広告コピーは「純粋でストレート」、ケンタッキー・デューは「純度の基準」だった）。エドモンド・テイラーのようなストレート・ウイスキーを売る者たちは、ストレート・バーボンかストレート・ライだけを「ウイスキー」と呼ぶべきだと強く主張した。テイラーは、精溜業者のひどい混ぜ物蒸溜酒は、「イミテーション・ウイスキー」などと表示すべきだとも言った。精溜業者はもちろんそんな名前では売るわけにはいかないので反対した。ストレート・ウイスキーは「フーゼル油ウイスキー」と表示すべきだと言って対抗したのだ。この化学物質は微量ならウイスキーに複雑で奥深い香りをもたらすが、多すぎると害になる。

その点については、精溜業者の言い分も一理あった。あらゆる香気成分を取り去ってしまう穀物中性スピリッツは、厳密にいえば熟成ウイスキーよりも「純粋」だ。もちろん、議論すべきは精溜蒸溜酒のプルーフの高さではなかった。問題は、そうした蒸溜酒に（すべてではないにしろ）有害な混ぜ物がされていることだ。それを売る生産者が嘘をついていることも問題だった。

ストレート・ウイスキーと精溜ウイスキーの闘いはまもなく「人民主義をめぐる闘い」に転じた。どちらの側も、つましい大衆的な飲み物としてのウイスキーの性格を利用したからだ。ある議会公聴会で、精溜業者側の弁護士は、ストレート・ウイスキーは「気取って」いて高級な振りをしているにすぎないと攻撃した（彼はまたフーゼル油は脳に害を及ぼすとも言った）。その公聴会に出席していたエドモンド・テイラーは、精溜業者は昔ながらの「正直な」ウイスキーづくりの伝統を破壊している、とすぐさまやり返した。

テイラーによるこの最後の主張はもっぱら精神論的なものだった。だが、立派な化学者だったワイリーもその論に同調した。ワイリーが精溜業者を支持しなかったのは、精溜ウイスキーがバーボン通の彼の味覚に合わなかったからである。彼は、精溜業者は正統なウイスキーをつくっていないと非難したが、それは単純に、精溜ウイスキーがストレート・ウイスキーに比べて味がよくないという理由からだった。「ブレンド業者には尊敬に値する者たちがいる」ことは認めたが、ただしそうしたウイスキーは「実在の少女に似せて帽子やドレスを着せた人を描いた美しい絵画のようなもの」だと、州際外国通商委員会のメンバーに語った。彼は自説を実証するために、議場で「一四年もの」のバーボンをつくってみせた。精溜ウイスキーのベースに、これを少量あれを少量といった具合に混ぜ物をして数分ほどでこしらえたものを議員たちに配ってまわった。飲んだとたん、議員たちは顔をしかめた。それほどひどい代物だった。

一九〇六年、純正食品・薬品法が可決された。決め手はウイスキーではなく、その少し前に明るみに出た食肉業をめぐるスキャンダルが人々の怒りを買ったことだった。そのせいで、ウイスキーの条項は議論が完全に決着を見る前に決められてしまった。精溜業者はそれ以降の商品に「イミテーション・ウイスキー」か「コンパウンデッド・ウイスキー［合成ウイスキー］」、あるいは「ブレンデッド・ウイスキー」と表示することを義務づけられたのである。精溜業者たちはすぐさま不服を申し立て、新しい表示規制は受け入れがたい、自分たちの売り上げをかすめ取ろうとするストレート・ウイスキー側の陰謀だ、とウィルソン農務省長官に規制の変更を迫った。ウィルソンは変更に乗り気だったが、使命感に燃えたワイリーがすぐに大統領に訴えて妨害した。ルーズベルトの許可を得てワイリーは閣議室に小さなスチルを設置し、議会で披露したのと同じように、そこでもインスタントのウイスキーをつくってみせた。それを飲んだルーズベルトは、法律を変更すべきではないと宣言した。怒りの収まらない精溜業者はなおもホワイトハウスに働きかけて決定を覆そうとしたが、大統領の心はもはや動かなかった。

その後もブレンド業者と精溜業者は、その法律が自分たちに対する偏見であるとの態度を崩さなかった。だが一九〇九年、法改正のチャンスがめぐってきた。ウィリアム・ハワード・タフト（一八五七～一九三〇）が新しい大統領となると、精溜業者はタフトに掛け合ってもう一度公聴会を開かせたのである。タフトは妥協案を示した――穀物から蒸溜したものはすべてウイスキーとする。したがってブレンドもストレートも等しくウイスキーと呼んでかまわない、ただしその種別はボトルのどこかに明示すると定めたのだ。「イミテーション・ウイスキー」という言葉を使う必要はなくなったが、同時に「純粋ウイスキー」という表現も使えなくなった。そこで「ストレート・ウイスキー」と「ブレンデッド・ウイスキー」が、二種類の基本的なウイスキーを表す呼称として採用された。このふたつは今日でもなお使われている。*

＊　バーボン・メーカーが独自の風味を持たせるために自社の倉庫のストレート・ウイスキーをいくつかブレンドすることがあるが、それと「ブレンデッド・ウイスキー」は区別して考えるべきである。バーボン・メーカーのブレンドはバーボン以外のものを混ぜていないので「ストレート・ウイスキー」として扱われる（また「ストレート・ウイスキー」に関しては追加規則が定められ、二年以上の熟成が義務づけられた）。合衆国のブレンデッド・ウイスキーはストレート・ウイスキーに穀物中性スピリッツが混合されていることが多い。対してカナダやスコットランドのブレンデッド・ウイスキーはやや低いプルーフで蒸溜し、若干の熟成を加えるのが一般的である。いずれの国でもブレンド作業に対してはアメリカよりずっと大きな敬意を払われ、芸術的な作業とさえ考えられている。カナディアン・ウイスキーについては、ダヴァン・ドゥ・カゴーマの傑作『カナディアン・ウイスキー *Canadian Whisky: The Portable Expert*』を参照することお勧めする。

精溜業者はこの決定に大喜びはしなかったものの、それなりに受け入れた。一方でワイリーははらわたが煮えくりかえっていた。ワイリーの言うことにタフトはまともに耳を貸そうとせず、ワイリーは裏切られた思いだった。だがそれ以上に、自分の影響力が失われつつあるという予感にダメージを受けた。それまで一〇年以上にわたってワイリーは名声を誇り、国中の注目を欲しいままにしていた。あまたの雑誌がワイリーを消費者の権利を守る高潔な戦士と呼び、「純正食品・薬品法の父」と称していた。そのすべてが遠のいていくのを彼は感じていた。

それに追い打ちをかけたのが、ルーズベルトがワイリーの功績を一切認めなかったことだった。

ふたりは最後まで反りが合わなかった。ワイリーはどんなことに対しても常に明確な意見を持ち、ルーズベルトのキューバ政策の一部に公然と異を唱えた。ルーズベルトは自伝のなかで純正食品・薬品法のことに触れたときにも、ワイリーの名前を一切出さなかった。ワイリーも自伝でルーズベルトをこき下ろして報復したが、どちらの自伝のほうが多くの人に読まれ、後世になって歴史がどのように書かれたかは、ご想像の通りである。

ワイリーは一九一二年に政界を退いた。幻滅した彼はアルコールに対する見方を変えた。欧州で戦争がはじまり、アメリカの参戦をめぐる議論が盛んになると、戦時配給制を支持し、穀物は兵士の食糧に使うべきだと主張した。禁酒法活動家に同調してアルコールの全面禁止も訴えたが、それはほかの活動家と同じ道徳的な理由からではない。ワイリーが禁酒法に傾いたのは、人民主義の思想が理由だった。「私は禁酒法を、原理ではなく、政策の上で支持している」と述べたワイリーの脳裏にあったのは精溜業だった。「彼らはあらゆるウイスキーの不純化を合法的に行なっている。純粋なウイスキーなら、酔ってもたいした害はない。金持ちでなければ出費が増えて困るぐらいのことだ。だが、不純で有害なウイスキーがこれだけ無制限に出まわっている現状を考えると、禁酒法という手を打つほうがまだましだと思える」。

だが、ワイリーは完全に表舞台から消えたわけではなかった。別の道に進み、そこでもアメリカ人の生活に影響を与えた。政府の職を離れて間もなく、ワイリーはアナ・ケルトンという自分の半分の年齢の女性と結婚し、ふたりの息子をもうけた。そうした生活の変化によって、「魂の忌まわしい倦怠」とかつて表現していた、長く患っていたうつ症状から抜け出すことができた。元気になった彼は、講演活動をしたりフランスのレジオンドヌール勲章を受勲したりと世界中を飛びまわった。消費者に人気のあったワイリーは生活実用情報誌『グッド・ハウスキーピング』の寄稿編集者となり、同誌の有名な商品テストでさまざまな実験をした。ある商品が基準を満たしていたら、だれもが欲しがる『グッド・ハウスキーピング』の品質保証シールを授けた。それは彼が残したもうひとつの遺産だった。

第10章　禁酒法

二〇〇〇年代のはじめ、禁酒法が意外な形でアメリカによみがえった。トレンドの最先端を行くバーやクラブのなかに、一九二〇年代のもぐり酒場(スピークイージー)をイメージした店が次々と現れたのだ。そうした店は一見さんお断りだったり、入り口で秘密の合い言葉を言わないと入れてもらえなかったりした——入り口を発見できれば、の話だが。ワシントンDCのあるバーは表に青いライトがぽつんと灯っているだけだった。ニューヨークの別のバーの入り口は、ホットドッグ屋の横の電話ブースの奥にあった。入店するには、のぞき穴の向こうにいる仏頂面の若者(ヒップスター)に自己紹介するしかない。

やがて「禁酒法時代」は、ウイスキービジネスの源泉であるかつての「辺境」にも広がりはじめた。二〇一三年にはヘブンヒルが旗艦ブランドの宣伝のために数百万ドルかけてルイビルに開いた「エヴァン・ウィリアムス・バーボン・エクスペリエンス」という観光施設にも、もぐり酒場を模した試飲ルームがつくられた（東海岸の流行がついにここまでやってきたのだ）。見学ツアーは、エヴァン・ウィリアムスが辺境にやってきて蒸溜所をはじめた足跡を双方向モニターでたどることからはじまり、ジャズが盛大に流れる試飲ルームで終了となる。二〇〇〇年以降につくられたウイスキーブランドの多くが、同じように禁酒法時代というテーマに注目している。ヘブンヒルのラーセニー（窃盗）・バーボン、スピークイージー・バーボン、スマグラーズ（密輸人）・ノッチなどはその例だ。ほかにもジャック・〝レッグズ〟・ダイヤモンド、アル・カポネ、密造酒の運び屋からNASCAR（全米ストックカーレース協会）の花形レーサーになったジュニア・ジョンソンなど、密売人（ブートレガー）たちにちなんだ名前をもつブランドも無数にある。

　禁酒法時代は一九二〇年にはじまり、一三年間続いた。その「魅力」についての説明は不要だろう。密売やもぐり酒場にかかわる犯罪は危険な魅力に満ちている。飲酒は、道徳を振りかざす少数派の暴挙に対する闘いを象徴する行為となり、表向きこそ法に触れる行為だったが、それを実際に犯罪だと考える者はほとんどいなかった。ウォレン・ハーディング大統領（一八六五～一九二三）などは、任期中にホワイトハウスの隠し場所にしまっていたバーボンを楽しみ、実質的には飲酒に承認の印を与えていた。このおかげで、闇取り引きの黄金時代が訪れるのである。禁酒法はまた、NASCARという北米独自の自動車レースの誕生にも一役買った。このレースの初期のスターたちは法の目をかいくぐって運転の仕方を覚えたことで有名だ。主催者側は薄汚れたイメージを払拭し、家族向けの健全な娯楽に仕立てようとしたが、NASCARを成功に導いたのは、レーサーたちの〝アウトロー〟的な魅力だった。

　さまざまな風変わりな出来事と矛盾に満ちた時代だった。いったい、そんな時代がどうして生まれたのだろう？　ウイスキーはどうなったのだろう？

禁酒法時代は魅惑に満ちていたものの、この時代の酒は粗悪でどうしようもない代物だった。禁酒法時代のカクテルは現代のもぐり酒場的なバーでも人気だが、そもそもそんなカクテルが生まれたのは、密造酒の味の悪さをごまかす必要があったからだ。エドモンド・テイラー・ジュニアやハーヴェイ・ワイリーが勝ち取ったばかりの消費者保護の規制や表示義務の類は早々にお払い箱になり、酒類業界は、大半のアメリカ人には受け入れがたい政策によって地下へと追いやられたのである。

アメリカ人のウイスキー好きは変わらなかったが、一三年続いた禁酒法時代のあいだに人々はウイスキーの味を忘れてしまった。盗んだ熟成ウイスキー、海外から密輸したスコッチ、カナディアン・ウイスキーは水増しされ、大好況時代のウイスキーお得意の混ぜ物で稀釈された。ストレート・ウイスキー一本から四、五本の密造酒ができたが、稀釈のために加えられたのは工業用アルコールだった。工業用アルコールの生産量は一九二〇年から一九二五年のあいだに三倍に増えた。その後、一九三〇年までにさらに倍増し、一億五〇〇〇万ガロン（約五六八〇万リットル）が製造された――が、それは本来の用途のためではなかった。

薄めること自体はたいした問題ではなかった。問題は、禁酒法時代のウイスキーに加えられた工業用アルコールの大半に意図的に有毒物が添加されていたことだ。一九〇六年に連邦議会は「工業用および変性アルコールの免税法」を承認していた。工業用アルコールに飲用アルコールと同率の税を課さないでほしいという企業の要請によるもので、合衆国政府は要請を認める代わりに、工業目的で使われるアルコールは飲用として用いることができないよう有毒物で「変性」させることを義務づけたのである。政府は石鹸（味は悪いが飲んでも死ぬことはない）からホルムアルデヒド（発がん性があり、死に至ることがある）、硫酸（殺虫剤や不凍液に使われ、飲むと即死する）まで七六種類の変性剤を認可した。腕のある化学者ならそうした変性剤をアルコールから分離できただろうが、有能な化学者をいつも調達できるとは限らない。その結果、変性アルコールは人々のカクテルにじわじわと侵入し、アルコールに起因する死者数は一九二〇年の一〇〇〇人余りから一九二五年には四〇〇〇人を超えるまでになった。

禁酒法時代、アメリカのウイスキーは暗い過去に退行した。またもや中身の怪しい酒を買わされ、飲酒する人々の大多数が被害をこうむった。比較的まともな酒を手に入れることができたのは社会の上澄みのごくわずかな人々だけだった。

だが、それさえ本物ではなかった。今日、禁酒法時代のウイスキーはウイスキー収集家の秘蔵コレクションにときおり混ざっている。そうした貴重なウイスキーの場合、収集家たちは飲んだり友人にサンプルを送ったりするたびに、残った分をじょうごで少し小さい瓶に移し替え、瓶の内部に空気がなるべく入らないようにする。ワインやビールと違って、過度に空気に触れなければ、瓶に詰めたウイスキーの味は半永久的に変わらない。空気に触れると不必要な酸化が起きて年数がたつと風味がわずかに変わってしまうが、それでもワインのようには影響を受けにくい。ただし、瓶いっぱいに入っていれば問題ないのだが、標準サイズの瓶の底に数センチ残っているぐらいでは空気が多すぎるので、飲み切ってしまうか、もっと小さい瓶に移し替えたほうがいい。以前、小瓶に入った禁酒法時代のウイスキーを試飲したことがあるが、口当たりの悪さを色と甘みづけに添加したプルーンジュースで明らかにごまかしており、香辛料のセロリソルトのような強烈な味がした。それでも、そのサンプルからは当時のひどい状況をどうにかしようとしたブレンダーの苦労が伝わってきた。ジャズ・エイジの混合酒によく使われたジンジャーエールの売り上げが一九二〇年から一九二八年にかけて三倍に増えたのも、無理からぬ話だ。

一九世紀にウイスキーが成しとげたことの大きさや、ジェイムズ・クロウやエドモンド・テイラー、ジョージ・ガーヴィン・ブラウンやジェイムズ・ペッパーたちが自分たちが不利だと知りつつ闘って、法廷や世論を味方に勝ち取ってきたものを考えながら、その胸の悪くなるようなウイスキーを飲んでいると、ある問いが心に浮かぶ。あれほど強力だったはずのウイスキー業界が、どうして禁酒法時代のような状況を許してしまったのだろうか?

◉

アルコールを完全に禁じる法律を求める声は南北戦争後の数十年間でじりじりと高まっていった。だが、ウイスキーのつくり手たちが注意を向けたのはその声が大合唱に達したあとで、そのときはもはや手遅れだった。一九一〇年にようやくジョージ・ガーヴィン・ブラウンが——その頃には業界を代表する人物になっていた——自分たちの利益を侵害するその法律と戦おうと、業界を代表して独力でわずかに抵抗を試みた。禁酒法活動家は、蒸溜業者がアメリカに毒を注入していると主張し、ブラウンはそれに対して『聖書は禁酒法を否定する *The Holy Bible Repudiates "Prohibition"*』という自費出版の本で反論した。一〇四ページにわたるその本に、ブラウンはワインや飲酒にまつわる聖書の言葉を散りばめ、自分の解釈も書き添えた。適量のアルコールを飲むことは神の祝福であるとブラウンは指摘した。実際、聖書は酒より「豚の肉」の摂取のほうを嫌っている。それなのになぜ、豚肉はだれも禁じないのか、と彼は問いかけた。

結局、禁酒法がアメリカ国内で多数派の支持を得ることはなかった。それでも制定されてしまったのは、禁酒法支持派の組織力と政治手腕のためだ。彼らは科学的な事実を都合よく操りながら、人種や階級や宗教に対するアメリカ人の不安をこれでもかと煽り立てた。ブラウンが自費出版の薄い本一冊という控えめな反論に終始した一方で、禁酒法運動は酩酊した悪魔や死んだ小犬の絵を表紙にしたパンフレットを国中にばらまき、この絵のような悲劇を生んだのはアルコールだと言い張ったのである。

一方、ウイスキー業界の禁酒法との闘いは統制が取れていなかった。一九〇六年の純正食品・薬品法の成立後、エドモンド・テイラーのような生産者と、それに敵対する精溜業者とのあいだにしこりが残り、そのせいで一丸となって闘うべき業界が事実上二分された。分断された蒸溜業者はビール醸造業者とも折り合いが悪く、ビール業界もまた蒸溜業界が団結するのを阻んでいた。蒸溜業界とビール業界は、アルコール税に抵抗するために南北戦争直後の一時期に手を結んだことがあったが、禁酒運動が全面的禁酒を求めて力を増すにつれ、醸造業者が蒸溜業者を味方ではなくライバルと見なしたことにより両者は疎遠になった。ビール側は、ウイスキーというより酒精度の強い親戚をスケープゴートにすることでわが身を守るという戦略をとったのだ。ビール業界は自分たちのロビイスト組織を使って、ビールはウイスキーに比べるとアルコール度数がずっと低い「節酒的」な飲み物だ、との議論を展開した。醸造業者のアドルファス・ブッシュは、蒸溜業者がつくっているのは「ただ安いだけの粗悪極まりない混合酒」だと言い、それに比べて醸造業者は「軽やかで体によい飲み物」をつくっていると訴えた。もっとも、その後ブッシュは肝硬変で命を落とす。持論とは裏腹に、禁酒法活動家にもまったく賛同を得られない死に方だった。

蒸溜業者の多くが禁酒法の議論に耳を傾けなかったのは、ひとえにその脅威を甘く見ていたからだ。一九一三年に個人の所得税が施行されるまで、アルコール税は政府の歳入の中核をなしていたので、自分たちが政府から切られることはないと見ていた。そのため、トラストの時代から残る悪いイメージや見え透いた虚偽広告などといった汚点をウイスキー業界は積極的に払拭しようとしなかった。それだけでなく、業界をむしばむ真の問題を放置した。アルコール依存症やそこから生じる深刻な家庭内暴力の問題に取り組む団体はほとんどなく、サルーン（酒場）文化は売春や賭博の温床となり、さらなる暴力を呼び込んだ。また、精溜業者の力を背景に巨大化した業界はイメージの問題にも悩まされた。名前を前面に出してブランドを宣伝する蒸溜業者もいたが、大半は長きにわたる業界の俗悪な評判を気にしてほおかむりしていたのだ。商工名鑑に名前を載せるときも、ウイスキー商と堂々と名乗らず農家とだけ載せることが多かった。

一九一一年、ケンタッキー州の蒸溜業者ピーター・リー・アサートンは、友人のヘンリー・ワタソン下院議員に手紙を書き、ウイスキー業界がかつての国民的な地位を取りもどすためにいくつかの手段でロビー活動をしようとしていると伝えた。ウイスキー・メーカーは「暴飲という悪癖を防ぐ一方で、身勝手な理由のために酒類や政治に干渉しようとする勢力と戦う、妥当で効力のある法律」を支持するべきだ、とアサートンは書いた。また、蒸溜業者が学校や税制改革、公的な社会基盤などを支援することも提案した。それは誠実で善意に満ちた書状だったが、禁酒法運動が旋風を起こしはじめてからすでに一〇年以上が経っており、ブラウンの本と同じく、アサートンの努力もすでに遅かった。

ブラウンやアサートンのようなバーボン蒸溜業者の前に立ちはだかったのは、ウェイン・ホイーラーという名の怪物だった。オハイオ出身の信心深い農場の少年ホイーラーがアルコールを忌み嫌うようになったのは、農場で酔っぱらった農作業人に熊手で脚を突き刺されたという事件がきっかけだった——彼の伝説にふさわしい、なかなか詩的な序章だ。ホイーラーは疲れ知らずの働き者の社会活動家で、人好きのする感じのよい顔立ちをしていた。一九二七年に過労のため五七歳で亡くなったときには、年老いた母親が「ウェインはいつでもいい子でした」と報道陣に語った。

斧を片手に酒場に乗り込んで酒瓶を打ち壊すキャリー・ネイションのような狂信的な禁酒法活動家と違って、ホイーラーはきわめて理性的だった。その主張——憲法を修正してアルコールを禁じ、アメリカ人の道徳行動を法制化する——はかなり過激だったが、彼はその過激さを表面に出さないことがうまかった。その名を全国的に知られていて影響力も絶大だったので、『ボルティモア・サン』紙は「将来この時代を公正な目で観察する者がいるとしたら、もっともすぐれた人物のひとりにホイーラーを挙げることは間違いないだろう」と書いたほどだ。だが、『ボルティモア・サン』の予測は当たらず、ホイーラーの名はほとんど忘れ去られてしまった。だが、彼の生み出した、ひとつの争点に絞ったロビー活動の手法は、より強力な形となって現在も残っている。

ホイーラーが禁酒法活動の道に入ったのは、一八九四年にオーバリン大学を卒業後、オハイオ州の「反酒場同盟」（Anti-Saloon League 以下ＡＳＬと略称）による「人助けをしたい元気で献身的な人物」の求人に応募したときだった。ＡＳＬの主導者はハワード・ハイド・ラッセルだった。彼はその数年前に、アメリカ人がいますぐ全酒類の禁酒法を支持することはないだろうと見ていた。いきなりでは荷が重すぎるし、急すぎる。だから、犯罪のはびこる酒場というもっとわかりやすい標的に人々の関心を誘い、それを最初の一歩として、アメリカ人を少しずつ禁酒法へと近づけていくことにした。それは、草の根組織の理想のあり方だった。小さく手軽なところからはじめ、一定の成功を着実に積み上げることで、ＡＳＬは半信半疑の支持者を引きつけ、資金を増やしていくことに成功したのだ。こうしてラッセルは地歩を固めていった。そしてはじめて雇い入れた常勤の従業員がホイーラーだった。それ以来、ふたりの男は日に一八時間働き、オハイオ中の家庭に禁酒を説いてまわった。ホイーラーは、わずかな空き時間でウエスタン・リザーブ大学の法律の学位を取った。

ホイーラーとラッセルのＡＳＬは、アルコールというひとつの問題に絞って活動していた。このやり方は、組織の複雑さが障害となっていたほかの禁酒活動家とは一線を画した。たとえば、「婦人キリスト教禁酒同盟」のフランシス・ウィラードは、菜食主義や郵便制度など、ほかにもいろいろな改革案を抱えており、そのすべてを組織の綱領に組み込んでいた。だが、全方面を目指したことによってウィラードの組織はどこにもたどり着けなくなった。ASLの立法監督官になったホイーラーは、ウィラードの轍を踏まないようにASLを「どこの党にも属さず禁酒法を支持する」だけの組織にとどめた。教会組織を通じた活動では、党派にかかわらず禁酒に賛同する候補者に投票するよう票田を動かすことに専念した。オハイオ州ではその戦略で両党から七〇議席を奪い、政界の実力者となったホイーラーは、実質的に州議会を支配した。それだけの議員を配下に置いたうえで、ホイーラーは各コミュニティが禁酒するかどうかを投票で選択できる自治体選択権法の法案を提出した。勝利は約束されたも同然だった。

　一八九五年、ラッセルはワシントンDCに向かい、オハイオでの戦略をそっくり真似たASLの全国版の土台づくりをはじめた。ラッセルは組織に属していない各地の禁酒グループの主導者に次々と会い、ASLの傘下に入らないかと説得した。そうして集まったグループに新しい計画について話し、州支部をつくって全国戦略に取り組みはじめた。

　草の根の組織づくりのほかに、禁酒法活動家はプロパガンダのやり方も心得ていた。『殺人司令部』というおどろおどろしいタイトルのついたパンフレットでは、ある酒場のことを「酔客が蛆虫のようにうごめく下層社会の行楽地」と書き立てた。別のパンフレットには、ざらついた肌の悪魔が飲んだくれをつかんで燃えさかる地獄の穴の上にかざしている絵が描かれた。ASLの忠実な組織団体により、そうしたパンフレットは二〇世紀初頭の数年間で約一億一〇〇〇万冊も配られた。それ以外のパンフレットでは一見理性的で科学的に仕立てられた議論がなされ、人々の感情に訴えた。また別のあるパンフレットは、アルコールが人体の自然発火を引き起こす恐れがあると主張した。また別のパンフレットは、毎年人口の一〇パーセントが飲酒で命を落とし、アメリカの犯罪の八〇パーセントが酒場で発生していると書かれた。ただし、そうした事実の情報源が明かされることはほとんどなかった。「科学的禁酒連盟」というあるグループは、売名行為のために犬にむりやり酒を飲ませ、その結果死産や奇形状態で生まれた小犬の写真を「アルコール依存の犬は虚弱で欠陥のある小犬を産みやすい」というタイトルのパンフレットに載せて配った。それに対抗して『聖書は愛らしく無垢な小犬の殺害を否定する』という本を出版した蒸溜業者は残念ながら存在しなかった。

彼らはでたらめな統計を使っただけでなく、人種問題も引っかきまわした。南北戦争前の禁酒運動の最大の支持者は北東部の共和党員だった。彼らは奴隷制廃止論者でもあり、そのせいで禁酒運動は南部の支持者からは政治的に分断されていた。だが、南北戦争後、黒人の手からアルコールを遠ざける手段として南部で禁酒運動が盛んになった。その動きにＫＫＫが同調し、黒人を酔いどれの戦士や強姦犯として描いた冊子が発行された。「禁酒法は……黒人（ニグロ）がいなければ議会を通過しなかっただろう」と、『ニューヨーク・トリビューン』紙は一九〇九年に書いている。

ほかのマイノリティも標的になった。禁酒運動は南北戦争時代から増えはじめていたアイルランド系、イタリア系、ドイツ系、ユダヤ系移民を封じ込める手段として使われた。ホイーラーの住むオハイオ州のような共和党の地方拠点は、東部の沿岸都市に上陸した移民に職を奪われることと、彼らの票が政治マシーン［アメリカの大都市に存在した利権にもとづいた集票組織］の支援を受けた民主党候補者に流れることを恐れていた。南欧や東欧から来た移民も増えはじめていたが、多くのアメリカ人は南欧や東欧の国々を政治的に急進派だと思い込んでいた。ボストンのある牧師は、移民の飲酒は「反動主義的な傾向」を持つ「ヨーロッパのおおらかな飲酒習慣」に根ざしていると主張した。ユダヤ系移民やイタリア系移民のほうがアメリカ生まれの人々よりアルコール依存率が低いとか、移民ブームを迎えたあとのほうがひとりあたりの飲酒量は減っているとか、そういった統計にはだれも目を向けなかった。

このような議論に加え、禁酒法を支持する者はこの法律が経済的にも得策であると主張した。同時代の実業家たちは、アルコールが労働者の生産性を低下させ、機械化の進む職場環境で怪我をするリスクを高め、ひいては利益を減じていると警告した。反ユダヤ主義を標榜していた自動車王のヘンリー・フォード(一八九三〜一九四七)は、蒸溜業者のジョゼフ・グリーンハットの成功をやり玉に挙げ、彼が世界最大の蒸溜業者になれたのはウイスキー業界がユダヤ人の陰謀の一部である証拠であり、彼らはアメリカ人のモラルとビジネスを弱体化させるつもりなのだと言った。フォードによると、ユダヤ人が商売にかかわるようになってからウイスキーは「ウイスキーであることを止め」、「安物の下等酒」になり下がったのだという。また彼は、ユダヤ人とウイスキーと並んでハリウッドも国民を堕落させていると批判した。

だが、そんな熱弁をふるったフォードもまた、禁酒法時代の多くの矛盾を具現する一例となった。何もかもがより新しく、より速くなったアメリカをフォードは嫌っていたが、彼こそがその変革を推し進めた中心人物だった。フォードの自動車を生産していた労働者は風紀を保つために、なにより生産性を保つために仕事中もそれ以外のときも飲酒を禁じられていた。賃金はよかったが、その代わりに従業員は「健康的」に生きることを要求され、フォードが「社会部」と命名したスパイ組織から社則を遵守しているかどうかを監視され、その結果、飲酒者と組合の活動家があぶり出された。同時代のほかの産業界の巨人たち——ロックフェラー、カーネギー、マコーミック、デュポン——も、フォードと同じく生産性の向上につながると信じて禁酒法政策を支持したのである。

禁酒法は、さまざまな政治勢力がパッチワークのように組み合わさることで支えられていた。北東部の自由主義的改革者、婦人参政権論者、KKK、そしてフォードのような実業家。政治はときに不思議な顔ぶれを同志に仕立てあげる。

一九〇五年、ASLの戦略は大きなうねりを起こしはじめていた。ASLはわずか二年前にオハイオ州史上最高の得票数で選出されていた州知事マイロン・ヘリックを、やすやすと知事職から追い落とした。こうして、オハイオはいよいよドライ（禁酒）州へと向かいはじめる。ホイーラーは誇らしげに宣言した。「もう二度と、いかなる政党も、教会の主張や州の道義的な力を無視することはないだろう」。オハイオで起きたことに、他州の禁酒法活動家たちも衝撃を受けた。年収二〇〇〇ドルにも満たないふたりの草の根組織の活動家がそこまでなしとげたことに驚愕したのだ。

二年後、ASLは州禁酒法の成立に向けてさらに前進し、そのうねりはさらに支持者を取り込み、より広域での禁酒法成立を目指すようになった。憲法修正による全国禁酒法はあと数票というところで議会を通過しなかったが、ASLは一九一六年の改選で倍の候補者を擁立し、さらに多くの賛成派を議会に送り込むことに成功した。翌年、合衆国憲法の修正を求める法案がふたたび提出され、今度は両院を難なく通過した。

そうして憲法修正が行なわれる一方で、合衆国は第一次世界大戦への参戦を準備していた。ホイーラーは戦争によって生まれた反ドイツ感情もうまく利用した。ウィスコンシン州ではドイツ語の本が焼かれ、ボストンではベートーベンの演奏が禁じられた。アメリカの酒類業は、ビールやウイスキーともに多くのドイツ系移民の地盤となっていたが、ホイーラーはそのことを盾に取って酒類業者を攻撃した。「酒類業者はわが国において昨今愛国心に疑問を感じる集団に肩入れしている」とホイーラーは非難し、ASLはパンフレットで、酒の取り引きにかかわるドイツ系アメリカ人を「わが国を奴隷化、プロシア化しようとする皇帝（カイザー）の企みにおける期待の星」と呼んだ。一九一七年、ドライ派は別名「レヴァー法」として知られる「食品燃料規制法」を通過させ、戦時中の食糧不足を回避するために穀物を蒸溜酒やビールの製造に使用することを禁止した。独立戦争時代にはウイスキーをつくることが愛国的な行為と受けとめられたが、そのおよそ一五〇年後、反対のことが正しいとされたのだった。

不吉な前兆だった。やがて禁酒法が成立するに違いない――そう読んだ酒飲みのアメリカ人たちは、目前に迫った法の目をくぐる計画を立てはじめた。一九一八年、シアーズ・ローバック・アンド・カンパニーは通信販売のカタログで家庭用蒸溜器を売りはじめた。

議会を通過した修正案は各州での審議に移った。ホイーラーの自治体選択権の戦略ですでに三三州がドライを表明していたが、修正案を成立させるためには七年のうちに三六州で批准されなければならない。ウェット（反禁酒）派はあいかわらず何もしようとしなかった。もしかしたら、州が合衆国憲法の内容に手出しすること自体に否定的だったのかもしれない。あるいは、歴史家のジョージ・エイドの言葉を借りると、「素面の者たちは五〇年かけて組織をつくり上げたが、飲んだくれたちに組織などありはしなかった。せいぜい酒を飲むのに忙しかったのだろう」。結局は議会通過から一年以内に三六州が批准した（最終的にはコネチカット州とロードアイランド州をのぞく当時の全米四八州のうち四六州が承認した）。

連邦議会はすみやかに合衆国憲法修正第一八条を施行するための「ヴォルステッド法」を可決した。そして一九二〇年一月一六日、修正第一八条が施行され、アルコール飲料の製造、販売、運搬にかかわったアメリカ人は刑務所に送られて財産を没収されることが法で定められた。それは、アメリカにおけるバーボンの生産の終焉でもあった。当時のようすは、法令施行後のケンタッキー州レキシントンで語られていたあるエピソードが生々しく伝えている。町に伝わる話によると、第一次世界大戦後に列車で故郷に戻ってきたある帰還兵が、ジェイムズ・E・ペッパーの閉鎖した蒸溜所の壁に描かれた「共和国とともに生まれた」の宣伝文句を見て苦々しい気持ちになった。一緒に列車に乗っていた仲間たちのほうに向き直り、彼はため息をつきながらこう言ったという。「共和国とともに生まれて、民主主義とともに死んだわけだな」

◉

ヘンリー・フォードは酒嫌いだったかもしれないが、彼が財を築けたのはほかならぬ酒のおかげだった。ヴォルステッド法の成立後、密造酒の〝運び屋（ブートレガー）〟は警察から逃げ切れる速い車が必要になった。フォードの車はそんな彼らのお気に入りで、一九二七年にそれまでのT型を改良したA型が発表されたとき、運び屋たちはより小まわりの利く新車を争って買いに走り、いったいフォードはどちらの味方なのだろうと禁酒法の取締官を悩ませた。

フォード車は設計がすぐれ、下手な整備士でも容易に性能を上げることができた。A型は一見したところ地味だが、内部のエンジンは地味どころではなかった。ギア比が変更されてバッテリーが追加されたので、エンジンの出力がジェネレーターで浪費されずにすべて駆動軸に伝わるようになった。エンジンヘッドには複数のキャブレターが装備され、スピードが時速一〇〇マイルを超えるとガソリンがさらに噴射された。シリンダー径を広げてより大きなピストンを納めた結果、内部に燃焼エネルギーが一気に送り込まれても力負けしなくなった。ヘッドライトは車輪の向きと連動するようになり、夜間にカーブを曲がるときも前方が見えやすくなった。あまりに性能が上がったので、警察は運び屋を追うためにその運び屋から押収した車を使わなければならなかったほどだ。軍拡競争のようなものだ。速度と耐久性への絶え間ない要求が、自動車産業のもっとも豊かな革新時代を切り開いたのだ。

なかには外見の偽装に力を注ぎ、霊柩車をウイスキーの輸送用に改造した整備士もいた。葬儀の列なら警察も止めにくいだろうと踏んだわけだ。だが、同時代のもっとも腕の立つ整備士たちはスピードの向上に力を尽くした。NASCARの創始期に伝説のメカニック「整備士」となったレッド・フォークトは日々エンジンをばらしたり、台座部分を微調整したり、カタログで注文した改造付属品を取りつけたり、自作のギア部品を加工したりした。彼はアトランタ州にある自身の修理工場の隠し扉の奥に秘密の作業場を持っており、そこでロイド・シーイやロイ・ホールのような、のちに初期のレーシング・ドライバーとなる運び屋たちのために改造車を制作した。エンジンの馬力を上げた車での密造酒運びは禁酒法廃止後も数十年続き、運び屋の仕事をかけ持ちするレーサーもいた。たとえばシーイは一九四一年に金銭トラブルでいとこに射殺されるまで運び屋をやめなかった。

車内でこぼれた酒はドライバーが買い取らなければならなかったので、NASCARの第一世代たちは運転技術にいっそう磨きをかけた。たぷたぷと揺れる二〇〇ガロン（約七五〇リットル）の密造酒は、未舗装の道を突っ走ってヘアピン・カーブを猛スピードで曲がるような車の挙動を考えると、何が起こるかわからず、危険このうえなかった。不安定で液漏れしやすい小瓶はすぐに広口のメイソンジャー［ねじ蓋のガラス瓶］に替わった。こういったジャーはこぼれにくく積み込みやすいので、やがて密造酒の標準的な容器となった。ほかによく使われたのは長方形の一ガロン缶で、こちらは角まで液体を満たすことができたので、ドライバーが〝ガーグル〟と呼ぶ、容器内で気泡があちこちに移動する現象を抑えることができた。〝ガーグル〟が起きると容器のなかで液体の重心が移動し、車体の重心そのものもずれてしまうのだ。そうなると、引火性の液体を大量に運んでいるドライバーを道路からスリップさせる恐れもある。

伝説的レーサーのジュニア・ジョンソンは――密売で服役し、後年ロナルド・レーガン大統領の恩赦を受けた――密造酒運びのおかげでコースに出る前からレースの腕前は〝マスター・レベル〟だったと言う。「スピンして横滑りとか、ああいうのはみんな経験済みだった。おかげでレースはずいぶん楽だったよ」と、彼はのちにある記者に語った。

やがて運び屋たちは自分の技術を披露し、ほかのドライバーと腕を競うレースで賭けをすることで小金を稼いだ。打ちすてられた牧草地を切り開いてつくられた間に合わせのトラックでのレースは、南部の新しい余暇になった。レッド、バック、ファイヤーボールといった愛称の、そばかす顔で歯の出た男たちが活躍したのはその頃だ。しだいに見物客も増え、何人かの才能あるドライバーは有名人になった。一九四〇年代には、ビル・フランスという男が――往年のレーシング・ファンなら拡声器を通したレース中の彼の声を覚えているかもしれない――その競技の商業的な可能性に気づいた。フランスはNASCARの初代会長に就任すると、やがてほかの株主から株を買い上げてNASCARのオーナーになった。現在でもこの協会は同族経営である。フランスはその労働者の競技が「日曜日のショーとして人気を呼ぶのは確実だ」と見抜き、「……きちんと運営すれば、どれほど大きな競技に発展するだろうと思った」と語った。

そんな巨大な可能性を秘めたNASCARだったが、最大の障害は密造酒との過去のかかわりが深すぎることだった。このままでは、フランスの切望する健全な家族の娯楽としてのイメージにはほど遠い。たとえば、バック・ベイカーというドライバーは、膣洗浄器(ドルシエバッグ)に酒を入れて、ノズルに取りつけたチューブで飲みながらレースに参加した。一九五三年のグランドナショナルを制したティム・フロックは、レーシングスーツを着せたアカゲザルを助手席に乗せて運転していた(サルはその後、レースのピットストップ中にフロックの頭部に襲いかかって引退した)。カーティス・ターナーは自家用飛行機を買えるほどのスーパースターで、あるとき、友人宅のウイスキーを一本取りにいくために飛行機で南カリフォルニアのイーズリーの住宅街に降り立った。離陸するとき、飛行機は駐車中の車の列に次々とぶつかり、警官の目の前で電柱を引き抜きながら飛び去った(数年後、ターナーは飛行機事故で命を落とした)。フランスはNASCARにそぐわないイメージを一掃しようと、運び屋の過去が目立ちすぎるドライバーやメカニックを追放した。「フランスはただの野蛮な遊びを独占事業に改革し、さらに過去を書き換えたのだ」と、NASCARの歴史にくわしいニール・トンプソンは述べている。

今日、NASCARは八〇〇〇万人を越えるファンを抱え、あらゆる層のアメリカ人が楽しむ数十億ドル規模の産業になった。最初のレーサーは週末を持て余していた農場の少年たちで、彼らはだれでも買える市販車(ストックカー)を改造して走らせた。だが、現代の車両は格段に高性能になり、チームを組もうと考える前から数百万ドルの資金が必要になる。二〇〇六年、NASCAR会長のマイク・ヘルトンが「田舎白人(レッネック)だったかつてのわれわれはもはや存在しない」と報道陣に語った。だが、憤慨したファンの抗議を受けて発言の撤回を迫られ、NASCARは「その出自を誇りにしている」と訂正した。『ワシントン・ポスト』紙はその後、「NASCARはまるで不名誉な家族の秘密かなにかのように過去を捨てようとしている」と論評した。

ただし、彼らのアウトローとしての過去は——そしてビル・フランスがもみ消そうとしたものは——むしろその魅力に華を添えた。その法則は、禁酒法時代の初期を彩った密造酒業にも当てはまる。ウイスキーが生んだそのスポーツとウイスキー自体との類似点は明らかである。どちらも共同体の実験としてはじまり、そのつましい素性を乗り越えて大きな世界へと漕ぎ出した。どちらもその荒っぽさと華やかな神話をもとにのしあがった(今も都合のいいときは伝説として語られる)が、それらは、より大きな組織へと拡大するなかであまり取り沙汰されなくなった。NASCARは現在も家族経営で成り立っており、歴史的記録の開示を厳しく制限しているが、それは、大きな酒類企業の古い記録が手に入りにくいのとよく似ている。いずれの業界もいまなお人気があり、活気にあふれているが、その支持基盤は間違いなく時代とともに変遷している。ストックカーも中級ウイスキーのブランドも忠実なファンに支えられているが、ファンへのアプローチは〝色仕掛け〟から〝高級志向〟に移り変わった。車は宇宙船が二台買えそうなほど高くなり、ウイスキーのボトルには「限定」や「特別」といった文字が躍っている。

ただし、現在、キャッチーなマーケティングの道具として使われている密造酒の密売は禁酒法のひとつの側面にすぎない。それより重要なのは、禁酒法が今日に至る酒類業界の構造そのものに対して及ぼした影響である。その偽善的な法律によって、バーボンをいかに、だれがつくるかという点が決定的に変えられたのだ。

第11章　抜け穴

密売人のジョージ・リーマスは、自分のことを話すときに主語を三人称で言う。「リーマスは店に行く」とか「リーマスはお前に同意しない」といった具合だ。姓だけを口にするその奇癖のせいで、彼にはどこか青臭い少年のような雰囲気が漂っており、のちに『ボードウォーク・エンパイア』［禁酒法時代を舞台にしたアメリカのテレビドラマ］の制作陣はそれを活かして彼の人物像をつくり上げた。『ボードウォーク・エンパイア』の八五年前、F・スコット・フィッツジェラルド（一八九六〜一九四〇）もリーマスの素材としてのおもしろさに目をつけ、ルイビルのバーで会ったあと、彼をモデルにジェイ・ギャツビーという人物を描いたと言われている。

禁酒法時代のまっただ中、リーマスは錠をかけた倉庫に眠る保税バーボンの活用法を思いつき、年に二五〇〇万ドル以上を稼ぎ出した。弁護士が本業だったリーマスは、法の抜け穴を利用して自身の犯罪帝国の大部分を合法化していたのである。いくつかの密売業者もその手口を真似し、禁酒法廃止後には、そうした企業から今日の世界屈指の酒類企業へ変貌をとげるところも現れた。

リーマスは絶対禁酒主義者ながらウイスキー帝国を築いた。実入りのよい弁護士業を離れて偽善の縮図だと考えていた法を破り、最愛の人物を殺した。だが、最後の暴力沙汰をのぞけば、リーマスはあくまでビジネスを自分の本分にしていた。ある建設契約をめぐって訴えられ、めずらしく相手の弁護士に負けたあと、彼は法廷を横切ってライバル弁護士のもとに歩み寄り、片手を差し出して一緒に働かないかと申し出た。そして、いつものうんざりする三人称でこう言った。「わが陣営を倒せる力があるのだから、リーマスの弁護士にぴったりだ」

◉

禁酒法時代がはじまった頃、シカゴで刑事事件の弁護士をしていたリーマスはもどかしさを感じていた。年五万ドルはかなりの額の収入ではあるものの、自分の担当する密売人たちの稼ぎにはかなわない。彼らの大半はただのごろつきだったが、ポケットの分厚い札束から一〇〇〇ドル札をやすやすと抜き出して一万ドルの罰金を支払うようすは見逃せなかった。下っ端でさえこれほどの大金を持っているなら、彼らのボス――サウス・サイドのジム・コロシモやジョニー・トーリオ――は、いったいどれだけ稼いでいるのだろう、とリーマスは想像した。

リーマスがのちに語ったところによると、彼は禁酒法が成立するとすぐ、その新しい法律こそ「大儲けできるチャンス」と気がついた。シカゴ中でビール樽が叩き壊され、排水溝に流されていた。ただし高級バーボンとライ・ウイスキーは流されず、二九〇〇万ガロン（約一億一〇〇〇万リットル）が保税倉庫に保管されたままだ。法律的にあくまで私有財産であるそうしたウイスキーを政府は押収できず、かといって所有者も売ることができなかった。警備のゆるい地方に行けば、あちこちの錠のかかった倉庫にアメリカのウイスキーがたっぷり入っている。窃盗が目下の問題になっていたが、リーマスが注目したのはそこではない――単に盗むだけでは宝の山に届くはずがない。それに、政府はすぐ「統合倉庫」を建てて二九二のウイスキー倉庫の中身を一〇か所に集め、警備員に見張らせていた。

リーマスは事務所でヴォルステッド法をじっくり読み込んだ。目を引いたのは、第二条六項の「医療用ウイスキー」の販売は禁止しないという項目だ。ウイスキーを医薬品として販売すること――ウイスキーが万能薬として信じられていた一九世紀の名残だった――は、小売業者が政府の発行する許可証を得て保税倉庫から持ち出すという形をとるかぎりは許されていた。一般人も医師の処方があれば手に入れることができた。その医師が金持ち相手なら、禁酒法以前のように蒸溜業者の詰めたボトル入りのバーボンが手に入った。ただし、ラベルには「医療目的に最適」とのただし書きが追記されていた。そうやってオールド・グランダッドも、医療目的うんぬんの文字を足すことで以前と変わらないものを売っていた。あまり評判のよくない医者の場合、手に入るのは一パイントの小分け瓶に入れられた、おおかた稀釈されたものだった。医師はひとりの患者に対して一〇〇プルーフの蒸溜酒を一〇日ごとに一パイント処方することが許された。歯科医や獣医にも同じ権限が与えられた。

青年時代に夜間のロースクールに通いながらおじの薬局で働いていたリーマスは薬剤師の資格を持っており、その抜け穴でひと儲けできるとぴんと来た。リーマスの考えでは、この法律の抱える偽善こそが真の犯罪だったのだ。合衆国政府は、ほころびだらけの政策と知りながらアルコールを禁じ、いわば法律破りを黙認する形でウイスキー業界を手玉に取っていた。のちのリーマスにいわせば、その抜け穴は考えうるかぎり「最高の茶番であり、最高の正義の曲解」だった。

医療目的で一〇〇プルーフの蒸溜酒を売りつづける権利を与えられた企業は六社だった。ブラウンフォーマン、フランクフォート・ディスティラリーズ、A・Ph・スティッツェル・ディスティラリー、シェンリー・ディスティラーズ・コーポレーション、アメリカン・メディシナル・スピリッツ・カンパニー、ジェイムズ・トンプソン・アンド・ブラザーズ。一九二八年にその六社の在庫がほぼ底をついたとき、政府は適用除外条項を通して合計三〇〇万ガロン（約一億一四〇〇万リットル）を追加でつくらせた。

禁酒法時代に閉鎖した蒸溜所の多くは廃業したままだった。彼らは熟成ウイスキーの在庫とブランドの権利を〝ビッグ・シックス〟のどこかに売り、〝ビッグ・シックス〟はブランドを吸収して、価値のあるブランド名を残した。そのようなブランドの所有主は金に困っていたので、たいていは安く買い叩かれた。そうしてブラウンフォーマンはアーリータイムズを買い、A・Ph・スティッツェルはオールド・フィッツジェラルドを買い、アメリカン・メディシナル・スピリッツ・カンパニーは五八のブランドを新しく手に入れた（アメリカン・メディシナルはじつはジョゼフ・グリーンハットのウイスキー・トラストの残骸で、禁酒法廃止後はナショナル・ディスティラーズとなった）。事業統合を熱心に支持していた、あのアレクサンダー・ハミルトンでさえ、こんな形で統合が実現するとは思いもよらなかっただろう。

禁酒法時代に行なわれたそうした取り引きは、禁酒法廃止後の業界の姿を予見させるものだった。少しだけそのさわりを挙げると、禁酒法廃止後の最初の一〇年、〝ビッグ・シックス〟のなかに、たび重なる統合や合意や買収の成果を表すために名称を変えるところが現れる。そうした企業は現代の消費者にもおなじみの巨大酒類企業の名称に変え、今日もその名を変えつづけている。なかでもシェンリー社は、統合によって世界最大の酒類企業となり、オーナーのルイス・ローゼンスティールは、二〇世紀後半のウイスキー業界でもっとも影響力のある人物として、今日でもその影響が強く残るさまざまな決定や改革に向けたロビー活動を行なった。シンシナティ生まれのローゼンスティールは高校を退学後、二〇世紀初頭の一〇年ほどおじの経営する蒸溜所――ケンタッキー州ミルトンのサスクマック・ディスティラリー・カンパニー――で働いていたが、禁酒法時代がはじまると保税ウイスキーを売ることになった。一九二二年、休暇先のコートダジュールでウィンストン・チャーチルに出会った彼は、合衆国はいずれ禁酒法を廃止するからそのときに備えていた商売人こそが金持ちになれる、というチャーチルの言葉を聞いた。ローゼンスティールはその助言に従い、アメリカに戻るとリーマスと似たような戦略のもとに、医療用ウイスキーの抜け穴をうまく利用しながら閉鎖した蒸溜所とウイスキーの在庫を買い取っていった。

◉

禁酒法時代は組織犯罪にはまさに天の恵みと言えたが、アメリカのドラッグストアにも恵みをもたらした。医療用ウイスキーの抜け穴のおかげで酒とのパイプができたのである。シカゴを拠点とするドラッグストア・チェーン、ウォルグリーンズは、一九二〇年に二〇店舗だったのが九年後には五二五店舗にまで拡大した。この驚異的な急成長の理由は、一九二二年から売りはじめたミルクセーキということになっているが、その中身がただのミルクとアイスクリームでなかったのは言うまでもない。『グレート・ギャツビー』［小川高義訳。二〇〇九年、光文社］では、デイジー・ブキャナンが謎めいた密売人の主人公のことを「ドラッグストアを持ってたの。一軒や二軒じゃないわよ」［小川訳］と説明するくだりがある。合わせ鏡のようなリーマスとギャツビーの軌跡は、いずれも同じアメリカン・ドリームの築き方の手引き書から出発しているように見える――ただし、そのページはシュレッダーにかけられたあとだった。

五〇年前なら、リーマスのような男は西部へ移住して、金鉱か鉄道の仕事で稼げる道を探していただろう。だが、ヴォルステッド法の抜け穴を学んだ彼は東のシンシナティへ移った。合衆国の保税ウイスキーの八割がその街の半径三〇〇マイル（約四八〇キロ）圏内の倉庫に貯蔵されていると判断したからだ。それは、国内にある最上のストレート・バーボンとライ・ウイスキーのほとんどに当たった。各倉庫は政府の計測官が――ウイスキー・スキャンダルの時代に賄賂をつかまされていたのと似たような者たちだ――監視しており、在庫の量や書類や税金が入庫時とぴったり合うかどうかを確かめていた。リーマスは一〇万ドルをかきあつめて実行計画を練った。それから秘書のイモジン・ホームズ（彼が深く愛し、秘密を打ち明けられる唯一の親友だった女性）に結婚を申し込んだ。

リーマスは最初の蒸溜所を一万ドルで購入し、蒸溜所の敷地内にあるすべての保税ウイスキーの法的な所有者になった。それから残りの九万ドルと彼の巧みな弁舌を組み合わせて地元の銀行の厚意に訴え、貯金でまかなえないぶんを支援してもらう署名を取りつけた。まもなくリーマスは、ケンタッキー州のポーグ・ディスティリングやジャックダニエル（テネシーがドライ州になったあと一時的にセントルイスに移っていた）、インディアナ州ローレンスバーグのスクイブ・カンパニー、シンシナティのフライシュマン・カンパニーなど、中西部に点在する一〇の蒸溜所を購入した。蒸溜所のほかにも、シンシナティの高級住宅街プライス・ヒルに豪邸を買ってイモジンと改築する計画を立てた。

ローマは一日にしてならずというが、ローマ建国神話のレムス（Remus）と名前のつづりを同じくするリーマス（Remus）の場合は、一日もあればシンシナティに帝国を築いてしまいそうだった。彼は運転手や護衛、事務員を何百人も雇い、シンシナティ最大の雇用主のひとりになった。また、蒸溜所を買い集めながら、シンシナティと川を挟んだ対岸のケンタッキー州コヴィントンにドラッグストアを買い、ケンタッキー・ドラッグ・カンパニーと名称を改めた。それは、かつての薬剤師の経歴を活かした完全に合法な買収だった。その後もドラッグストアを買い増しして各店舗に割り当てられる医療用ウイスキーの販売許可証番号を集めたが、怪しまれることはほぼなかった。そして手に入れたウイスキーを数千ケース単位で倉庫から運び出し、医薬品市場で売りはじめた——アルコールが禁じられてから突如として医療用ウイスキーの処方箋を欲しがりはじめた何百万人ものアメリカ人に。

リーマスの事業の一部は実際に合法で、政府が認可した販売許可証のもとに行なわれていた。もちろん、もっと値のつく闇価格で取り引きしたければ、彼の息がかかった者たちに輸送を任せ、警察の尋問を受けてもとぼけていさえすればよかった。販売許可証が足りなくなったときには、買収した役人の力を借りた（一九二〇年一〇月のある一日、四〇数名の役人がリーマスの事務所に招かれてそれぞれ一〇〇〇ドルを渡された）。やがてその許可証もなくなると、そのときはあっさり法を破った。ジャックダニエル蒸溜所では部下に樽の栓を抜かせて中身を抜き、地下に迷路のように通したホースとパイプで吸い出して外に待機しているトラックのタンクに流し込んだ。空になった樽には水を入れておいた。

禁酒法時代の初期の数年間、リーマスは密売界でもっとも幅を利かせていた有力者だった。アル・カポネがまだジョニー・トーリオの組織で下積みをしていた時期だ。リーマスの事業は順調に拡大し、それにつれて賄賂を渡す役人の範囲も広がった。その頃、リーマスは酒類販売許可証の重要な供給源であったペーパーカンパニーの仕事でたびたびニューヨークへ赴くようになった。あるとき、定宿にしていたコモドール・ホテルのスイートルームに着いた彼は、古い弁護士仲間のイライジャ・ゾリーンに連絡を取り、二、三の人物と顔をつないでもらえるよう頼んだ。事業が全国規模になったので、全国をカバーできるような〝保険〟が必要になったのだ。全米最大のバーボンの運び屋が買おうとしていた〝保険〟は、なんとハリー・ドーアティ、合衆国司法長官だった。

リーマスがゾリーンと会ったのは、ゾリーンの知り合いのポーカー仲間でウォレン・ハーディング大統領（一八六五〜一九二三）の飲み友達であるジェス・スミスとつながるためだった。スミスはドーアティの幼なじみで、ドーアティやハーディングとともにオハイオ州の政治舞台で出世街道を歩んだ。ハーディング政権の主要な情報管理者（ゲートキーパー）のひとりであり、面会を取りつけるのがほぼ不可能と言われた人物である。

　スミスは禁酒法にもかかわっていたので、リーマスに必要な許可証を手に入れることができた。スミスはいわゆる「裏の顔を持つ」男だった。それはハーディング政権の禁酒局長を務めたロイ・ヘインズも同様で、ヘインズはときおり公務を外れてバーボンの運び屋になった。武装した連邦公務員に護られながらスミスがバーボンを運んだ先は、「Kストリートの小さな緑の家（リトル・グリーン・ハウス）」として知られる、ハーディングやドーアティとともに集まってポーカーに興じた場所だ。ハーディング大統領はかなりの酒豪であり、ワシントンではやがて、ホワイトハウスに持ち込まれるバーボンの大半はリーマスが出どころらしいとの噂が立つようになる。

　スミスと面会したリーマスは単刀直入に切り出した。もっと許可証を発行してほしい。スミスはそれに応じた。ただし、とスミスはつけ加えた。ひとつはっきりさせておきたいが、用意できるのは許可証だけで法的保護までは無理だ、と。ところが一歩先を読んでいたリーマスは、スミスの目の前に五万ドルの現金を積んだ。スミスはふたたび片手を差し出し、君は安全だと告げた。捜査や逮捕、運が悪ければ起訴ぐらいはあるかもしれない――弁護を受けるために出廷を要するかもしれない――だが、刑務所行きになることだけはないと約束したのだ。こうしてバーボンは、ほかの業界と同じように、規制をかわす方法を見つけつつあった。

　司法長官の借金を肩代わりしたおかげでリーマスは差し当たり安全圏に身を置くことができた。ずいぶんと大胆な手口だが、当時の彼にとってはさもありなんという話だった。リーマスはけっして中途半端なことはしなかった。一九二一年の大晦日、リーマスとイモジンはギャッツビーのモデルと言われるのも納得できるような豪勢なパーティを開いた。ふたりは新居の改築を終えたばかりだった。それは灰色の石づくりの三一部屋を有する広大な豪邸で、本格的な屋内プールがあり――大理石の柱が並ぶ古代ローマの浴場を模したプールで、椰子の木や熱帯の植物を三日月形にこんもり配していた――それだけで一〇万ドルをかけていた。フルオーケストラの演奏を背景に聴きながら、一〇〇組のゲストが熱気に包まれた豪邸で年の変わり目を祝った。シンクロナイズド・スイミングのプロ選手たちが水中バレエを披露するなか、千鳥足のイモジンが飛び込み台からプールに飛び込み、大きな水しぶきがあがった。リーマスは満面の笑顔でゲストたちとともに拍手を送った。一同に向き直り、じつはずっとこんなふうにプールに入ってみたかったんだと告げると、妻の隣に飛び込んでタキシードをびしょ濡れにした。

もちろん、禁酒家のリーマスはそんなお祭り騒ぎに夜通しつき合うことはできず、時報が新年を知らせてパーティが最高潮に達すると、そっと会場を抜けだして図書室で読書をはじめた。そして空が白みはじめた頃に階下にもどり、まだ居残っているゲストたちが豪華なパーティ土産について噂し合っているのを見て、彼らが外に出たら土産を確かめられるように、使用人に言ってゲスト全員に上着を返した。そうして連れ立ってドアの外に出た一同は、朝日に目をしばたたかせながら、一〇〇台の真新しい車がずらりと前庭に整列しているのを目にしたのだった。

スミスの約束通り、リーマスの安全はしばらくのあいだ守られた。リーマスは公然と商売を続け、警察の手入れや路上尋問にあうとこれみよがしに正式書類を取り出した。そしてスミスが警告したとおり、リーマスは起訴された。羽振りがよすぎるので、司法次官補メイベル・ウィルブラントに目をつけられたのだ。いかにも賄賂の効かなさそうなウィルブラントは、彼を利用して前例をつくることをもくろんでいた。リーマスはさほど心配はしていなかったものの、念のために全資産の管理をイモジンに委ねた。スミスからは、容疑は晴れるから心配するな、と折に触れて連絡が入った。

ところが、スミスの言葉と裏腹にウィルブラントの訴訟は白熱の一途をたどった。リーマスの事業はもはや巨大化しすぎて隠しきれなくなっており、ウィルブラントはその事業内容にくわしい証人から証言を集めていた。一九二二年四月一五日、リーマスは連邦大陪審によって正式に起訴された。それでもスミスは心配するなと言った。体面上、派手に起訴する必要があるだけで、実刑を食らうことは絶対にない、減刑か判決そのものが無効になるだろう。万が一のときも、自分がいつでも恩赦を出せるから、と。

五月一六日、有罪判決が下り、リーマスはアトランタでの二年の実刑を言い渡された。リーマスは終始笑みを浮かべていた。スミスとイモジンがいるかぎり安心だと思ったのだ。だが、五月三〇日、パジャマ姿のスミスが死体で発見された。銃で撃ったときに血が飛び散らないよう頭をゴミ箱に突っ込んで。以前から病を患っていた彼は、みずからこの世を去ることを決意したのだった。

頼みの後ろ盾を亡くしたジョージ・リーマスは刑務所に送られることになった。全財産はいまや、彼が法定代理権を与えたイモジンが握っている。彼女がすべてを持ち逃げする可能性もあった。リーマスが獄中にいるあいだに、四〇〇〇万ドルの資産価値を持つ密売シンジケートを奪われるかもしれないのだ。だが、リーマス自身はほとんど心配していなかった。白人の特権階級が収監される刑務所に落ち着いた彼は、刑期を利用してダイエットでもするつもりでいた。イモジンもきっとたびたび面会に来てくれるだろう。

滑り出しは順調だった。イモジンは有能な代理人で、自身が取り調べを受けるはめになったときもうまく摘発をかわした。やがて自分の有罪判決を取りまとめた男の名を知ったリーマスは、仮釈放を求めることにした。フランクリン・ドッジというその男は司法省の有望株で、刑務所内の情報通によると「近づきやすい」相手らしい。リーマスはイモジンに頼んでドッジと接触した。

イモジンは確かに言いつけを守った。だが、なにかがおかしいことにリーマスは気づいた。どうも妻は自分の仮釈放を熱心に訴えているようには見えないのだ。ところが、伝え聞く話によると、ドッジとはしょっちゅう会っているらしい……釈放の二日前、彼はイモジンが離婚を申し立てていることを知った。そして釈放後、妻を問い正そうとしていたリーマスを、連邦当局が大昔に葬り去ったはずの件で再逮捕した。リーマスはすぐにもう一年の刑期を課せられた。ドッジはそのあいだに官職をやめ、リーマスの許可証を使ってイモジンと酒を売りはじめた。はじめは夫に頼まれてドッジに近づいたイモジンだったが、ふたりは恋に落ち、刑務所長の事務室ではじめて関係を持ったという。怒り狂うリーマスのもとに、さらなる噂が届きはじめた。イモジンとドッジが彼の殺害計画を立てているという噂だった。

◉

仮釈放で出所したリーマスが帝国の再建のためにまず着手したことは、イモジンへの復讐として、ジャックダニエル蒸溜所の樽の中身を抜いた一件への彼女の関与を立証することだった。その次は、イモジンと一対一で会うことだ。離婚の手続きのためにときどき会ってはいたが、それは軍部の首脳会談さながらに両者とも護衛をしたがえての面会だった。やがて、イモジンが娘と泊まっているホテルを突き止めた彼は、運転手に命じてホテルに向かった。だが、到着した彼の目の前でイモジンと娘はタクシーで走り去ってしまう。アクセルを踏め、と彼は運転手に告げた。

リーマスの乗った車はすぐにタクシーをとらえた。リーマスは飛び出してタクシーに走り寄ると、逃げるイモジンを追って坂をのぼり、ついに追い詰めた。イモジンは振り返って命乞いをした。その腹にリーマスはピストルをぐっと押し込んだ。引き金を引いてもほとんど音が漏れないほど深く。

妻を銃殺したリーマスはすみやかに出頭した。イモジンが病院で息を引き取ったことを警察で聞かされた彼は、こう返したという。「破滅の道を進んだ女は、破滅の道で死ぬのが当然だ。二年ぶりに心が安らいだよ」

かつて刑事事件の弁護士を務めていたリーマスは、殺人罪で裁判に臨むつもりだった。過去のクライアントには心神喪失で無罪を勝ち取ってきたが、自分に同じ手を使うつもりはなかった。プライドの高い彼は、イモジンの殺害は正気のもとに行なったことであり、「社会に対する借りがある」と主張した。けれども、彼が弁護人に雇った前シンシナティ地区検事長のチャールズ・エルストンは、もっと冷静なアプローチで最終的に勝訴をもぎ取った。エルストンは、これほどの事件に心神喪失を主張しないのはそれこそ心神喪失状態である証拠だという論を張ったのだ。

そんな有能な弁護団をつけていたにもかかわらず、リーマスは訴訟の大半に異議を申し立てた。

陪審員たちは「恰幅がよく禿頭でしゃがれ声のジョージ・リーマス弁護士が、恰幅がよく禿頭でしゃがれ声のジョージ・リーマスを殺人罪で告訴するのを聞いた」と、『タイム』は報じた。非情にも娘の目の前で殺されたというのに、陪審員が被害者に同情しないので検察は苦労していた。リーマスの弁護団の戦略は完璧だった。シカゴの弁護士時代からの知り合いである人気弁護士クラレンス・ダロウまで引っ張り出して、リーマスの人柄を証言させたのだ。エルストン検事長自身も弁舌巧みに隙のない議論を展開し、リーマスがあのような行動を取ったのは「心神喪失の結果であるとしか考えられず、そもそも正気な男も正気でなくなるような一連の環境と行動に原因がある」と陪審員に訴えかけた。

陪審員はその意見を受け入れ、リーマスは無罪になった。「アメリカの正義よ！　ありがとう！」とリーマスは思わず被告人席から叫んだ。『シンシナティ・ポスト』紙はそこまで楽観的ではなく、「シカゴの密売人、シカゴ流の評決を勝ち取る」という見出しの記事を載せた。

一時的な心神喪失。それまでの一〇年間を総括したような表現だったが、ともかくリーマスはその一〇年間の出来事から自由になることができた。だが、かつての商売に戻ろうとした彼は、もう遅すぎたことを思い知った。穴は塞がれ、かつての仕事場は自分と縁のない者たちが仕切っていた。ルイス・ローゼンスティールのような新顔が医療用ウイスキーで荒稼ぎし、アル・カポネなどのギャングたちが権力の階段をのぼっていた。

アメリカ各地で起きていた残忍さを増すギャングの抗争に比べたら、イモジンひとりを殺しただけのリーマスの暴力など色あせて見えた。一九二九年のシカゴの聖バレンタインデーの虐殺では、警官に扮したギャングが抗争相手七人を殺害した。そうした事件が起きるたびに、禁酒法は失策であり、抵抗すべきだという雰囲気が広がっていった。廃止を求める声はますます高まった。

禁酒法廃止を推し進めた中心人物は――言うなれば廃止運動の〝ウェイン・ホイーラー〟は――ポーリーン・サビンという女性だった。アメリカ最大の製塩企業モートン・ソルトの資産相続人でJ・Pモルガン社長夫人であったサビンは、共和党全国委員会のはじめての女性会員で、かつて禁酒法支持者として熱心に活動していた。だが、大半の理性的なアメリカ人と同様に、やがてこの法律を徹底するのは無理だと知るようになる。リーマスが「禁酒法は偽善」との立場で犯罪企業を正当化したように、サビンも、徒労と知りながらこの失策を続けるのは「偽善をこの国の支配的な力としてあがめる」ことだと指摘した。

サビンは、自分と同じように、以前は禁酒法を支持していたものの、いまは反対派に転じた女性たちを集めて組織した。大半は同じ上流階級出身の女性だった。彼女たちは全国を行脚して、廃止運動が知性的で洗練された活動のような印象を植えつけた。一九二九年に株式市場が崩壊して世界大恐慌が起きると、サビンは禁酒法を廃止すれば大幅に税収が増えると訴えはじめた――禁酒法の取り締まりに年間四〇〇〇万ドルの予算が費やされ、犯罪者のために毎年一〇億ドルの税金が使われているのだから。政府はその意見を聞き入れ、政権交代前のレームダック期に憲法修正第二一条を可決させた。そうして国は舵取りの間違いに気づき、適切な進路へ方向を変えた。サビンはその間違いに気づいた国民の代表であり、バーボンの帰還の陰で活躍した功労者だった。一九三三年に酒がふたたび合法になったのは、少なからず彼女によるところが大きかった。

ジョージ・リーマスは、最初にドラッグストアを買ったケンタッキー州コヴィントンと、たまにドッグレースで訪れるマイアミとを行き来しながら、比較的穏やかな余生を送った。そして一九五二年に静かにこの世を去ったとき、もう一度だけ新聞の一面を飾った。『シンシナティ・エンクアイア』紙は彼の死をこう報じた。「伝説のジョージ・リーマス逝去、巨万の富を築いた密売王」。この見出しは、アメリカの歴史が同じことを繰り返しているにすぎないことを暗に語っている。富を築いては失い、教訓を学んでは忘れる、その繰り返しがアメリカという国なのである。

第12章　復活と苦難

「バーボン・カウンティ」のへそにあたるケンタッキー州ネルソン郡には、起伏に富む田園地帯に無数の聖母マリア像が立っている。じつのところ、そのカトリックの番人が人々の家や中小の企業を見守っている場所は、ルイビルのまわりの郡に集中している。ジェファーソン郡、ブリット郡、フランクリン郡、ウッドフォード郡、アンダーソン郡。今日、ケンタッキー州中北部のこの小さな一画が世界のバーボンの九五パーセント近くを生産しており、その牧歌的な風景一帯に点在する聖母マリアの彫像は、古いバスタブを横半分に切って立てた間に合わせの祭壇に祀られている。地元の人々が殻つき牡蠣をもじって「殻つきマリア像」と愛着を込めて呼ぶこのマリアたちが、バーボンの英雄であることはあまり知られていない。

昔から、さまざまな宗教的背景を持つ蒸溜業者がこの地にやってきたが、いつの時代もカトリックの影響は強かった。現在のバーボン生産地周辺が開拓されたのは、下見もしないままメリーランド州の人々が土地を購入した一八世紀の終わり頃のことである。メリーランド州は、古くは迫害されたカトリック教徒が暮らす植民地で、住民は若い息子たち、とくに何人もの兄がいて家業を継ぐことができない弟たちを送り込む土地を必要としていた。そうした息子たちのひとりだったデイヴィッド・バードが、一七七〇年代にケンタッキー州セイレムを開拓した。やがて彼の開拓地は「バーズ・タウン（バードの町）」と呼ばれるようになり、それが今日のバーズタウンを中心にしたネルソン郡になった。バーズタウン教区ができたのは一八〇八年。ボストン、フィラデルフィア、ニューヨークと並ぶ合衆国の四大教区のひとつとして、アレゲーニー山脈以西におけるあらゆるカトリックの活動の中心地となった。

そのバーズタウンの外れに、ゲッセマニ修道院というトラピスト会の修道院がある。『七重の山』［工藤貞訳。一九六六年、中央出版社］の著者として有名な、ジャズ好きの修道僧トマス・マートンが暮らした場所だ。第二次世界大戦後、マートンは異教徒の信仰を学んで社会正義を広めるために世界を旅し、その縁で今日、この地域には仏僧がたくさん集まっている。トラピスト修道院はビールやチーズやフルーツケーキなどの食べ物を手づくりして売ることで生計を立てるのが常だが、ゲッセマニ修道院の場合はバーボン・ファッジ［キャラメルに似た甘い菓子］だった。実際、院のまわりには叫べば声が届きそうな距離に蒸溜所がいくつもある。ジムビーム、ヘブンヒル、ワイルドターキー、ブラウンフォーマン、フォアローゼズ、メーカーズマーク。西に一時間ほど車を走らせれば、バッファロー・トレースとウッドフォード・リザーブもある。

禁酒法廃止後、アメリカのカトリック界はアルコールに対して寛容な態度を取り、ケンタッキー州中北部でウイスキーづくりが復活する助けになった。禁酒法時代、バチカンは声をあげてアメリカの政策を非難し、禁酒法の維持にどこよりも力を尽くしていたプロテスタント勢の激しい怒りを買った。その一方で、議会は都市の（そしてウェット派の）人口増加をより正確に反映したメンバーに構成し直されていた。

　禁酒法の廃止は禁酒法活動者にとって打撃だったが、その後も彼らは大きな力を持ちつづけた。一九三六年、ホイーラーが草の根キャンペーンで利用した自治体選択権法をまだ認めていた三一州で、ドライ派が三〇〇〇か所で住民投票を進め、その半分で勝利し、南部の各地やテネシー州のような蒸溜業の中心地にウイスキーを復活させる試みをつぶしてまわった。彼らはケンタッキー州でも猛威を振るったが、古いバスタブに住む聖母マリア像に護られた地域はその影響をあまり受けなかった。ケンタッキー州は、一二〇郡のうち八六郡――多くは今日のバーボン地帯（ベルト）を取り巻く地域にある――が一九六〇年代までドライ・カウンティ（禁酒郡）であった。また、四八郡は二〇一四年の時点でもドライである。

　ケンタッキー州とバーボンは昔から特別な関係にあるが、そのふたつが本当の意味で同義語になったのは禁酒法の廃止後である。ケンタッキー州のバーボンの評価は昔から高く、それに並ぶバーボンのつくり手はペンシルベニアやメリーランドなど一部の州に存在しているだけだった。だが、そうしたつくり手も禁酒法時代に入ってすぐに減ってしまった。* また、東部の多くの蒸溜所やシンシナティやシカゴの蒸溜所は大都市が近くにあった。その事実もケンタッキー州にはプラスに働いた。というのも、都市部を近くに控えたかつての競合業者の土地は、一四年間の放置に耐えられず、すぐに別の目的に転用されてしまったからだ。東部の蒸溜所の閉鎖はライ・ウイスキーの生産にも打撃を与え、結果としてバーボンの割合が増えることになった。[**] 禁酒法時代以前、バーボンは国内ウイスキーの売り上げの約七割を占めていたが、その数字は業界統合の力がケンタッキー州に有利に働くにつれてさらに伸びていった。かつては他州に負けていた生産量もほどなくトップとなり、ケンタッキー州の名声はゆるぎないものになった。

＊　彼らはライ・ウイスキーのつくり手として知られていたが、多くはバーボンもつくっていた。

＊＊　今世紀、ライ・ウイスキーの復活が歓迎されているが、それは禁酒法時代までライ・ウイスキーこそがアメリカのウイスキーの主役だったという現代の神話が影響している。

禁酒法廃止後のウイスキー業界は廃止前とまったく様相が違った。今日の酒屋に並ぶブランドは、どんなに古い年号がボトルに刷られていようと、ほぼすべてが廃止後に生まれたものだ。オールド・フォレスターのような老舗ブランドでさえ設備を一新した——酵母菌を新たに培養して蒸溜所の土地を新しく取得し、製法にもあちこち手を加えた。商品としてのDNAはそのままかもしれないが、禁酒法時代前にルーツを持つブランドで、バーボンの味が一九二〇年以前とまったく同じというところはない。美容整形のメスは全体に入ったのだ。

F・スコット・フィッツジェラルドは、「アメリカ人の人生に第二幕はない」と書いた。ジョージ・リーマスの運命からそう感じたのかもしれないが、その意見は間違っている。アメリカ人は、ゴルフの第二ラウンドと同じくらい人生の第二幕も好きである。禁酒法が明けると、バーボン業界は新たなスタートを切った。北ケンタッキーの聖母マリア像はバーボンの喪失を嘆くでもなく、静かにその復活を待っていた。

禁酒法が廃止されると、世界中の国々がアメリカに襲いかかってきた。あの大酒飲みで大量消費の国がふたたびアルコールを買う気になったのに、自国の供給量がわずかなのだ。経済恐慌のさなかでも合衆国は世界のどこより蒸溜酒を消費しており、その大半はウイスキーだった。ビールとジンはすぐに製造できるからいいものの、熟成ウイスキーは医療用の在庫の残りが需要の四分の一程度しかない。アメリカはウイスキーを輸入せざるをえないだろう。世界中の国々は、餌の奪い合いがはじまるのを待ちわびていた。

最初に動いたのはスペインだった。マドリッドのスパニッシュ・ワイン・インスティテュートはアメリカの電話帳を一セット買い取り、禁酒法が公式に廃止される一か月前にパンフレットを郵送した。アメリカでスペインワインの人気に火がつくことに賭けたのだ。斬新な試みだったが、残念ながらアメリカ人はガルナッチャ種［スペイン原産のワイン用ブドウ品種］で喉を潤そうとはしなかった。スコットランドやカナダの大手ウイスキー生産者が大手を振って近づいてくると、スペインは脇に押しやられてしまった。

フランクリン・デラノ・ルーズベルト（一八八二〜一九四五）は、経済のテコ入れにアメリカのウイスキー市場を利用した。大統領選の期間中に、低迷する経済の立て直し策として禁酒法の廃止が法案化され、ウイスキーは国際貿易交渉での切り札として活用された。ルーズベルトの新しい行政府通商政策委員会は、イギリスなどの貿易相手国に、スコッチ・ウイスキーの輸入はアメリカが輸出する豚肉とバターを買ってくれるかどうかにかかっていることをほのめかした。依然としてはびこっていた密造を絶つために、貿易障壁も下げられた。アメリカの蒸溜業者は国内需要量の三倍のウイスキーをせっせと生産して熟成させていたものの、日常的なウイスキー不足は禁酒法廃止後から一〇年間続いた。一九三〇年代半ばにはきわめて若いウイスキーが酒屋に並ぶようになったが、最上級のものが出てくるのはまだ何年も先だった。

投機家たちはウイスキー市場に群がった。イリノイ州が憲法修正第二一条（第一八条の廃止）を承認した二四時間以内に、カナディアンクラブに代表されるカナダの酒類会社ハイラム・ウォーカーがピオリアに巨大な蒸溜所を建設すると発表し、自社の株価を二七〇〇パーセント押し上げた。同じくカナダ企業で世界最大の蒸溜業者であるシーグラムもそれに続いた。アメリカの企業では、医療用ウイスキーの残り分として国内の熟成ウイスキー在庫の五〇パーセントを保持していたナショナル・ディスティラーズの株価が一七ドルから一一七ドルまで七〇〇パーセント近く値上がりした。そして、ナショナルのシートン・ポーター社長は『タイム』誌の表紙を飾った。国内ウイスキー在庫の二五パーセントを抱えていたシェンリーは、スコッチのデュワーズをはじめとする海外ブランドの貴重な輸入権を獲得した。

ジェファーソン派とハミルトン派の長きにわたる争いという点で見ると、禁酒法廃止はハミルトン派の完全勝利だった。禁酒法時代以前にケンタッキー州で営まれていた二〇〇近くの蒸溜所のうち、一九三三年に再開したのは半分にすぎず、多くは熾烈な統合ブームで求められる多額の資本を用意できずにつぶれていった。カナダ企業の参入に応じて起きた業界再編によって、〝ビッグ・シックス〟は、ナショナル、シェンリー、シーグラム、ハイラム・ウォーカーの〝ビッグ・フォー〟につくり替えられた。ジョージ・T・スタッグはシェンリーの傘下に加わり、〝ビッグ・シックス〟の残り二社――ブラウンフォーマンとA・Ph・スティッツェル・ディスティラリー――はやや影が薄くなった。それでも十分な力を持っていたともいえるが、業界の巨人（ゴリアテ）たちの体力には遠く及ばなかった。

一方で、それよりずっと小さい独立系の蒸溜所も確かに存在した。大半は〝二幕目〟の挑戦者になり、禁酒法の廃止をビジネスチャンスと見たり、禁酒法以前の会社を再興させようとしたりしていた。カードは切り直され、ジムビームのようなまずまずの成功をおさめていた独立業者にも――評価はされているが、認知度は高くない――仕切り直しのチャンスがめぐってきていた。新たなページはまだ真っ白だった。時機をとらえてうまく立ちまわったり、うまく資金調達をして賢い相手と組んだりすれば、それがそのままページの中身となる可能性もあった。小さな事業者でも正しくカードを操れば、大企業に成長するのも夢ではなかったのだ。

◉

一九三三年、ジム・ビームは七〇代になっていた。くたびれた老体ではあったが、禁酒法時代の終わりを待ちながら生活のために働いていた採石場を喜んで去ることにした（彼はフロリダの柑橘園事業にも手を出したが、あまりうまくいっていなかった）。ビーム一族のほかの身内はカナダやメキシコに移って酒づくりをしていたが、禁酒法廃止後には戻ってくることになっていた。

ビームは、同業者の多くが離れたビジネスに戻った。ほかにはレズリー・サミュエルズ（その息子が二〇年後にメーカーズマークを創業する）、トム・ムーア・ディスティラリー、A・スミス・ボウマンなどが独立して蒸溜業を営んでいた。ビームのような老人には蒸溜業しかなかった。よいウイスキーのつくり方を知っていることは彼の誇りであり、採石場や失敗した柑橘園の一件から、その歳で生計を立てるにはウイスキーしか手段がないこともよくわかっていた。しかし、事業を軌道にのせるためには資金が必要である。バーボン地帯にあるものと言えば、いくばくかの農地と採石場、「正真正銘の伝統」と呼ばれるもの（これはたっぷりある）、そして聖母マリア像がひと揃いぐらいだった。

ケンタッキー州の多くの小規模蒸溜業者もビームと同じ境遇にあった。ケンタッキー州には、長年蒸溜酒をつくりつづけてきた由緒正しい一族が多い。ビーム一族の場合、ウイスキーづくりのルーツは開拓時代までさかのぼることができる。一七八〇年代にメノナイトのドイツ人農夫ジェイコブ・ビームがその地に移住したのがはじまりだ。かつての蒸溜一族の大半は、当初は農業の副業として自然な流れで蒸溜をはじめ、それが時間をかけてビジネスに発展したのである。だが、禁酒法廃止後、再開のハードルはぐっと高くなり、多額の資金も必要になった。蒸溜の専門知識以外にビームやケンタッキーの古い蒸溜一族が売れるものといえば、自分たちの名前が醸し出す「伝統」という稀少価値ぐらいだった。禁酒法で壊滅した産業において古い名前の持つ絶対的な安定感は大きな資産であるとはいえ、そんな古い名前に金を出す者などいるのだろうか？　いるとしても、よっぽどの篤志家を見つけないと生きのびるのは難しい。

投資家はたいていケンタッキーの北に弦月形に位置する工業都市、シカゴ、シンシナティ、ニューヨークからやってきた。彼らは金は持っていたが、ウイスキーづくりについては無知だった。古い蒸溜一族はその逆だったので、投資家と蒸溜一族との事業提携ブームが巻き起こった。そうした新しい結婚を、ヘンリー・フォードはいろいろな意味で最悪の悪夢だと思ったことだろう。ユダヤ人の名前が――アベルソン、ブロンフマン、ゲッツ、レーマン、ローゼンスティール、シャピラー、ワートハイマー――大挙して押し寄せ、現金と引き換えに開拓時代から続く一族の蒸溜所の名称をさらっていく。だが、フォードのような反ユダヤ主義者の心配をよそに、そうした投資家たちはアメリカの遺産の一端を壊すどころか、むしろ残すことに協力的だったのである。

求婚は、書類の山と格闘する弁護士の立ち会いのもとで行なわれた。ビームに求婚した相手はシカゴから来たフィリップ・ブルーム、オリヴァー・ジェイコブソン、ハリー・ホーメルの三人。三人のシカゴ男は一万五〇〇〇ドルを共同出資し、ビームの合意を取りつけた。投資家三人が会社の全権利を保有し、ジム・ビームとその息子のT・ジェレマイアが蒸溜所を経営する。こうして、一九三四年八月、ジェイムズ・B・ビーム・ディスティリング・カンパニーが設立された。

この合意は理想的だった。ビーム一族は本来の仕事に復帰し、会社の事業のウイスキーにかかわる部分を任された。投資家たちは一歩引いて投資対象を見守り、きちんと利益を出しているかをときどき確認することだけで満足していた。一九四一年、ホーメルとジェイコブソンは自分たちの株をおよそ一〇〇万ドルでブルームに売り、ブルームは将来はるかに値が上がると思われるブランド名の全権利を握ることになった。

伝統は大切だが、一方で禁酒法の廃止は、会社の未来にはそぐわない歴史を捨て去る格好の機会になった。禁酒法時代以前、ビーム家のウイスキーでもっとも売り上げがよかったのはオールド・タブというブランドだった。それなりに成功していて評判もよかったが、傑出しているというほどではなかった。このウイスキーを禁酒法明けに復活させようとした時期もあったが、そのうち、ジェイムズ・B・ビーム・ディスティリング・カンパニーは権利を失っていることが判明した。かえってそれがよかったのかもしれない。ジムは、オールド・タブという食指があまり伸びない名称を葬り去り、新しい目玉ブランドにジム自身の名前をつけた。

ビームの出資者は伝統を金で買えることを学んだが、別の手段で伝統を手に入れる方法を見つけ出した者もいた。当面は「貸し出し可能な伝統」を使い、本物の伝統が育っておむつが取れたところで入れ替えるという方法だ。たとえばこんな感じだ――まず、ケンタッキー州の開拓者の物語でブランドをはじめる。それから自社の本物の物語が成熟したところで、少しずつそちらと入れ替える。この戦略を採用したヘブンヒルはやがてビームと並んで禁酒法廃止後のもっとも重要な新興企業のひとつとなった。ビームと同じく、ヘブンヒルも最初はブランドがひとつかふたつの小さな会社だった。だが、その後数十年かけて数多くのブランドを買い集め、自分たちでも新しくつくり出した。

ヘブンヒル社は、シャピラー家の五人兄弟――エド、デイヴィッド、ゲリー、ジョージ、モーゼズ――と外部の投資家数人によって設立された。シャピラー家はルイビルで小さなデパートのチェーンを営んでいたが、禁酒法が廃止されたことで、いまならウイスキーへ投資するのが賢明だろうと判断した。ヘブンヒルの社長マックス・シャピラーが七五年後に語った話では、彼らは「箱と樽の区別もつかなかった」そうだが、それがわかる人々がどこに行けば見つかるのかは把握していた。シャピラー家はジョセフ・ビームをはじめとする数人のビームの縁者（家系図で数本ほど離れたジム・ビームの親戚）と契約を交わし、自力で蒸溜所を建ててウイスキーをつくりはじめた。

最低限の環境が整ったところで、ヘブンヒルは伝統を探しはじめた。「新しい」ウイスキーの会社などありえないことをシャピラー家は知っていた。バーボンの飲み手はとにかく伝統を求める。少なくとも、大昔からあるように見えるブランドを欲しがる。ヘブンヒル社にも――新たにひねりだしたものでもいいので――何らかの歴史が必要だった。そして兄弟が見つけたのが、ウィリアム・ヘブンヒルだった。蒸溜所を建てたその土地で一世紀前にウイスキーをつくり、この世を去って久しい農民蒸溜業者だ。ウィリアム・ヘブンヒルの生い立ちは兄弟の目的にぴったりだった。彼は一七八三年、開拓地がアメリカ先住民に突然襲われたときにこの世に生を受けた。母親は森のなかに逃れ、滝の裏に身を隠して彼を産んだのだ。写真で見るウィリアムの姿は、まさに伝説の男だ。手入れをしていないあごひげはイバラの茂みのようにもじゃもじゃで、もつれ合った毛のなかに鳥の群れでも住みついていそうだった。蒸溜所は彼の名にちなんでヘブンヒル（Heavenhill）と命名されたが、創業してまもない頃に単語ふたつのヘブンヒル（Heaven Hill）になった。同社に伝わる話によると、タイピストが最初の蒸溜許可証を作成中に誤ってタイプしたのがその理由だという。だが、当時のヘブンヒルには正しい社名を申請し直す余裕がなく、ウィリアム・ヘブンヒルの時代の辺境で実践されていた実利主義にならって、そのままでいくことに決めたのだった。

そうしてヘブンヒル社は、一世紀前にジェイムズ・ペッパーが証明したように、ウイスキーのビジネスにおいては本物らしく伝統があるように「見える」ほうが実物よりも重要であることをまたしても証明してみせた。架空の背景物語をつくりあげつつ出資金を増やし、後世の企業が超えるべきハードルを引き上げた。また、ブレットは一九九〇年代につくられたブランドだが、一八六〇年代から続いているようなイメージを打ち出した。テンプルトン・ライがアイオワ州で創業したのは二一世紀初頭だが、消費者にはアル・カポネが飲んだのと同じウイスキーであると伝えている（実際はMGPIのソーシング・ウイスキーである）。今日の酒屋の店頭で見かけるミクターズは一九九〇年代にできたブランドだが、外部の供給業者から仕入れた古いウイスキーの在庫をソーシングすることで熟成の風格を加え、ラベルには一七五三年と印刷している。だが現実には、ミクターズというブランド名は一九五〇年まで存在しなかった。ルー・フォアマンという酒類企業の経営者が、自分の息子のマイケルとピーターの名前を組み合わせて考案したのがはじまりだ。フォアマンの所有していた――現代のブランドとは無関係の――ミクターズの工場は、一七五三年にペンシルベニア州のヨハン・シェンクという農民蒸溜業者が取得した土地に建っていた。当時の農民の多くの例にもれず、シェンクも小さなポットスチルを持っており、余った穀物を蒸溜酒にしていた。その蒸溜酒をシェンクはジョージ・ワシントンの部隊に売っていたのではないかと歴史家は考えている。シェンクとはまったく無関係に、古い農場に一時期建っていたというだけのブランドの失効した商標権を買ったことで、今日のミクターズは、自社のウイスキーを独立戦争中にジョージ・ワシントンに売っていたかのような言い方をしている（現在のミクターズの本社はペンシルベニア州にすらない）。そして、たくさんのブランドがそうした物語によって大きな成功を収めている。

多くのブランドは外部に生産委託したウイスキーで商売をはじめたが、一九三〇年代のヘブンヒルは自社でウイスキーをつくるところからはじめた。そのために新しい蒸溜所の常として、最初はきわめて若いウイスキーの売り上げを当てにせざるをえなかった。バーボン・フォールズというわずか二年熟成しただけのブランドを一時的につくり、それを頼りに事業を続けた。やがてバーボン・フォールズというブランドはしだいに市場から消え、一九四〇年代に入ると、代わりに蒸溜所名を冠した四年熟成のバーボン・ブランドが登場した。また、ヘブンヒルは卸売り向けのウイスキーも生産し、酒屋やバーの注文に応じたブランドもつくった。

一九四三年、ヘブンヒルの基盤はさらに安定し、設立当初の投資家たちは持ち株を売ることにした。するとシャピラー家がその株を買ってさらに事業を拡大した。それから数十年をかけて、ヘブンヒルはほかの企業が必要としなくなったブランドを買い取りながら、昔の伝説的人物の名前をつけたブランドを新しく立ち上げるという戦略を続ける。一九五七年にはエヴァン・ウィリアムスを商品化し、その後も、エライジャ・クレイグ、ヘンリー・マッケンナー、J・T・S・ブラウン、マッティングリー&ムーアといったブランドを立ち上げたり、買い取ったりした。いまでは、ファイティング・クック、オールド・フィッツジェラルド、ラーセニー、リッテンハウス・ライ、パイクスビル・ライ、メロウコーンを傘下に持ち、ラム酒、ウォッカ、ジン、テキーラ、それ以外のウイスキーの数十ものブランドを所有している。また、生産は委託して販売を自社のブランド名のもとに行なう製造者のウイスキーも多く受託生産している。二〇〇〇年、ヘブンヒル社は自身のユダヤ名が売り上げにマイナスになると考えたあのウイスキー界の伝説的人物、アイザック・ウォルフ・バーンハイムを称えて自社のウィート（小麦）ウイスキーにその名をつけた。二〇一四年現在もヘブンヒル社は家族経営のままで——その栄誉を誇れるアメリカ最大の蒸溜所だ——国内第二の量の熟成ウイスキーの在庫を抱えている。そして、ビーム一族の子孫がいまも蒸溜責任者として働いている。

時とともに、ヘブンヒルはウィリアム・ヘブンヒルの物語を隅へと押しやっていった。今日、蒸溜所が強調しているのはシャピラー兄弟の物語であり、ウイスキーの会社にふさわしい風格がようやく備わった兄弟の写真を前面に出している。写真のなかで兄弟五人は樽を囲んで立っている。スーツのジャケットを脱いでいるのでかしこまった感じはないが、きっちりと櫛を入れた髪型はウィリアム・ヘブンヒルのもじゃもじゃのあごひげと好対照である。写真の下の説明はこんなふうに書かれている。「ついにシャピラー兄弟は正真正銘のウイスキー人となったのだ」

◉

ウイスキーの会社が復活するにつれて——もしくは手っ取り早く創業されるにつれて——ウイスキー業界は新しいイメージを模索しはじめた。これまでは大半が過去のろくでもないイメージを引きずっていた。市場を独占しようとしたとか、家庭内暴力などの社会問題と結びついているといったイメージが禁酒法活動家とのあいだに軋轢も生んだ。

イメージチェンジはまず、高級感を強調することからはじまった。シェンリーの重役ウォルター・

グリーンリーは「酒を売るときは品質のアピールにもっと重点を置くべきだ」と同業者に語った。また、ショーウィンドウの見せ方に気を配って「安っぽくけばけばしい容器は避けたほうがいい」と忠告した。ハンター・グウィンブルック・ディスティラリーのミラード・ベネットは部下の営業部隊に、自社のブランドを「高級品として売り、ウイスキーは石鹸のように買ったり使ったりするものじゃないと販売業者を説得してまわれ」と命じた。

一九三五年、ケンタッキー州の蒸溜業者のある団体が業界誌の『スピリッツ』に謝罪文を掲載した。ジョゼフ・グリーンハットのウイスキー・トラストと闘うために独占を図ろうとした過去について謝罪したものだった。独占を図ったのは無節操な業界に秩序をもたらすためではあったが、実際に起きたことは「机上の計画通りではなかった」と消費者に説明し、世間に向けておわびを表明したのである。

異例の謝罪をきっかけにして、蒸溜業者は世間に向けて、自分たちは少年聖歌隊並みに純朴な集団なのだと訴えはじめた。「ケンタッキー州の蒸溜業者は、いまも昔も、ただのウイスキーのメーカーではありません」と、別の業界団体は公開書簡で国民に語りかけた。「ビジネスマンとしても類を見ない立派な集団です。そして、ケンタッキー州の蒸溜業で働く人々は、どの業界と比べても見劣りしない人々がほとんどです」。また別の有料広告にはこんな文章が載せられた。「正統的な昔ながらの手作業によるサワーマッシュのケンタッキー・バーボンをつくることができるのは、熟練したケンタッキー生まれの蒸溜職人だけである。なぜならバーボン・ウイスキーのつくり方を知っているのは、熟練したケンタッキー生まれの蒸溜職人だけだからである」

業界団体は美辞麗句を並べ立て、アメリカの心を取りもどそうとした。ある業界の推計によると、ケンタッキーの五大蒸溜業者は新しいメッセージを拡散するために、禁酒法廃止後の三年間だけで禁酒法以前にアメリカ全体で投資された額を超える金額を宣伝に使ったという。ダニエル・ブーンの時代がまさにそうだったように、言葉巧みにその魅力を誇張することにかけて、ケンタッキー州は群を抜いていた。こうしてウイスキー・メーカーは現代マーケティングの達人となりつつあった。

◉

このような復興と改革のさなか、ウイスキー業界は自らの方針転換がある種の混乱を招くことを覚悟していた。バーボンのブランドにとって、消費者に歴史と伝統を感じてもらえることは大切な資産の一部である。利口な蒸溜業者やマーケティング担当者は、そこをないがしろにはしなかった。一九三五年、ケンタッキー州蒸溜業の事業者団体は、伝統が壊されることへの消費者の不安を鎮めようと、新たな公開状を出した。そこにはこう書かれていた。「先人たちはほとんどの場合、経験にもとづく勘に頼って仕事をしていました」。古いやり方は美化されやすいが、でたらめで行き当たりばったりだったときもあると例外的に認めたのである。けれども、飲み手が心配することはない。「万一方針が変更するとしたら、それは最善の結果を得るためです」と団体は請け合った。それ以来、業界の変化はほとんど話題にのぼらなくなった。

医療用ウイスキーの許可証のもとにかろうじて生きのびていたA・Ph・スティッツェルは、そうしたウイスキー界の情勢の変化にとりわけ敏感で、自身も進化することを決めた。伝統を尊重するリップサービスもしたが、「創造性」という新しい方向へバーボンを導き、現在でも人気を保っている。禁酒法が廃止されたあと、A・Ph・スティッツェルは、禁酒法時代に提携していたNDPのW・L・ウェラー・アンド・サンズと合併した。新会社を率いることになった人物のひとりが、ジュリアン・〝パピー〟・ヴァン・ウィンクルというマーケティング担当者だ。ヴァン・ウィンクルは一八九三年にウェラーの会社でウイスキーの商売をはじめた。ウイスキーと縁のある家の出ではなかったが、「ただ仕事が欲しかった」のでマーケティング・マンとしてその仕事に就いた。ウィンクルは、立ち上げにかかわった新会社スティッツェル・ウェラーが味づくりで高い評判を築いた後年、そう語った。

スティッツェル・ウェラーが挑戦したのは、自信と創造性をもって変化に適応することだった。彼らはまず、ウイスキー不足を回避するために短い熟成期間でより味のよいバーボンをつくろうと試みた。バーボンがようやく飲み頃になりかける五年から七年ぐらいでしっかりした味のものができないかと模索したのだ。スティッツェルの考案した製法をもとに、蒸溜所は伝統的なバーボンの製法からライ麦をのぞいて、代わりに冬小麦を採用した。冬小麦を使うと熟成期間を少し短縮できるので、当時人気が高まっていたバーボンのために、ある種のスタイルの基盤を築けそうだとヴァン・ウィンクルは考えたのだ。

小麦はそれまでもウイスキーづくりに使われていたが人気は低かった。一九世紀はじめ頃の蒸溜業者は小麦の風味を評価はしていたものの、使わないほうがよいと忠告していた。というのも、価格が比較的高いわりにトウモロコシやライ麦に比べてアルコールへの転換率がよくないのだ。だが、経済的に不利な面はあっても、小麦が魅力的で繊細な風味を生み出すこともまた事実だった。熱帯の果物やココナッツのように甘くて馥郁とした香りは、ライ麦のスパイシーな香りと対照的だった。洗練された複雑な味わいという点ではライ麦と同じだが、舌に残る風味はやや軽い。ライ麦とトウモロコシのマリアージュがそれぞれをブレンドしたよりずっとすばらしいように、小麦もほかの穀物と組み合わせたときに最高の風味が引き出されることが多い。

一九四〇年代半ば、スティッツェル・ウェラーを陣頭指揮したマーケティングの専門家ヴァン・ウィンクルは、それまで開発してきたウィート・バーボンの生産に全社を挙げて取り組んだ。なかでも出来がよかったのはオールド・フィッツジェラルドで、四年、六年、八年熟成の三種類を一〇〇プルーフでボトリングしていた。ほかにはキャビン・スチル（四年、九〇プルーフ）、W・L・ウェラー・スペシャル・リザーブ（七年、九〇プルーフ）、ウェラー・アンティーク（七年、一〇七から一一四プルーフ）、そしてレベル・イエールを製造した。*

＊ 今日、ウェラー関連のブランドはバッファロー・トレースが製造し、レベル・イエールとオールド・フィッツジェラルドはヘブンヒルが製造している。

スティッツェル・ウェラーのバーボンは生産にかける手間と気配りが際立っていた。トウモロコシは一般的な蒸溜所よりも荒めに挽いた。そうすると香りが増すからなのだが、ブッシェル当たりのアルコール生成量が少なくなるので蒸溜所にとってはコストがかかる。また、樽には通常より分厚いオークの板を使った。こうすると、オークの香りがしっかりと染み込み、小麦の軽やかな甘さとバランスを保つ役目を果たす。樽詰めプルーフも比較的低い。高プルーフのものほどは稀釈できないので、これもまたコストがかさむやり方だが、その代わり風味が残り、樽からの化合物の溶出が少しだけ穏やかになる。また、スティッツェル・ウェラーはポットスチルを採用し、バーボンが「昔ながらの方法」で蒸溜されていることを大きく宣伝した。「昔ながら」とはいうものの、スティッツェル・ウェラーのウイスキーは多くの点でとても斬新だった。

スティッツェル・ウェラーは変化に適応することを余儀なくされたが、量より質を重視するという生産基準は守っていた。ビームとヘブンヒルもフルボディのストレート・ウイスキーをつくっていると主張していたが、風味づけに使いつづけたのはおもにライ麦だった。ナショナルとシェンリーもストレートのフルボディ・ウイスキーの生産を優先したが、すべてのブランドがその方針でつくられていたわけではない。オールド・クロウ、オールド・グランダッド、オールド・テイラー、ジェイムズ・E・ペッパー、エンシェント・エイジなどもふたたび本格的にストレート・ウイスキーをつくっていたが、それほど人気のない古いストレート・ウイスキーのブランドはもはやブレンデッド・ウイスキーの材料となり、少量のストレート・ウイスキーに穀物中性スピリッツを混ぜて薄めたものがつくられていた。禁酒法時代に巨大蒸溜所が買収したそのほかの無数の小さなブランドについては、多くは業界の競争を減らすために整理され、一方では巨大企業が花形ブランドを全国レベルでさらに売ろうとしていた。一九三四年、アメリカのウイスキーの全在庫のうち八五パーセントが熟成一年未満のウイスキーだった。ライトなウイスキーへの移行は当座を乗り越えるための措置と考えられていたが、それが数十年間も市場全体に影響を与えることになった。バーボン業界は、多くの消費者がライトな味わいのウイスキーを好きになろうなどとは予想もしていなかったのだ。

　こうしてそれぞれが適応する道を見つけていたが、いますぐ満足したいという消費者の要求が高まるにつれて、いくつかの蒸溜所は熟成の手間を省く方法を採用するようになった。フィラデルフィア州のパブリッカー・コマーシャル・アルコール・ディスティラリーは、一日に九万ガロン（約三四万リットル）の蒸溜酒を生産する能力があり、広告では「一七年もののウイスキーを二四時間で生産することが可能」と謳っていた。パブリッカーのサイモン・〝サイ〟・ニューマン社長と主任化学者のカール・ヘイナー博士は「人工熟成」の方法を開発したと豪語した。樽を揺すって、熟成の工程を早めるために直接加熱するのだという。また、樽香を早く抽出するための方法があることもほのめかした――木片を混ぜたか、加圧したかしたのだろう――が、詳細は公表しなかった。

「だが、ワシントンのわれらが大統領は、パブリッカーがそうした手口で大衆を欺くことを許さないだろう」と、一九三三年の『フォーチュン』誌はパブリッカーの悪ふざけについて書いている。エドモンド・テイラーの時代からだんだんと法令化が進んだ規制によって、パブリッカーはウイスキーの中身を正直にラベルに示さなければならなくなった。それに対して同社は、二〇〇万ドルを投じて「国民を再教育する」という、まるで消費者を洗脳するソビエトの共産党員を思わせるような表現で広告キャンペーンを行なった。従来の製法を罵倒し、「怪しげな古樽で胃を満たすな」と消費者を洗脳したのである。

『フォーチュン』誌は、世間がパブリッカーのそんな手抜きを間に受けるかどうか疑い、こう書きたてた。「ミスター・ニューマンのウイスキーは業界に革命を起こすのか。あるいはただの酔狂なのか」

結局、ニューマンはただの酔狂だったことがわかり、企ては失敗に終わった。途方もないウイスキー不足と、人々のものを見る目を変えるための広告キャンペーンを残して。それでも歴史は繰り返すもの。七五年後、アメリカでふたたび蒸溜所の新設ブームとウイスキー不足が起きたとき、パブリッカーと似たような手抜きと見当違いの再教育キャンペーンが性懲りもなくふたたび行なわれたのだ。

◉

ウイスキー業界の復活にともなって、連邦政府は一歩踏み込んだ支援をすることに決めた。ウイスキーはこれまで政府の力が及ばない業界だった。その状況を変えるための規則をつくり、規制することにしたのだ。禁酒法の廃止後まもなくして、それらは実施されたが、多くの条項は大手の統合生産者に有利だった。トーマス・ジェファーソンは間違いなくモンティチェロの墓の下でいらいらしていたことだろう。

新しいルールには、今日の飲み手にも影響を及ぼしている利点と欠点の両方があった。利点について言えば、新しい規制は、禁酒法時代前に多くのアメリカ人が酒に背を向ける原因となった腐敗した悪習から消費者を守ってくれるものだった。一九三三年、樽から直接蒸溜酒を販売することが非合法になり、品質を保ち、中間業者による混ぜ物や水増しを防ぐために標準規格のサイズのボトルに詰めて売ることが義務づけられた。また、一九三六年までに、素性をはっきりとさせる規定も定められ、政府は製造や熟成にかかわるさらに詳細なガイドラインを設け、ある程度の品質を保証した。一九三八年以降は、「ストレート・ウイスキー」と呼ばれるものは内側を焦がしたオークの新樽で二年以上熟成されていることが正式に定義され、消費者にも自分の買うウイスキーがどうつくられているのかが少しだけわかるようになった。

大きな変化としてはもうひとつ、今日も議論を呼んでいるものに、「三層システム」と呼ばれる流通ルートの規制化があった。この仕組みのもとでは、州がアルコールの販売を規制する権限を持ち、業界は生産者、流通業者、小売業者の三層に分けられる。この三者を同時に兼ねることはできず、禁酒法時代以前のような独占形態がつくられるのを防いでいる。独占を封じることで多様性を高めようというシステムなのだが、今日ではそのシステムのせいで、地元の流通業者が扱わない小さなブランドを入手しにくいという弊害が起きている。このため、カリフォルニアでつくられた小さなブランドはニューヨークでは入手しにくく、その逆もまた起きる。興味を持った小さなブランドがあっても、単に地元の酒屋に注文すれば商品が届くというわけではない――小売業者は流通業者を通じて探す必要があるが、その流通業者もさまざまな競合ブランドと複雑な関係を結んでいることが多いからだ（離れた層同士は醸造所の直営パブなど特殊な業態をのぞいて直接つながることができない）。禁酒法の廃止直後にこの三層システムがつくられたのは、三層にそれぞれ課税できれば大恐慌時代の政府にとって棚ぼた式の税収が得られたからである。だが、時とともに本来の目的は失われ、今日ではほぼ必要ないと思われる中間業者がかかわることで、価格の上昇が起きている。

当初、連邦政府はウイスキー業界自身にルールを決めるチャンスを与えた。残念ながら、業界が出してきた叩き台は使えるものではなかったようだ。その写しはもはや残っていないのでなんともいえないが、おそらくは腐敗した評判を拭い切れない業界が――禁酒法活動家があいかわらず門のところで手斧や松明を振りまわしている状況で――どう行動するかという部分が政府の意向にそぐわなかったのだろう。ウイスキー業界は、イメージが回復するまではおとなしくいい子にしている必要があった(一九三七年の『タイム』誌は、一九一九年にギャングたちがワールド・シリーズを不正操作した事件を引き合いに出して、その時期のウイスキー業界を「〝ブラック・ソックス事件〟後の野球界」になぞらえた)。

フランクリン・ルーズベルト大統領は農務局の役人を集め、ウイスキー業界の新しいルールづくりを手伝うように命じた。また、ニューディール政策の一環として、反トラスト法を一時的に保留する「全国産業復興法」のもとで蒸溜酒業界を統制することにした。業界がなるべく多くの労働者に仕事を分け与えれば税収が上がるので、価格や生産割当量を調整できるというわけだ。反トラスト法は一九三〇年代半ばに復活した。ところがその数年後、政府は皮肉にも独占商法の疑いでウイスキー業界を調査することになる。アレクサンダー・ハミルトンとトーマス・ジェファーソンはあの世でも仲違いしているに違いない。

政府との交渉のなかで、ウイスキー業界は改革の一部として「責任ある営業のための規範」も自主的に導入した。広告に女性や子供の絵を使わないことや、「家族の団らん」を乱さないようラジオで宣伝しないことなどに同意した規範である。同様に、新聞の日曜版に広告を載せないことや「わが国の軍隊の制服を着た男性のイメージを使わないこと」にも同意した。

連邦政府と新たな絆ができたウイスキー業界は、ロビー活動を以前より活発に行なうようになった。ワシントンへたびたび足を運び、影響力のある政治家と葉巻を吸ったりウイスキーを飲んだりする機会が増えていった。新しいロビイスト組織は「ディスティルド・スピリッツ・インスティテュート」、別名DSIと呼ばれ、初期の主要メンバーはブラウンフォーマン社長オーズリー・ブラウン、シーグラム社長サミュエル・ブロンフマン、ナショナル・ディスティラーズ社長シートン・ポーター、シェンリー社長ルイス・ローゼンスティールだった。

ところが、この男たちはひとりとして組織の代表を務めるのに必要な愛想や資質を備えていなかった。たとえばオーズリー・ブラウンの企業はほかの三社より規模がかなり小さかったので、なかなか影響力を持てなかった。シートン・ポーターは一見完璧な人材だった——イエール大学出身のワスプ（WASP）であり、『フォーチュン』誌の人物紹介によると「テニス選手らしいスポーツマン精神で知られた紳士」だったという。だが、彼のナショナル・ディスティラーズの大部分はかつてのウイスキー・トラストの傘下企業で構成されており、業界としてはその関係をあまり表に出したくなかった。サミュエル・ブロンフマンは、世界最大の酒類企業を率いていたが、カナダ人だったためにアメリカの政治家相手にロビー活動を行なう組織の顔を務めるのは難しかった。しかも、彼には愛想が欠けていた。『ニューヨーク・タイムズ』はその人となりをこんなふうに評したことがある。「意地が悪く、頑固で無慈悲、ひどい癇癪持ち。だれかれかまわずしょっちゅう怒鳴りつけるので、従業員には彼が怒っているのか、ただ会話しようとしているのか、判別できないこともしばしば。独裁者タイプらしく、机の上のグラスを素手で払い落としたり、灰皿を部下に投げつけたりといった行為でも有名だった」

だが、そうした性格より問題だったのは、禁酒法時代に密造酒をアメリカに供給していたという彼の会社の過去だった。ブロンフマンの経歴には常に疑いの目が向けられていたが、一九五〇年から五一年に実施された、組織犯罪に関する上院の特別委員会「キーフォーヴァー委員会」において、マフィアのボスのフランク・コステロが、ブロンフマンが禁酒法時代の主要な酒の供給源のひとりだったと証言したことで決定的になった（コステロはカルロ・ガンビーノとともに、『ゴッドファーザー』でマーロン・ブランド演じるヴィトー・コルレオーネのモデルになった）。ブロフマンは、そうしたマフィアとのつながりを隠そうと必死だった。一九七九年の『ニューヨーク・タイムズ』に、当時記者だったノーラ・エフロン［映画脚本家。『恋人たちの予感』などで有名］が書いたブロフマンについての特集記事が載っている。「ブロンフマンは一度も真実を語らなかった。禁酒法時代の終わりから一九七一年に没するまで、彼はひたすら過去を消そうとした。慈善事業に何百万ドルも寄付し、何十万ドルも使って新たな会社の歴史を綴る印刷物をつくった。社会的地位を欲するあまり、出生地をベッサラビア［現在のモルドバ共和国］ではなくカナダだと偽ったほどである」。またエフロンは、ブロンフマンという人間自体が、きわめて複雑な業界を体現していたことも指摘した。「マフィアや元密売人と築き上げ、その後ハーバードで学んだ息子に引き継がれたブロンフマンの流通帝国には興味が尽きない」とエフロンは書いた。自身の過去と組織犯罪とのかかわりについて質問されると決まって、ブロンフマンは皮肉っぽい笑みを浮かべて意味ありげなウインクをした。だが、こう返したことが一度あるという。「真実を話せたらいいんだけどね。きっと興味深い物語になるだろうから」

このように見ていくと、大手酒類企業のトップでDSIの代表候補として最後に残ったのはルイス・ローゼンスティールだった。ただし、彼にも問題があった。ローゼンスティールもブロンフマンに負けず劣らず後ろめたい過去の持ち主だったのだ。彼はジョージ・リーマスと同じく、閉鎖した蒸溜所を買い集めることで自分の会社を大きくしていった。一九二九年には密売の容疑で告訴されたが有罪にはならなかった（一九七〇年代になってようやくニューヨーク州が組織犯罪と合法企業との癒着を調査しはじめ、ローゼンスティールとマイヤー・ランスキーやアル・カポネなどマフィアとのつながりが証言された。事実、ランスキー自身も、「ランスキーがギャングだというなら、ブロンフマンやローゼンスティール一族はなぜギャングじゃないんだ？」と発言している）。そんな過去を持つローゼンスティールは、かっとなりやすい性格でも有名だったようで、『ニューヨーク・タイムズ』は彼の死亡記事の一行目で、彼の人柄を「短気な独裁者」とにべもなく評した。またバイセクシャルであるとも広く噂されていた。そういった噂が当時社会的偏見にさらされたら、家族的なイメージを広めようとしていたウイスキー業界の努力などひとたまりもなかっただろう。何人もいる彼の前妻のひとりは、ローゼンスティールの知り合いでFBI長官のJ・エドガー・フーヴァー——同性愛者にして女装趣味があるともっぱらの噂だった——がドレスを着てベッド脇で見守る前で、ローゼンスティールがふたりの少年とことに及んでいるのを目撃したことがある、とまで語った。のちにその前妻は、自分の発言がローゼンスティールの人格に泥を塗るためのつくり話だったと認め、偽証罪で服役することになったが、この事件は一般の人々にかなりの悪印象を残すことになった。

つまり、大手ウイスキー企業のトップはだれひとりとして、業界の主要ロビー機関の表向きの顔を務めるのにふさわしくなかったのである。DSIに必要なのは、「強い権力とやわらかな物腰と影響力を兼ね備えた皇帝」であると『タイム』は書いている。それを念頭に置きながら、企業の巨頭たちは顔を合わせ、だれを組織のリーダーに据えるかを話し合った。業界の新しいイメージとなりうる、あまり知られていない人物がいい。その結果、W・フォーブス・モルガンがDSIの新専務理事に――あるいは『タイム』のビジネス面によると「看板役」に――選ばれたのである。社会的地位の権化のようなモルガンは、エレノア・ルーズベルトの夫J・P・モルガンの甥であり、民主党全国委員会の会計係としてフランクリン・ルーズベルトの最初の大統領選で二七〇万ドルを集めた。海外育ちでイギリスの名門イートン校に学んだことから身についた彼のオックスフォード英語は、大統領側近のあいだに知れ渡っていた。専務理事就任の告示で使われた写真には、贅沢な絹のネクタイをドアノブ大のダイヤのピンで胸にとめた彼の姿が写っている。モルガンは考えうる限りのあらゆる情報に通じていた。モルガンの承認式はウォルドーフ＝アストリア・ホテルで行なわれた。それはまさにそこ以外にはありえない場所だった。

さまざまな意味で――バーボンは現代へと歩み出したのだ。

第13章 戦争

禁酒法の傷から回復したバーボンが復活の足がかりを模索していた頃、第二次世界大戦が勃発してウイスキー業界はふたたび壊滅的な打撃を受けた。深刻なウイスキー不足が起こったのだ。穀物が配給制になったことで、一九四二年から一九四六年までウイスキーの生産が中断され、蒸溜業者はやむなく熟成ウイスキーを穀物中性スピリッツで稀釈した。[*] 前線の兵士は手に入るものならなんでも喜んで口にした。ジェームズ・ジョーンズの小説『シン・レッド・ライン』[鈴木主税訳。一九九九年、角川文庫]の兵士たちはアフターシェーブローションを飲み、海軍では魚雷の燃料から漉し取った変性剤を飲んでいた。

＊ このあいだ、蒸溜業者には一か月間の「休業期間」が三回だけあった。おもにトウモロコシに余剰が生まれた時期で、蒸溜業者はそのときだけ飲用アルコールをつくることを許された。

だが、バーボンづくりはしていなくても、戦時中の蒸溜業者は戦前以上に忙しかった。真珠湾攻撃後、軍需生産委員会はウイスキー業界を統制下に置き、蒸溜所を飲用アルコールではなく工業用アルコールの生産工場に変えた。シェンリーのルイス・ローゼンスティールは高プルーフの工業用アルコールを速く生産できる改造コラム・スチルの建設を任され、その設計図をほかの蒸溜所に無償で配った。また、シェンリーは戦争協力のために化学者を集めてペニシリンの生産に取り組ませた。ペニシリンをつくるにはカビの培養が欠かせないのだが、それが酵母を育てる方法と似ていたのだ。

蒸溜業界は、戦時中につくったアルコールを「ヒトラーのカクテル」と呼んだ。一ガロン(約三・八リットル)の工業用アルコールから榴弾砲の弾殻が一五五ミリメートル分製造され、二三ガロン(約八七リットル)の工業用アルコールからはジープ一台分が製造された。全部でおよそ一億二六〇〇万ガロン(約四億七七〇〇万リットル)が不凍液のためだけに使われ、一〇億ガロン(約三七億リットル)以上がタイヤの合成ゴム、ホース、パラシュート用のレーヨンの製造にまわされた。蒸溜業界は戦時中に使用された一九〇プルーフの工業用アルコール全一七億ガロン(約六四億リットル)のうち四四パーセントを供給した。戦前から熟成中のウイスキーに課せられた税金は一九四一年の一ガロン三ドルから終戦前には九ドルに上がり、六〇億ドル以上が戦費として徴収された。

合衆国はウイスキーを輸入する相手国を探しつづけた。だが、いちばんの供給元もまた戦争で疲弊していた。スコッチ・ウイスキーの蒸溜業者はトラックをイギリス政府に軍用徴収され、どうにか輸出したスコッチもドイツ軍のUボートの攻撃にさらされた。アメリカの新聞各紙は一九七〇年代のオイルショック後に石油の戦略的備蓄量を報じたときのように、熟成ウイスキーの在庫量を報じつづけた——国の「安全保障」のために。すると買い占めようとする消費者が酒屋に殺到した。

政府や蒸溜業者は、ウイスキーを落ち着いて分かち合うよう訴えたほどである。ハイラム・ウォーカーのインペリアルというブレンデッド・ウイスキーが打ったきわめて大衆的な広告には、ヒメハヤという小魚を追いかけているサメが描かれているが、そこにはこんな文句が添えられた。「大物がごちそうを逃せば、小物が命拾いする」。だれかがウイスキーを買い占めたら、「別のだれかが栄養不足になるかもしれません」と広告は続けた。みんなが冷静さを失わなければ、それぞれに行き渡るだけのウイスキーは十分にあると酒類業界は請け合った。

戦時の貢献という点ではウイスキー業界は称賛に値したが、戦時中のその動向は簡単に評価できるものではなかった。業界のリーダーたちは愛国心を見せたものの、まったく私利私欲がなかったというわけでもなかった。一九四四年、議会はウイスキー業界が戦時配給委員会の定めた制度をかいくぐって不当に利益を得ようとしていると告発した。蒸溜業者が熟成ウイスキーの在庫を公表量の二倍近く保有していると記者が気づいたのだ。上院司法委員会の小委員会は、DSIは世間の印象を操作していると主張した。DSIは、新聞数百紙に酒類企業の重役五七人の署名の入った「ウイスキー不足についての真実」というタイトルの広告を載せたが、そこで発表された熟成ウイスキーの在庫数が、事実よりも少なかったのである。市場に出まわるブレンデッド・ウイスキーは高値で取り引きされていた。ブレンデッド・ウイスキーに使われる中性スピリッツが戦時でも価格設定の制限を受けなかったからだ（戦時中のブランドの最大手はシェンリーのスリー・フェザーズだったが、ブレンドされているストレート・ウイスキーはわずか五パーセントだけで、残りの九五パーセントは穀物が配給になったためにジャガイモやサトウキビ糖を主原料につくった中性スピリッツだった)。ウイスキー・メーカーは上物ウイスキーを買い集め、配給制度が終わって価格が上がったときに売ろうと貯め込んでいた。価格操作のための組織的な供給量の偽証は、シャーマン反トラスト法に抵触する。当時、国内のウイスキーの七〇パーセントを保有していた〝ビッグ・フォー〟が率先して業界を「独占的な方向」へ誘導している、と議員たちは判断した。

この事件はウイスキーの清濁入り交じる過去を浮き彫りにしただけでなく、将来への教訓にもなった。アメリカ人はこれからも間違いなくウイスキーを飲みつづける。それをつくる企業はこれからも道を踏み外したいという誘惑に駆られつづけるだろう。今日、ウイスキー業界は酒類タバコ税貿易管理局(TTB)に監督されているが、いまでもときどき連邦規則に違反した蒸溜所が摘発される。たとえば、二〇一〇年以後にウイスキー人気が復活して市場が上向くと、非蒸溜製造者がウイスキーを委託ではなく自社で生産しているようにほのめかす例が増えてきた。いくつかのブランドがマーケティング目的で本来の製造元を隠したが、これは連邦規則集の二七巻五条三六項(d)に違反している。同じ頃、バーボン人気で在庫が品薄になったのに乗じて怪しげな年数表示をするメーカーも現れはじめた。なかにはラベルから年数表示をなくしたメーカーもあった。「年」の表記を落として数字だけを載せ、責任回避を図ったのだ(この手を使った企業はベリー・オールド・バートンやオールド・チャーターをはじめとして多数存在する)。厳密にいうと非合法ではなかったので政府も対処できなかったが、ウイスキーについての記事を書く用心深いライターは、そういう手法があることを飲み手に警告した。

だが、たとえウイスキー・メーカーがときどき道を誤ろうと、ウイスキーを愛するアメリカ人はいつでもそれを許してしまう。第二次世界大戦中、消費者はウイスキー・メーカーの悪事はそっちのけで酒瓶を探しまわった。それも足りなくなると、しぶしぶ代用品に目を向けた。当初「サボテン・ワイン」と呼ばれた魅力的な飲み物が南の国境を越えて入りはじめていた頃で、アメリカ人はやがてそれが「テキーラ」と呼ばれることを知り、敵意と疑いの交差する気持ちで迎え入れた。アガベという植物からつくられるその見慣れぬ蒸溜酒がバーボンの地位を脅かすとでも思ったのだろうか。「いままで口にした酒でテキーラよりまずかったのはスリヴォヴィッツ［東欧圏で飲まれるプラムの蒸溜酒］だけだ」と、カクテル本の著者デイヴィッド・エンバリーは一九四六年に書いている。エンバリーは、テキーラの独特の臭いは塩と柑橘の汁を混ぜた「希酸」でごまかせると読者に説いた。そこから「メキシカン・イッチ」が生まれた。手の甲に乗せた塩をなめ、切ったライムをかじりながらテキーラを一杯ぐいっとあおる飲み方だ。お望みなら、空のショットグラスをバーカウンターに叩きつけて用心棒に喧嘩をふっかけてもいいだろう。

テキーラがアメリカで好意的に迎えられるようになるのはさらに数十年先だった。そのあいだ、戦時中も生産を続けたカリブ海の蒸溜業者から安いラム酒がたっぷり届けられ、その売り上げは一九四一年から四五年にかけて三倍に増えた。なかでもバカルディが人気だったのは、禁酒法時代に密輸入されていた過去の経緯があったからだ。バカルディの売り上げは目覚ましく、大手の酒類企業は自社のラインナップに加えたがった。そういった企業は、生産ラインを多様化してウイスキー不足から身を守るために、ウイスキー以外のブランドを買いはじめた。シェンリーのルイス・ローゼンスティールが激戦を制し、念願のバカルディの輸入と流通の権利を勝ち取ると派手に宣伝をはじめた。おかげでラム酒は、独立戦争時代に失った人気をいくらか取りもどした。酒類会社は、穀物は戦争のために必要だからと説いて、愛国的な代用品のラム酒を製造した。

もちろん、アメリカ人は必ずしも代用品を歓迎したわけではなく、ウイスキーが店頭にあれば、買いだめをした。大手企業は自社に新しく加わった商品を買ってもらおうとあの手この手で宣伝したが、ウイスキーの需要のほうが常に大きく、密造も絶えなかった。一九四三年、ワシントンDCのある酒屋がクリスマスを控えた時期にバーボンとライ・ウイスキーを八〇〇〇本仕入れ、棚を空けるためにジンとラム酒の値を下げたと告知した。人々は一本でも手に入れようと大挙して押しかけ、寒空の下で一〇時間も待った。「大衆は酒が絡むと見境がなくなる」。一九四四年、ハイラム・ウォーカーのシカゴのスポークスマンは記者にぼやいた。「店に行ってバターを買えなければ、戦争中だから仕方ないと納得するだろう。だがウイスキーを買えなければ、暴動が起きるかもしれない」

◉

戦争は一九四五年に終わったが、ウイスキーの生産がもと通りになるまで、アメリカ人はもう一年待たされることになった。禁酒法活動家たちが最後の闘いを挑んできたからだ。ドライ派は、戦争で傷つき飢えた世界の人々に食べさせるために穀物は家畜にまわすべきだと主張した。彼らはその理屈で第一次世界大戦前の闘いを制したが、いまや敵はずっと手強くなっていた。ウイスキーのロビイスト団体は、使用済みマッシュは家畜の餌として未醱酵の穀物よりすぐれていると反論した。だからこそ、ウイスキー業界は、ウイスキーをつくればつくるほど世界の飢餓に貢献しているのだという主張だ。これが決定打となり、蒸溜業者は無条件でウイスキーづくりを再開することができた。戦争のおかげで国は恐慌から立ち直り、戦後の好景気で可処分所得の増えた人々は、ウイスキーのできあがりをいまや遅しと待っていた。

戦時中は団結したウイスキー・メーカーだったが、終戦後はライバル同士に戻っていた。市場が何をもっとも欲しているかをうまく見極めた企業こそが勝利することは明らかだった。消費者はフルボディのストレート・ウイスキーを選ぶのか、それとも、本来は一時しのぎのつもりだったがいまや一部でストレート・ウイスキー以上に受けているブレンデッド・ウイスキーを選ぶのか。シェンリー、スティッツェル・ウェラー、ビーム、ヘブンヒルはストレート・バーボンのほうに賭けた。芳醇で深みのある風味にアメリカは戻ってくるはずだと期待して。一方、シーグラムはブレンドが市場を制すると読んで逆を張った。そのほかの企業はリスクを避けて両者を取り混ぜた構成にした。ふたを開けてみると、全員が勝者だった。ストレート・ウイスキーも確かに戻ってきたが、ブレンドはブレンドでかなりのシェアを守ったからだ。一九四六年に市場の一二パーセントを占めていたストレート・ウイスキーは一九五五年には四〇パーセントまで上がった(一九六三年にはその半分になるが、五〇年代のあいだには浮き沈みがあった)。ブレンデッド・ウイスキーは一九四六年の八八パーセントから一九五五年までに六〇パーセントに落ちたものの、依然として人気を保っていた。

そのあいだも、アレクサンダー・ハミルトンとトーマス・ジェファーソンをそれぞれの守護聖人にしたがえた、大と小をめぐるアメリカン・ウイスキーの永遠の争いは衰えることがなかった。ゼロサム・ゲームのこの闘いはハミルトンの好みのほうに傾きつづけていた。一九三三年から五八年にかけて蒸溜所の数が一三〇か所から七六か所に減るあいだ、業界は少数の大手企業の手に束ねられ、その覇者である〝ビッグ・フォー〟はいまや市場の四分の三を牛耳っていた。労働力や必要物資の不足もまた、多くの蒸溜所を廃業あるいは大手への吸収合併に追い込んだ。

やがて、複合企業は買収合戦をはじめた。一九三八年から五八年で持ち株会社の数は一一〇社から三五社に減った。複合企業は魚群を餌に大きくなる鯨の群れのようなもので、魚がいなくなると共食いをはじめる。そうして巨大になった結果、〝ビッグ・フォー〟の四社は一九五〇年代を通じて、ゼネラルモーターズのような企業と並んでアメリカの広告主上位一〇社に名を連ねつづけた。『フォーチュン』誌は、事実上ウイスキーは「銀行業と在庫管理業」の巨人になりつつあると報じた。

合併を繰り返すウイスキー業は戦後のビジネス界の姿そのものだった。どこの業界も統合と製品ラインナップの多様化によって財務リスクを減らしており、〝ビッグ・フォー〟も例外ではなかった。「巨人たちはだんだんとほかの分野へ手を広げようとしていた」と金融専門誌の『バロンズ』は報じた。ナショナルは当時オールド・テイラー、オールド・グランダッド、オールド・クロウ、そのほか五五のブランドの酒を生産していたが、八二〇〇万ドルを化学事業にも投資することを決め、社名をナショナル・ディスティラーズ・アンド・ケミカル・コーポレーションに変更した。シーグラムは石油事業に参入し、シェンリーは化粧品と医薬品の部門を新設した。そうした試みのすべてがウイスキーほど儲かったわけではないが、〝ビッグ・フォー〟が小さい競合相手を次々と買収していくその頻度に司法省が渋い顔をしはじめたので、ほかの事業へ向かわざるをえなかったのだ。

そうして傘下に置くブランドが増えてくると、複合企業はまるで野球カードのように手持ちのブランドを交換しはじめた。ある企業がウイスキーのブランドをたくさん持っていてジンのブランドが足りないと、その逆の企業とブランドを〝トレード〟する。禁酒法廃止後の時代と同じように、企業は小さいブランドをただつぶすために買収し、より少ないスター選手を中心に市場がまわるようにした。一九五四年、『バロンズ』誌はその風潮についてこんなことを書いた。「ウイスキー業界が消費者の好みをよく知っている比較的少数のブランドに集約しようとしているが――同じ傾向は自動車やビールやタバコ業界にも見られる。最大の蒸溜業者はいまや国内市場の約七五パーセントを占め、もっとも好調な五つのブランドの売り上げが全取り引きの四〇パーセント以上を占めている」。どこが何を所有しているかを突き止めるのは今日でも生半可な作業ではない。ブランドのラインナップは毎年変わり、どの企業もブランドの成功の度合いと飲料市場の動向によってそのラインナップを組み替える。

統合がかつての有名ブランドにどう影響を与えたかという点では、フォアローゼズの例がもっともわかりやすいだろう。統合前、フォアローゼズは全国的に評判の高いブランドだった。その発祥は一八八〇年代までさかのぼることができる。禁酒法時代はフランクフォート・ディスティラリーズの傘下に逃れていたが、第二次世界大戦中に創業者一族の株主が売りたがった。一九四三年、話を聞きつけたシーグラムが四二〇〇万ドルで買い取り、ブランドを消滅から救った。だが、軽いウイスキーに市場の未来を賭けたサミュエル・ブロンフマンが、戦後にそれをブレンデッド・ウイスキーにしてしまう（輸出市場向けにはストレート・ウイスキーを売りつづけた）。かつての高級ブランドはたちまち安物の下等酒として評判を落としていった。

だが、フォアローゼズをめぐる状況はやがて一巡する。一九四五年、フォアローゼズは第二次世界大戦における対日本勝利のアメリカのシンボルとして大々的に有名になった。アルフレッド・アイゼンスタッドの撮影による『ライフ』誌の伝説的な写真──ニューヨークのタイムズスクエアで水兵と女性が終戦を祝ってキスをしている──の背景に、フォアローゼズの巨大なネオン広告が写り込んでいたのだ。それから数十年で日本は復興し、世界規模の経済統合に参入するようになった。今日、フォアローゼズは日本の複合企業であるキリンビールが所有している。彼らは誠意を持ってフォアローゼズの製法をストレート・ウイスキーに一新し、ふたたび高い地位に引き上げた。皮肉な偶然だが、今日のキリンは三菱のグループ会社である。三菱はA6M零式艦上戦闘機、いわゆるゼロ戦をつくった企業で、カミカゼ特攻隊がそれに乗り込みアメリカと戦った。『ライフ』誌のカップルは、その戦争からようやく解放されて口づけを交わしているところをアイゼンスタッドに撮影されたのだった。

◉

合併の嵐が吹き荒れるなかでも、少数の小規模事業者は頑なに独立を守りつづけた。なかには市場で高い地位を築いたところもあり、スティッツェル・ウェラー、ビーム、ヘブンヒル、グレンモアなどの成功は目覚ましかった。見ようによっては、彼らは辺境を旅する開拓者の集団に似ていた。幌馬車をみんなで寄せ集めて、買わせろと群がってくる山賊の集団と闘っていたわけだ。

あるいは、単に山賊からのよい申し出を待っていたのかもしれない。創業時からブルーム一族が所有しつづけていたビームは、『ウォール・ストリート・ジャーナル』紙によると、一九五〇年代の末には「ほどほどのサイズ」の会社に成長しており、大手企業からしつこく買収話を持ちかけられていた。ビームは異例の蒸溜会社だった。複合企業がブランド構成を多様化していく一方で、ビームは売り上げの九〇パーセントをジムビーム一本で稼いでいた。ビームは興味深い戦略を用いて市場の階段をのぼっていった。最初はカリフォルニア州での販売に力を入れ、それから東へ移動していくことで、宣伝に大金をかけずに強力な販売網を築いたのだ。一九五八年、「ジムビームがストレート・ウイスキーの国内販売量で第三位に躍り出たことは、業界にとって大変な驚きだった」と、『バロンズ・ナショナル・ビジネス・アンド・ファイナンシャル・ウィークリー』誌は報じた。ブルーム一族はその後も非凡な小さなブランドを守って闘ったが、一九六六年、モッツ・アップル・プロダクツ、ジャーゲンス・ローション、ビスケットといった会社などを有していたニュージャージー州の企業アメリカン・タバコ・カンパニー［一九六九年に「アメリカン・ブランズ」に社名変更］についに売り渡した。

そうした統合には批判が多く、司法省はふたたび独占を疑いはじめた。イメージもよくなかった。辺境の独立精神――ジェファーソンの独立自営農民（ヨーマン）――のシンボルだったバーボンは、まったく別物になりかけていた。国内のほぼすべてのブランドの所有権を握っているのは、もとをたどればほんの四、五人で、彼らはもっぱら豪華なバー設備のついた役員室で過ごしていた。そのうえ、ジェファーソン的な理想を国民が共有する国でありながら、喜んで業界の圧力に屈する小規模事業者も少なからず存在した。多くの企業は買収で相当の金をもらっている意図的な共犯者だと、

『タイム』誌は書いた。一九四三年にフォアローゼズがシーグラムから受け取った売却金は、当時としてはきわめて気前のよい額で、同族株主たちは喜んで受け取った。彼らは会社を相続したばかりで税金を払いたくなかったのだと、フォアローゼズの歴史を研究するアル・ヤングは自著『フォアローゼズ *Four Roses: Return of a Whiskey Legend*』に書いている。買収されればブランドは生き延び、ウイスキービジネスにほぼ興味のない金持ちの一族は、ブランドを手放して別のことをはじめることもできる。世界大戦で国が火の車のときに、瀕死の業界の会社に四二〇〇万ドルの値をつけてくれるなど、彼らにとっては願ってもない好条件だった。

　だが、だれもがそう思うわけではなかった。当然のことながら自分で興した事業は自分の手で続けたいと望む者もいる。一九五二年、下院司法委員会はウイスキーの独占にかかわる公聴会を開いた。すると小規模事業者のトップが次々に現れて証言し、自分たちがまさに崖っぷちの戦いにあり、あとは屈服と死のどちらを選ぶかという状況だと訴えた。パピー・ヴァン・ウィンクルは、大きな生産者が自分たちのような小さな生産者に犯罪的な「不正」を働き、「圧力をかけてくる」ことを証言した。彼は〝ビッグ・フォー〟が戦前から続く独立経営の樽業者一四社のうち八社を取り込み、小さな生産者に樽が渡らないようにしている事実を指摘した。また、大手の蒸溜業者がヴァン・ウィンクルの会社の倉庫を借り、しばらくして在庫を引き上げたのに保険はそのままにして倉庫を使わせないというやり口についても訴えた。

　小さな生産者の代表格だったヴァン・ウィンクルは、その点において、自宅を建てた土地に高速道路を通したいと迫られている農家に似ていた。彼は買収話をすべてむげに断っていたが、そのあいだに額面はじりじりと上がりつづけた。一九六〇年代にもっとも高額の買収額を提示したのはヒューブライン・スピリッツ・グループ、ウォッカのスミノフの親会社でのちにＲＪＲナビスコの一部になる企業だった。一九六五年にヴァン・ウィンクルは亡くなったが、彼は最期まで比較的独立を保った企業の社長として、みずからの手で建てた家の主人でありつづけた。もしウイスキー業界の統合競走が戦争であるとすれば——当時の多くの記事がそう呼んでいたが——パピーは戦いに勝利したのだった。

だが、パピー亡きあとのスティッツェル・ウェラーは権利を狙う者たちの格好の餌食になった。蒸溜業にくわしい人々は、パピーの息子であとを継いだジュリアン・ジュニアには父ほどのビジネスセンスはなかったと話す。ジュリアン・ジュニアの娘サリー・ヴァン・ウィンクル・キャンベルによると、スティッツェル・ウェラーのほかの投資家陣営は、一九七二年にジュリアンの知らぬ間に、富豪の実業家ノートン・サイモンにスティッツェル・ウェラーを二〇〇〇万ドルで強引に売却した。その後、いくつかの権利者の手を転々としたあと、蒸溜所は一九九〇年代にとうとう閉鎖され、個性的で風味豊かなバーボンは失われた。

スティッツェル・ウェラーのブランドの権利は征服者たちが山分けした。いまでは、おもにバッファロー・トレースとヘブンヒルが所有している。彼らはそれぞれ同じような製法でバーボンをつくりつづけている。生産者が変わっても味はよく、むしろオリジナルよりいいぐらいだが、かつての商品とまったく同じとはいえない。それぞれの蒸溜所の味を特徴づけていたささやかな違いは、企業が集約されて業界の合理化が進むにつれて必然的に失われてしまったのだ。バーボンは少しずつ均質になっていき、企業合併のために際だった個性が失われていった。

第14章　海を渡るバーボン

もしあなたがじっくり熟成させたバーボンのファンなら——とくに八年もの以上が好みなら——朝鮮戦争とある男の国際情勢の読み違いにお礼を言うべきだろう。開戦が近づいていた頃、〝ビッグ・フォー〟のひとつ、シェンリー・ディスティラーズ・コーポレーションのルイス・ローゼンスティールは、世界にふたたび戦乱が広がり、米国政府は第二次世界大戦中と同じように穀物を配給制にして蒸溜所の操業を停めるはずだと予測した。だが、今回、ローゼンスティールは大量の余剰在庫を準備してウイスキー不足を乗り切ることにした。そしてシェンリーがフル稼動で蒸溜した結果、アメリカ全体のウイスキー在庫量は六億三七〇〇万ガロン（約二四億リットル）以上まで増えた。これは、国内の推定需要量から見るとじつに八年分に当たる量である。ビジネスの先読みはローゼンスティールの得意技だったのだが、今回ばかりは、この判断がもう少しで大災害を招きかねなかった。

問題はまず、朝鮮戦争がローゼンスティールの予想よりずっと小規模に終わったことだった。ウイスキー不足も配給も起こらず、気づくとシェンリーは膨大なウイスキーの余剰を抱え込んでいた。ライバル企業によると、当時シェンリーだけで国内の熟成ウイスキーの在庫の七〇パーセント近くを保有していたという。一九世紀に連邦議会が定めた保税期間により、その在庫は八年たつと課税対象となる。そうなれば、需要がなくてもそれらを市場に出すしかない。価格は急落し、シェンリーは赤字覚悟で投げ売りすることになる。ほかの製造業者もシェンリーに対抗するために価格を下げざるをえず、結果的に業界の一部は空中分解してしまいかねないのだ。それは、八〇年前に業界が苦しめられたのと同じ価格の急落パターンだった。『タイム』誌は、「ウイスキー不足が迫っているという（ローゼンスティールの）誤算」について「考えが浅いにもほどがある」と書き、『ニューヨーク・タイムズ』の一面には「ウイスキー業界、危機に瀕す」との大見出しが躍った。

そこでローゼンスティールは、ロビイスト組織のDSIの仲間を頼って時間稼ぎをすることにした。差し迫った課税危機をかわすには、議会に働きかけて保税期間を延長してもらえばいいと考えたのだ。そうすればウイスキーを非課税のままもうしばらく寝かせておけ、そのあいだに在庫をどうするか考えることができる。単純な計画だったが、DSIのメンバーは協力を拒否し、巨大な力を持つ同業者に背を向けた。なかでもハイラム・ウォーカーとシーグラムが熟成期間の延長に反対し、「そんなことをしたら、シェンリーの巨大化した在庫に関連する費用を政府に肩がわりさせることになり、ほかの企業が価格競争で不利な立場に置かれるだけだと記者に語った。彼らは減税には賛成だったものの、自分たちが同じ年数のウイスキーを用意できるまでローゼンスティールに八年以上のラベルを貼らせることだけは阻止したかったのだ。あいつはドジを踏んだだけだ。それなのに、その失敗で得をするような規則の変更を求めてロビー活動するとは何ごとか、というわけである。

ローゼンスティールは、弱みをなんとか強みに変えようと必死だった。だが、その作戦が成功するとローゼンスティールに大きな武器を与えることになると知ったライバルたちは、彼の計画を封じようとした。シェンリーは、熟成期間の長いバーボンを売りにして、戦後の好景気から生まれた伸び盛りの高級市場で優位に立つことで、追い込まれた状況を逆転しようとしていた。ローゼンスティールの娘婿でシェンリーの副社長と営業部長を務めたシドニー・フランクは、「シェンリーは〝富裕層の市場〟に舵を切り替えている」とマスコミに語った（数十年後、フランクは同じ富裕層戦略でウォッカのブランドであるグレイグースを高級化して億万長者になった。要するに、それほど高級でない商品を高く消費者に買わせることに成功したのである）。

ローゼンスティールの高級化戦略はタイミングとしては完璧で、彼に大きなアドバンテージを与えた。一九五六年には高級蒸溜酒はすでにブームになっていたが、高級路線とあまり縁のなかったバーボン業界はその波に乗り遅れていた。妨げになっていたのは、バーボン本来の特徴だ。素朴で単純で、醱酵した穀物と木樽と少しの辛抱があればできあがるのがウイスキーであり、ファベルジェの卵［ロシアの宝石商ファベルジェがロシア王室のためにつくった豪華なイースターエッグ］とは違う。メーカーは少しでも高級感を出そうと、カットガラスのデカンタにウイスキーを入れることで、ふつうのものよりも高い価格で売りはじめた。また、ウイスキー自体の品質は変えず、「特別熟成」などといった定義のあいまいな言葉で飾られることもあった。だが、こうした言葉は具体性を欠き、ほとんどなんの意味も持たない（後年、「特別熟成」に加えて「手づくり」「本格的」「少量生産」といった同じようにあいまいな表現や、「クラフト」というさらに自由度の高い言葉が使われるようになった。いずれも厳密な定義はなく、単に高級感を出すためのものである）。一九五六年、『ニューヨーク・タイムズ』が「味を改良できないウイスキー蒸溜業者、容器に救いを求める」という見出しでその風潮を批判した。「今年のホリデー・シーズンには例年以上に豪奢なガラス瓶がお目見えするだろう。業界関係者（ガラスではなくウイスキー業界の）のなかには、この風潮がどこまでエスカレートするのか心配だと言う者もいる」

ロビー活動が実って保税期間が延長されれば、長期熟成バーボンを有するローゼンスティールは、こうしたあいまいな市場用語と一線を画し、具体的な熟成年数を打ち出して堂々と品質を宣伝できるようになるだろう。熟成年数については、ライバルたちとは五年の開きがあるのだ。唯一の問題は〝ビッグ・フォー〟のシェンリー以外の三社による妨害だったが、ローゼンスティールはやられっ放しでいるつもりはなかった。他人の圧力に屈する人間ではなかったからこそ、四億三八〇〇万ドルの価値を持つ帝国を築き上げることができたのだ。自分はいつだって、圧力をかけられるのではなくかけるほうだ――事実、ローゼンスティールには自宅やオフィスに盗聴マイクを仕込む趣味があり、そのせいでFBI長官のJ・エドガー・フーヴァーは自分に不利な証拠を握るローゼンスティールの追求をはじめたという話もある。フーヴァーはときおりローゼンスティールの自宅で開かれるパーティに参加した。ただし娼婦や組織犯罪の大物も姿を見せるパーティだったので、テープがまわっていることを思うと、さすがのフーヴァーも表立ってはローゼンスティールに手を出せなかった。〝ビッグ・フォー〟の三社の首脳たちは、そんなローゼンスティールを敵にまわすことになった。ローゼンスティールの次の動きがその力をはっきりと証明する――彼はDSIを離れ、「バーボン・インスティテュート（バーボン協会）」と名乗る別のロビイスト団体を立ち上げたのだ（一九七三年、バーボン協会はDSIと「ライセンスド・ビバレッジ・インダストリーズ（免許飲料工業会）」という別の商業団体と合併してDISCUSを発足させた）。

一九五八年、ローゼンスティールとバーボン協会のロビー活動がめでたく実り、保税期間を八年から二〇年に延長する「フォーランド法」が議会を通過した。「対立する大手蒸溜企業三社の憤り」を抑えて実現したと『エコノミスト』誌は報じたが、法律は予想通りローゼンスティールに破格の成功をもたらし、数十年後に彼が他界したとき、『ニューヨーク・タイムズ』は丸々二段を割いて死亡記事を載せたほどだった。

フォーランド法はローゼンスティールにだけでなく、バーボン全体にも利益をもたらした。今日、多くの蒸溜責任者は、熟成条件にもよるが六年から一二年ほど熟成させたバーボンが好みだと言う。フォーランド法のおかげで蒸溜所はバーボンをじっくりと熟成させることが可能になり、蒸散してしまう分の税金を支払う必要がなくなった。二〇年という熟成期間はきわめて寛大な措置だった。というのも、二〇年も熟成させると倉庫の大半の場所に置いてあるバーボンは樽からほとんど蒸散してしまい、売ろうとしてもほんの少ししか残っていないからだ。味も木のタンニンが強く出すぎて苦くて渋く、飲めたものではなくなる。ただし、まれに飲めるものもあり、そういうバーボンは、蒸散と樽への浸出がマイルドで、倉庫が涼しく気温変化の穏やかな場所で熟成されている。

フォーランド法が成立すると、ローゼンスティールは同業者たちが恐れていたことを実行に移した。一九六一年、シェンリーは二一〇〇万ドルを投じて自社のウイスキーの年数の利点を世に広めることを宣言した。彼はすべてを意図的な出来事のように見せかけ、その熟成計画は「何年もかけて準備してきたことで、一〇億ドルの投資をしてさまざまな熟成年数のウイスキーの在庫をそろえた」と報道陣に説明した。新しい広告はどれも熟成に焦点が置かれていた。「熟成が違いを生む」、「あなたの買おうとしているそのウイスキーは、値段に見合うほど熟成していますか？」、また「唯一無二」という広告コピーもあったが、それはローゼンスティールの〝ビッグ・フォー〟に対するあてつけでもあった。自分のほうが数年先を行っていることを彼らに思い知らせたかったのだろう。

そうした広告キャンペーンについて、ローゼンスティールは社外の広告専門家に任せていた。会社を設立して間もなく、五〇〇〇羽のオウムに「ドリンク・オールド・クエーカー（オールド・クエーカーを飲もう）」という台詞を覚えこませてバーテンダーにオウムを配ってまわった経験から、広告は外部の専門家に頼むべきだという教訓を得たのだ（オウム・キャンペーンはいうまでもなく散々な失敗に終わった）。長期熟成バーボンの販促キャンペーンで頼りにしたのはオウムではなく、テレビドラマの「マッド・メン」のクレジットに登場しそうな広告代理店の一覧だった。W・B・ドナー（顧客はゼネラル・エレクトリック、コカ・コーラ、デュポンなど）、マッキャンエリクソン（顧客はシボレー、フランコ政権下のスペイン政府など）、ドイル・デーン・バーンバック（顧客はフォルクスワーゲン、モービル・オイルなど。リンドン・B・ジョンソンの大統領選挙も担当した）といった広告代理店だ。

市場の読み違いがすべてのはじまりだったことから、計画的とは言えない戦略だったが、広告の効果は絶大だった。シェンリー社は、各ブランドのアルコール度数と熟成年数が完璧なバランスで交わるように、ボトリングのプルーフを上げて熟成期間を延ばしはじめた。ジェイムズ・E・ペッパーの熟成期間は六年から一〇年に、ジョージ・T・スタッグは四年から七年に、J・W・ダントは四年から七年に、メルローズ・レアは七年から一〇年以上に、シェンリー・リザーブは五年、六年、七年の三種類から八年になった。さらに、オールド・チャーターの熟成期間は一二年となり（「時間を忘れたウイスキー」）、I・W・ハーパーも同じく一二年になった。余剰在庫のおかげで、一九五〇年代から六〇年代初頭は消費者にとっての黄金時代だった。十分に熟成されたバーボンが余るほどあるので、価格も比較的安かった。*

＊　一九九〇年代から二〇一一年頃までの時期もまた消費者の黄金時代で、完璧に熟成されたバーボンが安く豊富に出まわっていた。二〇一一年以後は、急激に人気を回復したバーボンの需要の勢いに生産が追いつけず、在庫不足から価格が急騰して、黄金時代はほぼ終わりを告げた。

そうした高級化戦略でアメリカに長期熟成バーボンを売っていたのと同じ頃、ローゼンスティールは、海外販売を強化するという次の計画も進めていた。国内市場とは比較にならないものの、海外でもそれなりに需要があった。売らなければならない余剰在庫もまだまだあった。バーボンを世界中に売り出すために三五〇〇万ドルを投じてキャンペーンを行なうと発表するローゼンスティールの記者会見は、ケンタッキー州のトウモロコシ畑ではなく、エンパイア・ステート・ビルの自身の事務所で行なわれた。

一九五八年、イギリスの作家グレアム・グリーンが『ハバナの男』〔田中西二郎訳。一九七九年、早川書房〕を出版した。冷戦時代のスパイ小説のベストセラーで、超大国同士が小国を駒（ポーン）に使って世界のあちこちでドタバタ喜劇を演じるようすを描いた話だ。アメリカとイギリスは同盟国だったが、同書はバーボンとスコッチという異なるスタイルのウイスキーが世界市場のシェアを争いはじめた頃、両者のあいだに起ころうとしていた闘いを見事にとらえている。

小説の主人公はジェームズ・ワーモルド。キューバに住む掃除機売りで、世界的な情報機関に切れ者のスパイだと勘違いされた不幸な男だ。ハバナの警察署長セグーラ警視がワーモルドを疑いはじめ、ワーモルドの身の自由を賭けてチェッカーをしないかと提案する。ただし、ウイスキーの小瓶を駒がわりにして――ワーモルドがバーボンを、セグーラがスコッチを使う。ブランドはみな定番である。バーボンは、オールド・テイラー、オールド・フォレスター、フォアローゼズ、ケンタッキー・タバーン。スコッチは、ケアンゴーム、ヘイグ・ディンプル、レッド・ラベル、グランツ・スタンドファスト。獲得した小瓶はそのつど飲み干す。つまり、うまく戦うほど酔っぱらうわけだ。成功が勝ち目を少なくするという矛盾したゲームで、最後にはアルコールに強いほうが勝利をつかむ。

スコッチはバーボンより圧倒的優位に立っていた。当時（そしていまでも）、世界市場でのウイスキーの売り上げのなかではスコッチが圧倒的に一位だった。大英帝国の絶頂期に〝国王〟につきしたがって世界各国をめぐったおかげで、世界中のほとんどの人がウイスキーとはどんなものかを知っている。だが、時が移り、高まる冷戦の脅威のなかで世界各地に軍事基地をつくったのはアメリカだった。アメリカの兵士はアメリカのウイスキーを飲む。けれども基地の売店が本国から仕入れるブランドは決まっており、兵士はそうした売店で売られている高価なウイスキーには手を出せなかった。そこで、ある作戦に打って出たのがビームだ。市場シェアを大きくできるとともに、この先何年も社名を宣伝できると気づいたビームは、ドイツにボトリング工場を建設することを決定した。工場があればコストダウンになり、鉄のカーテンのそばで護衛する兵士たちにウイスキーを届けることができる(アメリカ国内で生産して、ボトリングだけ海外で行なった)。ジムビームはオーストラリアでも人気を博し、かの国ではいまでも、ほかのバーボンのブランドより人気が高い。冷戦時代にどのブランドが世界のどこで名声を築いていたのか、地域によってはいまでもその痕跡をたどることができる。フォアローゼズはスペインで古くから親しまれ、ワイルドターキーはイタリアで高い人気を誇る(その証拠にイタリアの複合企業グルッポ・カンパリが所有している)。I・W・ハーパーは一九六六年までに一一〇か国へ輸出された。とくに日本で人気が高い。

バーボンが国際的な足がかりを得るための最大の障害は、知名度がないこと、そしてスコッチとの違いが知られていないことだった。外国人にとってのバーボンはアメリカ人にとってのウォッカより未知のものであり、『タイム』誌などはローゼンスティールの海外進出宣言を皮肉交じりに報じた。バーボンは一般的にスコッチより早くピークを迎えるので、スコッチほど長期間熟成しない。だが、海外の消費者はスコッチの事情にしか通じていなかった。若いバーボンが長く熟成したスコッチより品質がすぐれている場合もあるのだが、若いから劣っていると考える人がまだまだ多かった。

スコッチがバーボンより長い熟成に耐えられるのは、スコットランドの気候がアメリカより穏やかであり、しかも一度使用された樽で熟成する点が理由として挙げられる（木の力の弱まった樽を使うのは、一度使ったティーバッグをもう一度使うときに長時間お湯に浸さなければならないのと同じ理屈だ）。また、湿度が比較的高く気温の低いスコットランドでは蒸散のスピードが遅く、長期間熟成しても原酒の損失が少ない。ある実験で、アメリカン・ウイスキーとスコッチ・ウイスキーの生産者が互いの樽を交換して熟成したところ、スコットランドで熟成したバーボンはいつもより熟成に時間がかかり、ケンタッキーで熟成したスコッチは本国よりずっと早く熟成が進んだ。季候の違いだけでそれだけ差が生まれる。とはいえ、消費者が現実に熟成しすぎたウイスキーを口にすることはほとんどない。気温の高い場所に置かれた樽はウイスキーの質が落ちる前に倉庫から出されるからだ。その時点で売れなければ、熟成を止めるために金属の容器に移して貯蔵し、買い手が現れるのを待つ。ただしこの作業はひどくコストがかかるので、通常はめったに行なわれない。

そのように熟成に関する違いがあるにもかかわらず、ローゼンスティールの長期熟成バーボンはスコッチと互角に渡り合った。海外市場は過熟成のバーボンをさばくには絶好の場所で、長く熟成されているほど質がよいと単純に考える消費者にどんどん売りつけた。この戦略は二〇年後にふたたび在庫が大量に余ったときも救いの手となり、二、三のバーボン・メーカーは、ウイスキー全体をスコッチの基準でしか理解していない日本の市場に過熟成バーボンを売りつけて急場をしのいだ。

高級感という点においても、海外ではスコッチのほうが優性だった。バーボンもスコッチも、つくられはじめたのは一八世紀末から一九世紀初頭にかけてだが、当時はケンタッキーもスコットランドも人里離れた未開の地であり、上流階級から眉をひそめられるような粗野な一匹狼の住み着く場所だと思われていた。ところが、スコッチは一九世紀半ばに洗練したイメージに変身する。それ以前はアメリカでもヨーロッパでも、ワインとブランデーが上流階級の酒だった。だが、一八六〇年前後にフィロキセラ（ブドウネアブラムシ）がヨーロッパのブドウ農園で大繁殖したことで壊滅的な被害をもたらし、再建と再植樹に何年もかかる事態となった。ワイン不足とブランデー不足が起こり、ヨーロッパ人はやむなく代わりとなる酒を探しはじめた。

まず注目されたのがスコッチだった。ちょうどスコットランドに流行の兆しが見えていた頃で、社会の注目が集まり出していたのだ。その数十年前、小説家のサー・ウォルター・スコットが自身の小説のなかでスコットランドの霧にかすむ峻険な山岳風景を叙情的に描いていた。そののち彼は、ジョージ四世（一七六二〜一八三〇）のスコットランドの地方訪問をお膳立てして王にタータン［スコットランドの伝統的な格子柄の生地でつくった民族衣装］を着てもらい、スコットランドの伝統と遺産に対する一般人のイメージを美化するとともに、かの地を人気の観光地に仕立て上げた。一八五二年、ヴィクトリア女王（一八一九〜一九〇一）と夫のアルバート公がハイランド地方のバルモラル城を購入し、スコットランドの社会的地位はさらに高まる。一八七〇年頃になると、ジョン・ウォーカーやトミー・デュワーといったスコットランドの蒸溜業者のつくるウイスキーが、タータンとバグパイプを前面に押し出した広告によって知られはじめた。一八九〇年代にはウイスキーのソーダ割りがイギリス紳士に好まれ、デュワーとウォーカーに富をもたらした。トミー・デュワーは貴族院に入り、自動車を買った三人目のイギリス人となった（一人目は紅茶王のトーマス・リプトン、二人目はウェールズ公)。かくしてスコットランドは上流階級の人々に愛される土地となり、ウイスキーも同等の地位を手に入れたのだった。

残念ながら、バーボンの故郷ケンタッキーにそうした変身のチャンスは訪れなかった。でも、だからこそアメリカの蒸溜業者は、飲み手の階級意識を味方につけられたのかもしれない。ケンタッキーは魅力に富む土地であり、ナパ・バレーのワイン業者がワイナリーツアーで成果を上げているのにならってウイスキー蒸溜所見学などで観光客を呼び込み、ある程度の現代的な成功も収めている。だがいまだに、飛行機で上空を飛び越えるだけの州、あるいはトウモロコシ畑の彼方に地平線が広がっているだけの州という偏ったイメージがあるのも事実だ。もちろん、アメリカの消費者にしてみれば、そうした弱点もバーボンを愛する理由のひとつであり、バーボンのつましい出自は魅力の一部となる――たとえ高級ブランドであっても、バーボンは身を粉にして働く労働者の飲み物という地位を捨てていない。バーボンを飲むことで、自分は気取った人間ではないというメッセージを発することができるのである。

だが、そのメッセージがはるばる外国まで届くとは限らない。一九五〇年代から六〇年代、輸出市場がバーボンの「新たな辺境」となると、宣伝部隊は適応を迫られた。スコッチ――文字通り王の飲み物――がゲームのルールをつくった土地では、賢くマーケティングをしてバーボンのイメージをつくり直す必要があった。その変身を見事にやってのけたのがジムビームだ。あの『ウォール・ストリート・ジャーナル』紙さえも、「ジムビームはスノッブな魅力を獲得した」と一九六五年に手放しの賛辞を送った。ビーム社の「海外広告では、贅沢な空間に身を置くタキシード姿の男たちが強調され」、「バーボンがわが国におけるスコッチと同等の地位を海外で築く」のに重要な役割を果たした。今日でも、ジムビームはとくにドイツとオーストラリアで評価が高い。このふたつの国では、輸入関税のせいで商品価格が高く設定されており——消費者はほぼ例外なくそれを品質のよさの証と解釈する——ビームはそうした地域事情に合わせて宣伝の仕方を変えたのだ。ほかの庶民的なアメリカン・ウイスキーのブランドも海外向けには似たようなマーケティング戦略を採用した。フォアローゼズのイエロー・ラベルはスペインと東欧のバーの棚の最上段に鎮座し、ジャックダニエルはドバイの空港の免税店で飛ぶように売れている。そういったことを知るにつけ、人は味というものを五感だけでなく頭でも判断していることがよくわかる。そして頭はまた、うわべに見える品質や価値にきわめて左右されやすい。

◉

一九六四年、連邦議会はバーボンを「合衆国特有の産品」と宣言する決議を可決した。宣言は目立った騒ぎもなく粛々と採択され、マスコミもわずかに報じただけだった。これは、のちに感傷的なノスタルジアを通じて有名になる決議の不吉な出だしだった。

じつはこの決議もルイス・ローゼンスティールの発案によるもので、バーボンの海外での売り上げを伸ばすための彼の戦略の中核を占めていた。一九五八年、シェンリー社は世界中のアメリカ大使館にバーボンをひとケースずつ送ると、「〝バーボン〟という名称をアメリカ産のバーボン・ウイスキーに限定する国際法や合意をくまなく探しはじめた」と、『ニューヨーク・タイムズ』は書いている。

決議は、輸出市場でコニャックやシャンパンに付与されている商標と表示の保護をバーボンにも受けられるようにするのが目的だった。当時、海外で売られている〝バーボン〟の大多数は模造品だった。『ニューヨーク・タイムズ』によると、なかでもカナダとパナマから輸出される「模造バーボン」が悪質だったという。「バラはどんな名前だろうとよい香りがするものだが、バーボン協会の面々は、アメリカ産ではないウイスキーに〝バーボン〟の名前が使われることを苦々しく思っているようだ」。ケンタッキー州選出のサーストン・B・モートン上院議員とジョン・C・ワッツ下院議員が超党派による法案を提出し、やがてアーカンソー州下院議員で有名な下院歳入委員長ウィルバー・ミルズの手に渡った。

ミルズの輝かしい政治家人生において、バーボンは何度か出現した。彼はときおり、ウイスキーを「ストレート・バーボン」あるいは「ストレート・ライ・ウイスキー」と表示するには焦がしたオークの新樽で二年以上熟成していなければならないとする法案の推進者だったと言われることがあるが、これは誤りである。実際のところ、ミルズが議員になったのは一九三九年で、製樽業者と木材業者の組合がロビー活動を実らせてその法案を通した少しあとだった。新樽での熟成はすでに広く行なわれており、業界ではそれが最良の手法だと考えられていたが、ニューディール政策によって正式に認められ、樽職人らの職業が守られた。その組合の力が強かったミルズの故郷アーカンソー州には、三〇〇万エーカー（約一万二一〇〇平方キロメートル）近くの国有林が、バーボンに最適な密度の木々――繊維がやわらかくて液体が深く侵入できるが、過剰な蒸散や液漏れは防げるだけ詰まっている——の生育する高度に広がっていた。同じように木材会社と製樽工場を多く抱えるミズーリ州とウエスト・ヴァージニア州も法案を支持した。

一九六四年の決議案が下院のミルズの委員会に届いた当初は、いったいどうしたらいいものか、だれにもわからなかった。そこでミルズは州際外国通商委員会にまわした。気候問題から海洋学まで幅広い法案を扱うために〝なんでも屋〟と呼ばれていたその委員会は、決議案を酒ではなく商船隊を専門とする議会職員に任せた。なぜか？　おそらく、ちょっとした遊び心だったのだろう。その職員はオーガスト・バーボンという名前だったのである。

オーガスト・バーボンは自分と同じ名を持つその決議案を誇りに思い、『ワシントン・ポスト』紙の報道によると、それは「慎重に検討されたのち」にすみやかに議会にかけられ、可決された。バーボンの名前は保護され、海外に出る「ビザを得た」のである。そうしてバーボンもまた、スコッチやコニャックやシャンパンと同じ庇護を受けられるようになった。

◉

統合、大事業、ロビー活動、熾烈なマーケティング——そうした言葉で定義されるこの時代を振り返ると、いかにも皮肉で時代錯誤な印象を受ける。バーボンの現実は、広告に描かれていた姿の対極にあった。それは、ハニー・バレルを探して貯蔵庫を歩きまわっていた——やがて名声を得てボトルに肖像を刻まれた——蒸溜職人の誰よりも、ルイス・ローゼンスティールが影響力を持っていた時代だった。

だが、ほどなくローゼンスティールは、みずからの手で大きくした業界の犠牲者となる。一九六八年、ローゼンスティールは「統合の魔術師」とマスコミに呼ばれたメシュラム・リクリスによってシェンリーを追われた。さまざまな無関係の企業からなるコングロマリットを束ねていたリクリスは、株式公開買付け（TOB）を行なってシェンリーの株式の八八パーセントを即座に取得した。ローゼンスティールを解雇すると、間もなくリクリスはローゼンスティールの所有していた六階建てのマンハッタンのマンションを購入し、文字通りローゼンスティールの拠点を根こそぎ買い取った。ローゼンスティールは引退してマイアミ・ビーチに移り、一九七六年に亡くなるまで一億ドルを超える額をさまざまな慈善活動や義援団体に寄付した。シェンリーの幹部数人は、リクリスはただシェンリーの巨額な資産を奪いたいだけだと反発したが、それに対してリクリスは「彼らは首になるのを怖がっているだけだ」と応じた。一九八七年、リクリスはシェンリーの残骸をギネスに売却した。そのギネスはやがてディアジオに吸収され、ディアジオは二〇一五年には世界最大の蒸溜酒企業となっている。

この数十年の激変期にバーボンは多くのものを失ったが、一方で消費者の選択肢は増え、熟成期間は長くなり、国の宝として称えられるまでになった。ローゼンスティールは緻密な計画者ではなかったが、意志の力で崩壊寸前だったものを短期間で立て直し、成功へと導いた。業界は多くの面で魅力的とは言えない姿に変わってしまったが、それはバーボンがアメリカを見捨てたからではない。それどころか、一九六〇年代に入ってしばらくすると、現実にはアメリカがバーボンを見捨てようとしたのだった。

第15章　外敵襲来

一九五九年、ソビエト連邦の主導者ニキータ・フルシチョフ（一八九四～一九七一）は、アメリカ合衆国副大統領リチャード・ニクソンの政府専用機ボーイング７０７の客室で人生初のバーボンを味わおうとしていた。航空機はモスクワのヴヌーコヴォ空港に駐機していて、客室のハイファイ音響システムからはジャズが流れている。ちょうど一週間前にニクソンと激しい舌戦をくり広げたフルシチョフは、和解の印としてバーボンを供された。フルシチョフはグラスに鼻を近づけ、いままさに感想を述べようとしている。

フルシチョフとニクソンの論戦は、冷戦のさなかにあったアメリカとソ連が平和を促進するために実施した交流の会場で起きた。ふたつの超大国は互いの国で博覧会を開き、ニクソンはモスクワに飛んでフルシチョフにアメリカの展示場を案内した。それは現代の家具チェーン店イケアに似た会場で、蛇行した通路に沿って進みながら、ハイテク設備を満載したアメリカの完璧なリビングとキッチンのモデル会場を見てまわるという展示場だった。ニクソンがカラーテレビをフルシチョフに見せると、フルシチョフはアメリカの政策について痛烈な批判をはじめ、やがてふたりは言い争いはじめた。論戦はキッチン会場に移っても続き、そこでふたりは、朝食をとりながら口論する離婚寸前の夫婦のようにお互いを指差しながら怒鳴り合った。フルシチョフはニクソンの発言を遮り続け、ニクソンはフルシチョフに「反論を怖がるべきでない。どうせ（資本主義のことなど）ろくに知らないのだから」と怒鳴ったと、外交使節団に同行したメディアは報じている。

一週間後、ニクソンの帰国が近づきふたりの頭も冷えた頃、フルシチョフは航空機の見学を口実にニクソンを訪ねた。フルシチョフはバーカウンターに並ぶ酒をしげしげと眺め、アメリカ産のウォッカの匂いをかいで生産者を尋ねた。その答えを待たずして、彼は次のボトルを取り上げた。「これはなんだ？」と訊いたフルシチョフに、だれかがバーボン・ウイスキーですと答えた。その後、座席についたフルシチョフは、何かお飲みになりませんか、と言われた。

「ウォッカとウイスキーのどっちを勧めるかね？」と尋ねた彼は、自分でその問いに答えた。「ここはアメリカの領域だ。だからウイスキーをいただこう」

やがてハイボールが用意された。フルシチョフは一口飲み、アメリカと客人たちを祝してグラスを掲げた。「じつにうまいウイスキーだ」と通訳を介して彼は言った。「だが、あんたがたアメリカ人はこの酒を台無しにしている。ウイスキーより氷のほうがたくさん入っているじゃないか」

その言葉が次の一〇年を予言するものだったとは、当のフルシチョフは思いもしなかっただろう。アメリカでのバーボンの売り上げは一九六〇年代半ばまで比較的好調だったが、その後消費者の味覚の変化により急激に減りはじめた。なかでもフルボディのストレート・バーボンが大きな打撃を受け、動転した蒸溜業者はあわてて軽い味わいのバーボンになるよう製法を変え、蒸溜時のプルーフや樽の種類など公式に決められた生産基準の見直しを議会に求めはじめた。数年前にはあれほどの人気だったバーボンが、いまや下手なミュージカルのように客が遠のき、売り上げは過去に例がないほど急降下していた。原因はいろいろと考えられたが、そのうち最大の原因はフルシチョフの母国からやってきていた。つまりウォッカだ。

◉

バーボンに攻勢をかけてからおよそ一四年でウォッカはアメリカに上陸拠点を築いた。一九三三年、禁酒法の廃止と同じ年に合衆国はソビエト連邦の成立を正式に承認し、建前上は、ウォッカ輸入の障壁を取り払った。だが、その後もウォッカが輸入されることはほとんどなく、ポーランドやラトヴィア産のものがわずかにニューヨークのブライトン・ビーチやシカゴのストック・ヤード地区といった移民街の食料雑貨店の棚に並ぶ程度だった。その後、一九三四年にルドルフ・クネット(クネチャンスキーの短縮形)というロシア系移民が、ロシアの蒸溜業者ピエール・スミノフの息子たちと契約してスミノフの名前を使う権利を得た。コネチカット州ベッセルのクネットの蒸溜所は、ヒューブラインに一万四〇〇〇ドルで買収されたとき、一日に約二〇ケースのウォッカを製造していた(のちにスティッツェル・ウェラーの買収を試みた、あのヒューブラインである)。

その後はほとんど動きがなかった。ウォッカは潜伏するスパイのように命令を受けるまでアメリカの地に身を潜めていた。ウォッカという飲み物の存在に大半のアメリカ人が気づいたのは、第二次世界大戦中のテヘランおよびヤルタ会談でフランクリン・ルーズベルトとウィンストン・チャーチル、ヨシフ・スターリン（一八七八～一九五三）の三巨頭が集まったときだ。ルーズベルトはオリーブの漬け汁をたっぷり入れた特製レシピのダーティ・マティーニをみんなにふるまおうと張り切っていた。多くの歴史家が「史上最悪のマティーニ」と評したその飲み物を、アメリカ人以外はとまどって警戒し、ロシア人は代わりにウォッカで乾杯することにして、グラスを小さなトロフィーのように高く差し上げた。アメリカ人はそのようすをいぶかしげに見守った。

穀物を一九〇前後という驚くような高プルーフで蒸溜するウォッカは、基本的に穀物中性スピリッツである。脂質や化合物や不純物をわざと除去して清々しいほど無菌状態にしたもので、連邦規則集では「明確な個性のない中性スピリッツ」と定義されている。原酒に含まれる化合物が個性のもとになるバーボンとは対照的だ。そうしたウォッカの特徴は、というより特徴のなさは、飲んでも息が臭くならないことに気づいた酒好きたちにたちまち歓迎された。スミノフはのちにその特徴を利用して、「スミノフ飲んでも息はさわやか」という宣伝文句を使った。

ウォッカの本格的な攻勢は一九四六年にはじまった。伸び悩む売り上げをどう伸ばすか思案していたヒューブラインの重役ジョン・マーティンは、あるときバーテンダーの友人にばったり会った。その友人も、ロサンゼルスの自分のバーで仕入れた輸入ジンジャー・ビールの売れ行きが悪くて困っていた。そこで彼が発案したのが、モスコミュール――ジンジャー・ビール、ウォッカ、ライム汁半個分を銅のマグカップで飲むカクテルである。あらゆるカクテルの誕生神話と同じく、モスコミュールの誕生についてもいくつかの説があるが、「モスコミュールはトロイの木馬だった」と皮肉った、スミノフの宣伝を担当していた広告マンの言葉がもっとも説得力がある。つまり、「モスコミュールはそれと気づかぬ形でアメリカ人をウォッカに引き合わせた」というものだ。

モスコミュールはウォッカの潜入チームとしてアメリカの田舎に忍び込み、人々の心を次々にとらえていった。ロサンゼルスに上陸拠点ができたら、次はどこへ向かうのだろう? アメリカのどの街がそのメッセージを受けとめてくれるだろうか? 浮上したのは、「赤狩り」の先導役である下院非米活動委員会がロシア出身の共産主義者が潜り込んでいるとにらんでいた場所、つまりハリウッドだった。

カクテルにまつわる雑学によると、ウォッカの一〇月革命は翌一九四七年、女優のジョーン・クロフォード邸で起きた。銀幕のスターで流行の火つけ役だったクロフォードは、自宅でウォッカとシャンパンだけを出すパーティを開いた。同じく全国に流行を広める役目を果たしていたスターの客人たちは、その蒸溜酒の味を知り、自分が主催するパーティでも出しはじめた。

ウォッカはダンス・ブームより早く広まった。売り上げは一九五〇年の四万ケースから一九五五年には四四〇万ケースまで増えた。バーボンの売り上げとはまだかなり差があったが、ストレート・バーボンの生産者のなかには、ウォッカの売り上げの伸びと風味の軽いブレンデッド・ウイスキーの売り上げの伸びが連動していることに気づきはじめた者もいた。ナショナル・ディスティラーズは、パンチの穏やかな酒の人気の高まりを次の流行の前兆と読み取った。一九五四年から五八年にかけて、ナショナルはオールド・テイラー、オールド・グランダッド、オールド・クロウを従来の一〇〇プルーフだけでなく八六プルーフでも取りそろえ、それによって酒税を節約し価格を引き下げた。その三つはバーボンのなかでもとりわけ歴史が古く名の通ったブランドだったので、それがプルーフを落としたということは、海軍特殊部隊（ネイビー・シールズ）の最精鋭兵士三人がいきなり事務方に異動になったようなものだった。他社のブランド——シェンリーのI・W・ハーパー、ブラウンフォーマンのオールド・フォレスターほか多数——も同様の予防策を張った。一九六三年にはいくつかの低いプルーフの製品が高い製品の売り上げを抜き、蒸溜業者は「命拾いをした」と『タイム』誌に揶揄された。

ウォッカの進撃は続いた。冷戦がベトナムで猛威をふるう一九六七年頃には、ウォッカはジンの売り上げを抜く。資本家のパワーランチのマティーニに使われ、ルーズベルトがヤルタ会談でふるまった人気のジンを倒したことで、ウォッカはいよいよバーボンを視界にとらえた。だが、茶色い蒸溜酒の存在感はまだ絶大だった。なかでも賢い海外マーケティングと米軍基地との強いつながりが功を奏したジムビームの売り上げは好調だった。ベトナム戦争が本格化してくると、新聞記者は現地司令部のようすを描くことで戦況報告に色を添え、とくになんの酒が置いてあったかを忘れずに書くようにしていた。描写はどれも似たようなもので、テント、折りたたみテーブル、弾薬箱、そしてお決まりのジムビーム。ほかのブランドが出てくることはめったになかった。

ベトナム戦争がはじまると、ジムビームも一緒に戦った。一九六七年、映画『００７は二度死ぬ』——ショーン・コネリー演じるジェームズ・ボンドが巨大犯罪組織スペクターと戦う——が公開されると、ジムビームはコネリーを広告塔に雇った。私生活のコネリーはおそらくスコッチのほうを好んだスコットランド人だったが、同時に共産主義との闘いやバーボン対ウォッカの闘いなど、西側陣営が挑む闘いの大義を理解し、個人的な好みは広告では見せなかった。スパイ映画のスターという冷戦時代のもっとも影響力のある武器を雇い入れることで、ビームは見事な作戦を展開したのだった。

ただし、その作戦にはひとつだけ落とし穴があった。肝心のジェームズ・ボンド本人は普段バーボンを飲まず、むしろウォッカを飲んでいたのだ。ボンドが好んだことで有名なマティーニはジンの代わりにウォッカを使い、一般的なマティーニのように軽くかき混ぜる（ステアする）のではなく、激しくシェイクしてつくる。そうして荒っぽくルールを捻じ曲げるところからボンドの一匹狼なキャラクターはつくられていたわけだ。政府の究極の内輪筋（インサイダー）だったボンドだが、彼自身は究極の権力のカクテルに縛られることはなかった。ウォッカを飲むことで敵方のソビエトに対する免疫をつくっていたが、ジムビームのグラスを手にしたときは雰囲気が違った。それは、敵を欺く心理戦としては大成功だった。もっとも、ジェームズ・ボンドを本当に理解できる者などいないだろうが。

だが、ボンドという強敵をウォッカは乗り越えた。その頃にはウォッカはアメリカの感受性の強い若者の心をつかんでいた。ベビーブーマー世代が飲酒年齢に達していたのだが、彼らは親の世代の古いやり方に反発し、バーボンは父権主義と権力の象徴となっていた。対するウォッカは謎めいた敵国からやってきたものであり――それを飲むことは体制に対する抵抗を表した。また、その際立った個性のなさを、若い世代はまっさらなキャンバスととらえて自由に想像力を働かせた。ウォッカは、そのときの気分に合わせて好きなもので（オレンジジュースでもクールエイド［アメリカでよく飲まれる粉末ジュース］でも）割ることができた。ベトナム戦争が泥沼化するにつれ、ベビーブーマーは、ジムビームを机の上に置いた老大佐たちの率いる戦争に反対の声をあげた。当時の『エスクァイア』誌は、旧世代の飲み物は「いんちき臭いブルジョア的価値や社会的俗物、蔓延するアルコール依存症から潜在的なマゾヒズムに至るまでのあらゆるものを象徴していた」と書いている。

世代間の対立は強かった――テーブルを挟んで、白髪と長髪が火花を散らしていた。あまりに昔気質で過去にこだわりすぎていたバーボンも時流にふさわしい言葉を見つけることができず、ときに墓穴を掘った。一九六〇年代、ビームは女性をターゲットにした広告戦略を打ち出したが、ウイスキーの伝統的な男くさいイメージを払拭するどころか、亀裂をさらに広げてしまった。ビームの広告は女性に飲ませようとしたのではなく、夫のためにもっとバーボンを買いませんかと女性たちを諭したのだ。「美人で素敵な奥さま、そう思いませんか？」とある広告には書かれていた。一九六三年、シーグラムの副社長でサミュエル・ブロンフマンの息子のエドガー・マイルズ・ブロンフマンも同じ失敗を犯した。『タイム』誌によると、ブロンフマンは、軽い味に消費者の嗜好が変わったのは「あっさりした後味の飲み物を好む女性たちのためであり、また〝軽い〟ほうが手を出しやすいと考える若者のためだ」と発言したという。見当違いもはなはだしい言葉だが、その発言があったのと同じ六〇年代にボブ・ディランは『時代は変わる』というタイトルのアルバムを発表した。

一九六九年にもなると、バーボン通たちはストレート・バーボンの存在自体が危うくなりつつあることをひしひしと感じずにはいられなかった。一方、その頃シェンリーから追放されたルイス・ローゼンスティールは、「共産主義、あるいは合衆国憲法に記述されている原則と敵対する思想や信条と戦うために」一〇〇万ドルの大金をJ・エドガー・フーヴァー財団に寄付していた。熱心な反共産主義者だったローゼンスティールは、フーヴァー財団の創立者にしてジョセフ・マッカーシー上院議員の主任顧問として一時物議を醸したロイ・コーンの「父親的存在」と言われていた。フーヴァー財団は、「アメリカ合衆国の伝統と自由を保護し、よき市民であることと政治のあり方に対する正しい理解を促進し、尊敬するJ・エドガー・フーヴァー氏が人生を捧げた理想と目的を永く記憶にとどめる」ために設立された。ローゼンスティールの寄付を受けてフーヴァー財団の長はシェンリーの前執行副社長ルイス・ニコルズに引き継がれた。ニコルズはFBIでフーヴァーの片腕を務めた人物で、一九五七年にFBIからシェンリーに転職していた。

バーボンとウォッカの闘いは一九七〇年代に最高潮に達する。ウォッカはじりじりとバーボンとの差を縮めつつあった。バーボン・メーカーはもはや戦々恐々となり、戦略をじっくり練るのをやめて一発逆転に賭けたロビー活動に走りはじめた。一九七一年、大手酒類企業は表示と生産に関する規制変更を求めて議会に働きかけ、自分たちが生き残るためにはどうしても法改正が必要であると訴えた。当時は消費税をのぞくと酒類がまだ最大の税収源だったので、ウイスキー業界からの税収を失いたくなかったアメリカ政府はすぐに応じた。その結果生じた副産物が、「ライト・ウイスキー」と称される種類だ。ストレート・ウイスキーは一六〇プルーフ以下での蒸溜が義務づけられているために風味が強く残るが、ライト・ウイスキーは一六〇から一九〇プルーフで蒸溜される。また、ライト・ウイスキーは通常のウイスキーで定められている新樽ではなく、使用済みの樽で熟成することが許された。最低四年の熟成は義務づけられたものの、できあがったものは「ウイスキー風味のウォッカ」だったと『タイム』誌は報じている。

ライト・ウイスキーのキャンペーンから生まれた広告の見出しや宣伝文句には、実際のウイスキーよりずっと気の利いた言葉が躍った。「光(ライト)あれ」、「楽(ライト)に行こう」、「アメリカの大手蒸溜業者はいま、軽さ(ライト)を追っている」。フォアローゼズは「迫力減点にご注意」というテーマのキャンペーンを「フォアローゼズ・プレミアム」なる新商品のために行なった。それは〝ライト〟なウイスキーだったが、同じブランドのヘビーな風味の商品より一五セント高く設定されていた。

案の定、ライト・ウイスキーのキャンペーンは失敗に終わり、一九七五年にはほとんどの企業がひっそりと宣伝をやめていた。ウイスキーの売り上げはその後もずるずるとウォッカに押され、ウイスキー・メーカーは老舗ブランドのプルーフまで下げざるをえなかった。一九七三年から一九七五年にかけて、シーグラムのセブンクラウン、フォアローゼズ、ハイラム・ウォーカーのインペリアル・アメリカン、ジムビームなどをはじめとする一〇〇以上のブランドがプルーフを八六から八〇に下げた。低下したのはプルーフだけでなく、ウイスキーへの投資利益率も総じて七パーセント前後に下がり、多くの投資家が損益分岐点と考える一二パーセントを大きく下まわった。

一九七六年、アメリカは建国二世紀を迎えた。ウイスキーがラム酒に代わって国民的な飲み物となってから二〇〇年が経ち、ついにウォッカがウイスキーの売り上げを抜いた。その三年後、ハイラム・ウォーカーは三〇〇〇人の従業員を抱えるピオリアの蒸溜所を閉鎖した。同じような閉鎖はほかでも無数に起きていた。「その報せを受けた日、デスクで男の人たちが泣きじゃくっていました」と、ハイラム・ウォーカーに勤めていたある女性は『ボルティモア・サン』紙に語った。

バーボンは敗北の痛みと苦しみを味わいながら、暗闇のなかにいた。だが、あるブランドがトンネルの先の光となって復活をとげる。それはまぎれもなくバーボンの秘密兵器でもあった。

第16章 「安くない味」へ

ケンタッキー州ロレットにあるメーカーズマーク・ディスティラリーの名誉会長ビル・サミュエルズ・ジュニアは、ケンタッキー州の伝説的人物に囲まれて育った。名づけ親（ゴッドファーザー）は、一九四七年にビルが七歳のときに他界したジム・ビームだ。一〇代の頃は、短い期間だったがケンタッキー・フライド・チキンの創業者カーネル・ハーランド・サンダースの運転手を務めたこともある。運転手をはじめてすぐ、ビルは主人がひどい癇癪持ちであることに気づいた。カーネルが「秘伝のレシピを踏襲していない！」と壁際のフライ鍋をはたき落として従業員を怒鳴りつけたのだ。車にもどってきたカーネルに、あれほど怒る必要が本当にあったのかとビルは尋ねた。「あったよ」とカーネルは落ちついた声で答えた。「これで、二度とあんな怒り方をしなくてよくなったからね」

「カーネルはブランドよりものづくり（プロダクト）に情熱を傾けていた」と、ある午後、ルイビルで会ったときにビルは私に語った。「コールスローにグレービーにチキン、そういったものにね」

その逸話は、ブランドを築く前にきちんとした製品をつくることがいかに大事であるかを示唆している。ビルはその話を持ち出すことで、自分の一族がどうやってメーカーズマークを築き上げたかを説明したかったのだ。メーカーズマークはウイスキー市場において際立った個性を持つバーボンである。マッシュビルにライ麦ではなく小麦を組み込んでいるので平均的なバーボンより甘みが強く、バニラとキャラメルの濃厚な風味が感じられる。

ビルは少年時代に出会ったもうひとりのケンタッキー州のレジェンドを取り上げ、ゆっくりとメーカーズマークの物語をはじめた。一九五一年、まだ一一歳だったビルはパピー・ヴァン・ウィンクルに人生最初のバーボンを飲まされた。父のビル・サミュエルズ・シニアのお供でスティッツェル・ウェラーのパピーの事務所に出かけたときのことだ。父はその頃、メーカーズマークを立ち上げようとしていた。三人で昼食に出かけることになったとき、パピーは頬をゆるめると、琥珀色の液体が揺れるグラスをビル少年の小さな手に押しつけ、大人の男への階段にいざなった。パピーはこう言った。「ツー・フィンガーやる［グラスの底から指二本分の高さまで入った酒を飲むこと］まで昼めしには行かないぞ」

「こっちは飲み方も知らないのにね」と、ビルはケンタッキー人らしい鷹揚な話し方で言った。そのケンタッキー訛りがとくに強くなるのは悪態をつくときだが、彼の口から悪態が飛び出すのはめずらしいことではない。いまや七〇代前半の彼の言葉は率直で自信と説得力に満ちている。パピーのグラスを受け取った幼いビルは、それをひと息で飲み干したという。

メーカーズマークは、一九八〇年代に〝クラフト〟ラベルへの転換を果たすことで、バーボンを一九七〇年代の長い低迷から救い出した類まれなブランドのひとつだ。当時、メーカーズマークは世間に逆行していた。ほかの企業が崩壊寸前のバーボン業界から次々とラベルを引き上げていた時期に新たなラベルを立ち上げ、ほかの企業が価格を下げたときはむしろ価格を上げ、値上げしたことを堂々と宣伝した。その戦略を多くの人は自殺行為だと考えた。確かに、メーカーズマークは二〇年以上にわたって目立った利益を上げることができず、金持ち一家が道楽でやっているだけと業界内では思われていた。

その後、一九八〇年代初頭にいくつかの幸運と偶然が重なり、気がつくとメーカーズマークは業界全体の復興の先鞭をつけていた。二〇一五年現在、アメリカ最大手のバーボン・ブランドに成長し、高級クラフト・ウイスキーに特化してニッチ市場の需要に応えている。そうやって書き上げられたメーカーズマークの緻密なノウハウは今世紀に入って出現したクラフト・ウイスキーの蒸溜所に受け継がれ、それらの蒸溜所の手本とされている。ビルのもとにはアドバイスを求める新興の蒸溜業者から毎週何本も電話が入る。最近のクラフト・ムーブメントにおいて長老的な存在になっているのだ。もちろん、いまやメーカーズマークは巨大企業なので、〝クラフト〟蒸溜所と呼ぶことについては疑問を感じる人も多いだろう――その成長を牽引したバーボン自体はそれほど変わっていないのだが。小さな生産者が「小さい」、すなわち大企業ではないというだけで実力以上に評価されがちな現在の食ブームのなかで、メーカーズマークはいろいろな意味で自身の成功の犠牲者となり、あとに続く者たちに教訓を残している。

サミュエルズ家は、一九世紀末にケンタッキー州のバーボン地帯に数多く存在していた小さな蒸溜一族のひとつで、そのルーツは州の開拓初期にさかのぼる。禁酒法廃止後の統合時代、T・W・サミュエルズ・ディスティラリーは多くの蒸溜所と同じく生き残ることができなかった。ビルが言うには、原因は一九世紀のやり方の再現にこだわって新しい業界に適応できなかったことにあるという。つまり、スティッツェル・ウェラーのように新たなアイデアや製法を試す道をとらなかったからだ。ビルの父親は新しいことを試してみたかったのだが、その頃事業を仕切っていたビルの祖父のレズリー・サミュエルズに突っぱねられた。一九三五年当時の蒸溜所の広告を見て、ビルは私に言った。「うーん、こりゃひどいな」

T・W・サミュエルズの失敗は父ビル・シニアの心に傷を残した。ビルは幼年時代、父が家で「めそめそと愚痴をこぼしていた」のを覚えている。父のプライドは傷つき、その消しがたい記憶は、とくにビル・シニアが引退して家にいるようになってから家族のあいだに緊張を生む原因になった。ビル・シニアは思いがけず早く引退した。ほかの蒸溜所への投資事業をやむなく売り払ったのだが、その売却によって、バーボンのブランドを新たに立ち上げられるほどの金が手元に残ったからだ。「父は働く必要がなかった」とビル・ジュニアは言う。「銀行へ金を借りに行くこともなかった……自分で持っていたからね」

新たに蒸溜業をはじめようというビル・シニアに、業界の親しい仲間たちはいろいろと手を差し伸べてくれたという。ウィートト・バーボンを製造することに決めると、すでに同じスタイルのバーボンを手がけていたパピーが製法や技術的なコツを伝授してくれた（たとえば、小麦はライ麦のように圧力をかけて煮てはいけない、など）。また、パピーは、蒸溜したてのウイスキーの味の参考になるようにとスティッツェル・ウェラーのホワイトドッグを提供してくれた。ブラウンフォーマン、ジムビーム、ヘブンヒルの友人たちも酵母のサンプルを分けてくれた。このように、バーボンの古い番人たちの専門知識のおかげで、ビル・シニアは、息子のビル・ジュニアの言葉によると「袋小路に陥ることなく」新しいものをつくり出せたのだという。新たな事業のために選んだ場所は古い製粉所のある土地で、「禁酒法時代以後にできた最初の〝クラフト〟蒸溜所だった」とビルは語った。

一九五三年に操業を開始した新しい蒸溜所は、一九五八年にメーカーズマークの初生産分(ファースト・バッチ)を売り出した。店の棚に並んだメーカーズマークは、ビル・シニアが夢に描いていた幻のウイスキーに限りなく似ていた。独特のボトルは四角くどっしりとして、赤い蠟で封をされている。その形は高級感のあるコニャックのボトルに似せたもので、バーボンの大衆的なイメージと一線を画す目的があった。また、大半のブランドが価格を下げていた時代だというのに、メーカーズマークには最初から比較的高い値段がつけられていた。思いきって高所得者層をターゲットにしたのだ。最初に打った広告は『ニューヨーカー』誌の見開き全面広告で、そこからはビル・シニアの理想の片鱗をあちこちに見て取れる。自身のバーボンをただの製品ではなく、ひとつの「真理」に見せようとした野心的な異端者の理想を。彼はそれをより高級で洗練されたイメージのコニャックやスコッチと並ぶものにするつもりだった。

しかし真理はどうであれ、売り上げは少なかった。知名度がゼロで割高な商品となれば無理もない。当初は生産量も少なく、おもに地元で販売した利益でなんとか事業を続けていた。
そのようなメーカーズマークの創業時代、工学士の学位を得たビル・ジュニアはエアロジェット・ジェネラル社のロケット科学者として核弾道ミサイル・ポラリスの開発にたずさわっていた。ところが、発射実験の際に彼の手がけたエンジンが故障して解雇されてしまう。エアロジェットをやめた後はナッシュビルのヴァンダービルト大学のロースクールに通い、卒業後にケンタッキーに戻り家業を継いだのである。

やがて頑固な父と息子の綱引きがはじまる。ひと握りの味利きに賞賛されるバーボンをつくり出せる父を「ものづくりの男（プロダクト・ガイ）」だとビルは評した。だが、ビル・ジュニア自身が目指す成功の定義はもっと広い。七〇代半ばに差し掛かったいまもビルはエネルギッシュで、両手を大きく動かしながら、あふれるアイデアに口が追いつかないとでもいうように早口でしゃべる。ビルは当時、メーカーズマークがビジネスの可能性を十分に発揮しておらず、父のやり方は生ぬるいと思っていた。「父の考えるマーケティングとは、岩の上にじっと座って、幸運がこっちに近づいてくるのを待つようなものだった」とビルは私に語る。

ビル・シニアは息子に、まずは顧客開拓を、やがて広告の仕事を任せた。ビル・ジュニアは引きつづき高級市場に狙いを絞り、メーカーズマークといえばいまでもだれもが思い出すあの広告を一九六五年に打ち出した。「安くないね……値段も、味も」その広告は柔道の技のように、ブランドの最大の弱点を逆手に取ったものだった。バーボンは必ずしも値段の高いものが高級というわけではない。だがその考えは、品質と価格を自動的に結びつけてとらえる消費者には通じないと気づいたのだ。だから、あまり高くなりすぎないように気をつけた。今日のメーカーズマークの小売価格はだいたい三〇ドル前後で、高級感がありながらも手の届く範囲に収まっている。

一九七〇年代に入るとメーカーズマークは少しずつ売り上げを伸ばし、一日六樽だった生産量が七〇年代の終わりには一九樽を製造するようになった。規模こそまだ小さかったものの、その成長期はちょうどアメリカの料理界の草分けが活躍しはじめた新しい食ブームの萌芽期とも重なっていた。一九七一年、アリス・ウォーターズがカリフォルニア州バークレーにシェ・パニーズを開き、同じ頃『ニューヨーク・タイムズ』のフードライターであるクレイグ・クレイボーンが深南部(ディープサウス)などの「失われた伝統料理」を支持しはじめた。その真意は「基本に返ろう」という当時のムーブメントにあった。それはまた、その前の一〇年間の宇宙時代らしい食の流行――粉末ジュース、TVディナー、フリーズドライの宇宙食アイスクリーム――に対するアンチテーゼでもあった。人々はだんだんと栄養の乏しいレタスから緑の濃いルッコラに切り替え、その風潮はやがてアメリカの中産階級の食を決定づけることになった。

その流れに乗ってビル・ジュニアは、メーカーズマークを旅客機の飲み物カートに乗せることに成功した。機上ではじめてメーカーズマークを飲んだ人々は、飛行機から降りると地元の酒屋で買い求め、需要は全国に広がった。そして一九八〇年、ビルの機内ドリンクという戦略に目をとめた『ウォール・ストリート・ジャーナル』のデイヴィッド・ガリーノ記者は「伝統に背を向けて成功したメーカーズマーク」という見出しの記事を書いた。そこには、大半の人々が失敗だと考えた戦略で成功をつかんだ蒸溜所の異端児が紹介されていた。

この記事が大きな転機となる。さばききれないほどの注文が殺到し、メーカーズマークは二〇年間で二桁の成長を記録する。

ビル・ジュニアは大衆の味覚を鋭くとらえてブランドを現在の成功へ導いた人物としてたびたび称賛を受けてきた。だが、ビル自身は、タイミングに恵まれていただけだと謙遜する。むしろビルの本当の功績は、ほかのバーボン・メーカーが彼らにならって高級市場向けの路線を採用するモデルをつくったことにあるだろう。「われわれの好運を見て、よそのメーカーも飛びついたんだ」とビルは説く。一九八四年には、エンシェント・エイジ・ディスティラリー*（一九九九年以降はバッファロー・トレースとなる）がブラントンというシングル・バレルの高級ブランドを発売した。メーカーズマークの成功にヒントを得たのは明らかだ。加えてシングルモルト・スコッチの人気の高まりにより、「シングル」という言葉を新商品に使うのがちょっとした流行になっていたというのもあるだろう（「シングル・バレル」という用語には厳密な定義がなく、シングル・バレルを謳うブランドでも実際には均質化のために複数の樽の中身を混ぜているところもあるが、信頼の置けるブランドは原酒の樽の情報をきちんとボトルに記している）。一九九二年、ジムビームは新しく生まれた市場に向けて、上質の「スモール・バッチ」のシリーズを誕生させた。それがノブ・クリーク、ベイシル・ヘイデン、ブッカーズ、そしてベイカーズである（「スモール・バッチ」とは、通常より少ない樽の中身を混ぜ合わせてフレーバープロファイル［風味の個性のこと］をつくっているウイスキーのことを言う。「シングル・バレル」同様に定義されていない用語であり、理屈上はどのボトルにも使うことができる）。

＊　エンシェント・エイジは禁酒法時代に医療用ウイスキーを生産していたフランクフォート・ディスティラーズの跡地に蒸溜所を持っていた。

ニッチ市場に向けた「高級」バーボンの売り上げが少しずつ伸びていくことによってバーボン・メーカー全体も利益が上がりはじめた。しかしながら、オールド・フォレスター、ワイルドターキー、エヴァン・ウィリアムスといった中間層の定番ブランドの売り上げはまだまだ横ばいだった。バーボン復興の兆しは見えかけていたが、業界全体の復調につながるほどの潮流ではなかった。老舗ブランドもそれなりのものをつくってはいたが、世のなかが贅沢な高級品に取り憑かれているような時代にあっては、労働者的な過去を思い出させるものは分が悪かった。アメリカ経済が一九八三年に不況を脱すると、高級バーボンの上を行く〝超高級〟バーボンが、映画『ウォール街』の公開とときを同じくして爆発的に流行する。ただし、この新しい需要の大部分はアメリカ国内ではなくじつは日本によるものだった。日本もアメリカと同じく経済が右肩上がりで、ウイスキーはスコッチ、バーボンともに人気があった。一〇〇ドルを超えるシングル・バレルのブランドが太平洋の向こうでどんどん売れた。それはアメリカ国内ではどんなバーボンにも――超高級バーボンにさえも――まだつけられたことのない価格だった。

一九八〇年の『ウォール・ストリート・ジャーナル』の記事でデイヴィッド・ガリーノは、メーカーズマークの買収を狙っている者は「よだれを垂らしながら機会をうかがっているだろう」と書き添えた。だが、ビル・シニアは絶対に買収話には乗らないと主張した。にもかかわらず、それから一年後、メーカーズマークは酒類業界の巨人と言われるハイラム・ウォーカーに買収された。メーカーズマークは完全な子会社となり、事業はおおむねそれまで通りだったものの、業界最大手企業の一部となった。その後は統合の傘の下にある会社の常として、あちこちの企業の傘下を転々とした。一九八七年、イギリスの巨大酒類企業アライド・ドメックがハイラム・ウォーカーを買収し、やがてメーカーズマークは当時ジムビームも所有していた巨大持株会社のフォーチュン・ブランズに売却された。二〇一一年、フォーチュン・ブランズが分割され、傘下のすべての酒類事業はビーム社の一部になった。そして二〇一四年、ビーム社は日本のウイスキー業の巨人、サントリーに買われてビーム・サントリーとなる。それがメーカーズマークの現在地である。

◉

二〇一〇年、メーカーズマークははじめて一〇〇万ケースを売り上げた。その商業的な成功と数十億ドル企業の傘下に入ったことはある種の達成だったが、その反面、彼らを成功に導いた創業以来のクラフト的な魅力はいくぶん失われることになった。現に二〇一四年にはルイビルとニューヨークにある流行（はや）りの有名ウイスキー・バー二軒がメーカーズマークを取り扱うのをやめた、とメーカーズマークの蒸溜責任者グレッグ・デイヴィスが私に語った。いまのところ売り上げに変化はないが、ブランドのイメージにとっては大問題であり、将来の売り上げに影響しかねない。長年ほとんど変わらぬ味を保ってきたブランドの職人として、取り扱いの中止には確かに「少しショックを受けた」とデイヴィスは打ち明けた。そしてビルも同じような思いを抱いている。「メーカーズマークを単なる商品ではなくつくり手の意志が感じられるものにしようと努力しているんだがね……確かに昔ほどはクールなブランドじゃないけれど、それでも非常にまっとうなものづくりをしているよ」

二〇一〇年頃には、現代のウイスキー・ルネサンスの勃興期にもてはやされたクラフト蒸溜所のいくつかが――コロラド州のストラナハンやハドソン・ウイスキーをつくっているニューヨーク州のタットヒルタウンなど――外部投資家に目を向けはじめた。そのことから、ある疑問が心に浮かぶ。買収によってすぐさま事業規模や日々の業務が変わるわけではないとしても、そうした蒸溜所を〝クラフト〟と呼ぶべきなのだろうか？　イメージの点からみると、売却は慎重に行なう必要がある。ビル・シニアは一九八〇年に独立を維持すべきだと『ウォール・ストリート・ジャーナル』に語ったが、その一年後に事業をハイラム・ウォーカーに売却している。そうした行為はバーボン通の信用を失うことになりかねない。だが一方で、流通チャンネルとマーケティング予算が増えることから一気に成功を手にすることも不可能ではなくなる。成長に必要な投資を呼び込みつつ創造的な独立事業のイメージを開拓することこそ新しい蒸溜所にとっての大きな課題であり、今日の食品業界においてはとくに難しい舵取りを迫られる。この問題がクラフト・ウイスキーの復興後に誕生した蒸溜所に及ぼす影響についてビルに尋ねると、ビルはアメリカのビジネスの情緒のかけらもない現実についてこう答えた。「ああ、連中は端(はな)から売るつもりなんだろう」

ある企業が本物の〝クラフト〟事業者かどうかを見定めるのが難しいのは、〝クラフト〟という言葉がきちんと定義されていないためだ。表現に規制がないので、マーケティング担当者がこの言葉を好きなように使えるのだ。大半の消費者は、〝クラフト〟とラベルに表示されているものは手づくりの地元産の品で、値段が高いのは質がよいからだと考える。だから企業は〝クラフト〟という言葉を宣伝道具として自由に使う。小さいこと（親密、人間味がある、ジェファーソン的）には、大きいこと（よそよそしい、人間味を感じない、ハミルトン的）にない魅力が常にあるのだろう。世界最大の蒸溜酒企業の支社であるディアジオ・ノース・アメリカのラリー・シュワルツ社長は、二〇一三年の投資家会議でウイスキーの新ラインナップを発表したとき、「われわれは合衆国の北アメリカ・ウイスキー市場でナンバーワンのクラフト蒸溜業者を目指します」と言った。

シュワルツ社長の宣言からも明らかなように、〝クラフト〟という用語は漠然とした流行語（バズワード）にすぎない。ディアジオはよいウイスキーをつくっているものの、世界最大のウイスキー・メーカーという立場は、多くの人々が理解している〝クラフト〟の解釈とはどう考えても矛盾している。アメリカの極小蒸溜業者による業界団体であるアメリカン・ディスティリング・インスティテュートは、年間一〇万プルーフガロン（約三八万プルーフリットル）以下の生産者を〝クラフト〟と定義することで、この用語に一定の境界をもうけようとしている。だが、この定義とてたいした意味はない。生産量を限定しているだけで質を問うていないからだ。ひどいウイスキーをつくる小さな会社はたくさんあるし、質のよいウイスキーをつくる大企業もたくさんある。質の目安として〝クラフト〟という言葉を使ってしまえば、消費者はますます混乱してしまうだろう（〝クラフト〟を厳密に定義するぐらいなら、基準の明確な「格づけ」を使うほうがよほど役に立つ。点数の高いところはたいてい製造方法などの技術情報を公開しているので、消費者はマーケティング的な業界用語に振りまわされるのではなく、確かなデータに沿って自分なりに評価することができるようになるだろう）。

確かに、細やかな配慮が身上の小さな会社にはさまざまな工夫ができるという小規模だからこその利点があるが、業界によっては大きさから得られる利点もあることを覚えておくべきだろう。自動車ブランドのキャディラックは一九三〇年代、うちの製品は手作業で組み立てた高級品だ、と宣伝していた。だが、その〝クラフト〟カーは、高価なわりにしょっちゅう修理が必要になるので評判が悪かった。それを知ったゼネラルモーターズの技術者ニコラス・ドレイスタットは、ほかの自動車メーカーが採用していた生産基準と規模の経済を導入することでキャディラックのコスト減と品質の向上を実現した。ここで大量生産と規模の大きさがメリットになっていることは明らかだが、そうした議論が食品業界にまで影響を与えることはめったにない――ホームメイドの手づくりジャムやピクルス、チーズのほうが必ずと言っていいほど評価が上なのである。質と材料にこだわってほんの少しだけつくるもの、小さなものはほぼいつでも勝利を収める。

だがウイスキーは、ほかの食品と違って規模のルールとそれほど相反しない。スチルのサイズが大きいか小さいか、ポットかカラムかといった差異は、それを扱う職人の技術やノウハウに比べればはるかに影響が小さい。また、熟成すべき酒が大量にあるというのもまぎれもないメリットだ。樽によって熟成具合は少しずつ違うので、ブランドの味がぶれないように混合する樽の選択の幅が広いことは確実なメリットであり、小さな蒸溜所はその点で苦心している。また、多くの蒸溜所は穀物を共通の業者から仕入れているが、大きな蒸溜所は大量仕入れによるスケールメリットを得られることが多い。小さな蒸溜業者はたとえ質の劣る材料を使っても（そんなことをするところはほとんどないが）、スケールメリットが小さく諸経費が余分にかかるので、結局は商品を高い値段で売らざるをえない。

そうしたすべてにおいて、規模の大きさはコストを削減し、質を犠牲にすることなく均質性を保つことを可能にする。ある程度の水準を満たす努力を忘れず、実作業において手を抜くことがなければ、事業の大小は質には関係ない。これが、ワイルドターキーやバッファロー・トレースなどの蒸溜所が、小さな競合蒸溜所の多くよりずっと質のよいバーボンをつくりながらも抑えた価格で売ることのできる理由である。皮肉なことだが、ウイスキーの味にもっとも大きくかかわる部分は――蒸溜業者たちの推定によるとウイスキーの味のおよそ六〇パーセントは――人の手をほとんど必要としない。蒸溜液を樽に詰めてできあがりを待つ、ただそれだけである。

ウイスキーが多くの食品と違って見える理由は、ウイスキーづくりが農業でもあり工業でもあるせいかもしれない。今日のわれわれはそのふたつを相対するものとしてとらえがちだが、ウイスキーはそのふたつを結びつける。農地に育つ穀物からはじまり、その後、機械でかなりの部分が加工される。ウイスキーづくりの盛んなところなら世界中どこでも、ウイスキー業は経済が農業主体から工業主体へ変わる産業革命の黎明期に盛んになり、トーマス・ジェファーソンやアレクサンダー・ハミルトンのような政治家たちがその変化の意味をめぐって激論を交わしてきた。最初のうち、アメリカ人は工業と農業は共存できると考えていた。工業は農業を合理的に変革し、庶民を畑仕事の重苦から解放してくれるだろうと思ったのだ。二〇世紀の半ばまで、ウイスキーのブランドの多くは、自分たちの蒸溜所が工場のようであることを誇っていた。一九四〇年代にハイラム・ウォーカーは画家のトーマス・ハート・ベントンに依頼して、テレビシリーズの『インダストリー・オン・パレード』［消費財の製造工程を紹介するアメリカのテレビ番組。一九五〇年代から六〇年代にかけて放送された」を彷彿とさせる一連の広告の挿絵を描かせている。

ところが、やがて工業が農業を完全に凌駕した。一八七〇年にアメリカ人の七〇パーセント近くは小作農だったが、その数字は二一世紀に入ると二パーセントにまで落ち込んだ。畑仕事の重労働は工場の組立ラインに、さらには単調なデスクワークに替わった。農村暮らしが過去のものになるにつれて、「郷愁」に目のないウイスキー広告はトーマス・ハート・ベントンの産業効率の広告を押しやり、農業とともにあった過去をロマンティックに描き、もてはやしはじめた。今日、「在来種（エアルーム）」や「伝統」といった言葉は、かつて食品・薬品法の改革のときに議論になった「純粋」という言葉に匹敵するマーケティング力を有するようになっている。もっとも新しく、もっとも流行に敏感な蒸溜業者たちは、「グレイン・トゥ・グラス（穀物からグラスへ）」の生産者を名乗り、蒸溜所の裏の農地で原料の穀物をみずから育てていると得意げに語る（仮にヨーマン農民が同じ自慢をしたら、農民仲間たちはそれのどこが自慢なのかと首をかしげることだろう）。

確かに農業はウイスキーの性質の一面を理解するのに重要な要素だが、本当にウイスキーのことを知ろうと思ったら、工業製品としての側面も考慮すべきである。それについてはイギリスの作家アンドリュー・ジェフォードが、彼の愛するスコッチについて語ったときに絶妙な表現で言及している。「ウイスキー好きにはじつに不愉快なことかもしれないが、現代のウイスキーは、缶入りコーラと同じく、農業より工業を理想としたポスト農業社会の勝利の姿であると結論づけざるをえないようだ」という一文である。「ウイスキーの香りと風味は、材料そのものよりも原料を加工（モルティング、醸造、蒸溜、木樽熟成）した結果生まれるものに起因していることのほうが圧倒的に多い」。ジェフォードはさらにこう結論づける。「ウイスキーとは土や石や空からではなく、製造技術とブランド構築の努力から生まれた製品(プロダクト)なのである」

だが、どんなにウイスキーに期待を裏切られても――大か小か、農業か工業か――人の思い込みは現実よりも強い。消費者は農村暮らしの簡素さの持つ親密な感覚を、幻想だとわかっていながらもありがたがる。しかし、蒸溜業者が自分で穀物を育てたり古風な設備を使ったりするのがそんなに大事なのだろうか？ 本当の味を判断するにはブラインド・テイスティング以外に方法はないはずなのに。

メーカーズマークも、ボトルの中身は創業時からほとんど変わらないが、ブランドとしての評価は外的な要因によって大きく左右されてきた――それもまた、われわれが感覚だけでなく頭でもウイスキーを味わっていることを思い出させてくれる。われわれはこれと決めたブランドには忠実なのに、それを所有している企業のことは簡単に信用しない。メーカーズマークの長年のファンのなかには、同社が増える一方の需要に対応しながら会社を成長させる重圧に負けて、一九八〇年代以降バーボンの熟成年数を少し下げたのではないかと疑っている者もいる。だが、メーカーズマークは年数表示を記載していないので確証を得るのは難しい*。だが、二〇一三年に供給を増やすことを迫られて九〇から八四にプルーフを下げたとき、その事実は公表された。決断したのは、二〇一一年にメーカーズマークの代表となったビル・ジュニアの息子のロブだ。同社はプレス・リリースで、消費者には感じ取れない程度しか味は変わっていません、と述べた。

＊ メーカーズマークは熟成中に樽の位置を上下入れ替えるという非常に労力のかかる例外的な方法

を採っており、そのためにほかのブランドと熟成の仕方が少し異なるので年数表示をしていない。メーカーズマークのファンはかんかんになり、同社には抗議の声が殺到した。通好みのバーボンとして評判を築き上げ、そうしたささいな違いを感じ取れることを自慢とする人々の感性に訴えてきたブランドにとって、この発言はあまりにも無神経だった。一週間もしないうちにメーカーズマークはプルーフを下げるという判断を覆して謝罪した。「完全な誤りでした……お客さまの声を、私たちは真摯に受け止めます」。ロブ・サミュエルズはのちに報道陣に対して、「メーカーズマークの顧客は手づくりのバーボンに変更を加えるぐらいなら、たまの供給不足は我慢するという人々です」と語った。

消費者からの強い反応は、ブランドのマーケティングがうまくいっていた証でもあった。人々はまるでメーカーズマークが自分だけのウイスキー会社であるかのように反応し、そんな個人的な関係など存在しないことも、同社が利益の追求を宿命とする無慈悲な業界に身を置いていることも忘れていた。そのように注意深くつくり上げた親密さを踏みにじったメーカーズマークは、みずからの神話の魔法を解いてしまったのだ。それに対して、ジャックダニエルが——メーカーズマークより通にははるかに受けない——数年後に同じような決定をしてプルーフを下げたときは、消費者はまったく騒がなかった。

私がサントリーの話を持ち出すと、ビルの顔つきが目に見えて変わった。サントリーは二〇一四年初頭にメーカーズマークの親会社であるビームを一六〇億ドルで買収した（私がビルと会った午後の一週間前のことだ）。その発表とともに、アメリカのシンボルが外国勢力に引き渡されたことに一般の人々から怒りの声が沸き起こった。だが、気づいていない人がほとんどのようだが、現時点までにアメリカン・ウイスキーをほぼ支配下に置いている八つの大会社のうち半数は、外国に本社がある企業に所有されている。それが世界経済の現実であり、一方、アメリカを拠点とする多くの酒類企業も外国のブランドを多数所有している（たとえばビームの所有するコニャックのクルボアジェはフランス人にとって大事なシンボルであり、ビジター・センターにはナポレオンの髪が一房展示されている）。所有者が誰であろうと、バーボンと名づけられるのはアメリカ産のもののみと一九六四年の決議が定めているのだから、国内での雇用は保証されている。その点も忘れている人が多く、ビルは怒りに燃えるアメリカ人たちの抗議の声を「寝ぼけた話だ」と一蹴している。

日本は昔からウイスキーに深い愛情を抱いている。本格的にウイスキー事業に取り組みはじめたのは第一次世界大戦後で、スコッチをお手本につくりはじめた。ウイスキーは当初は人気がなかったものの、第二次世界大戦後に占領国の魅力的な飲み物として再発見された。やがて業界は成熟し、今日、ジャパニーズ・ウイスキーは世界中のウイスキー・マニアの憧れの的になっている。また、日本のウイスキー・メーカーはマーケティングよりものづくりに注力することで評判を築いている。「彼らには恐れ入るよ。本当に真剣にウイスキーを追求しているんだ」とビルは言った。「蒸溜所に行くときなんか、まるで教会に行くときのようでね」。それに比べてアメリカのやり方は「手っ取り早い満足を得ることを重視している」とビルは言う。サントリーの傘下に入ることで、メーカーズマークは株式公開企業ではなくなった［二〇一五年現在、サントリーは株式を公開していない］。つまり、短期的な利益率や四半期ごとの収益を気にする株主によって長期にわたる事業に邪魔が入る可能性が低くなる、ということだ。「できればあと二五年早く買ってほしかった」とビルはサントリーについて言い、変化を歓迎しながらも、企業買収によって独立性をいくらか手放した会社が否応なく直面する重圧をちらりとのぞかせる。メーカーズマークにとっての朗報は、日本の蒸溜酒企業がすぐれた実績を積み上げていることだ。たとえば、フォアローゼズはキリンに買収されてシーグラム時代に失った評判を回復させた。フランスのコニャックのルイロワイエはサントリーの影響下で品質向上を果たしている［二〇一五年八月末にルイロワイエはサントリーから仏企業テロワーズ・ディスティラーズに売却された］。同様に、スコッチの名門モリソンボウモア・ディスティラーズも、サントリーのグループに入ってまずまず満足しているようだ。そうしたことから、サントリーがものづくり精神を有するメーカーズマークのバーボンを短期利益の重圧にさらされているアメリカの株式公開企業よりも尊重してくれることはまず間違いないだろう。

ただし、日本のウイスキー・メーカーはものづくりの腕は確かだが、マーケティング力には難があるとビル・ジュニアは考えている。「ブランドを国際的に展開する力がまったくない」と彼は言った。アメリカ市場に限って言うと、ジャパニーズ・ウイスキーのブランドは「だれにも知られていない」とビルは肩をすくめる。「彼らのすばらしい酒も、アメリカの徹底したマーケティング力の洗礼を受けることで何かを学べるんじゃないかな」

それができてはじめて、ふたつの帝国はひとつになるのだ。

バーボンが復活すると、メーカーズマークはいくつかの花形ブランドと並んでバーボン界の「セレブ」となった。今世紀最初の一〇年にその盛り上がりが最高潮に達すると、そうした「セレブ」のなかから神がかり的な人気を得るブランドが現れた。なかでも人気を誇ったのが、一五年、二〇年、二三年の熟成年数で展開されるパピー・ヴァン・ウィンクルである。一九九〇年代初期にブランドがつくられた当初はほとんど相手にされなかったが、やがて人気が沸騰し、アパレル事業をはじめたりテレビの人気番組で取り上げられたりするほどになった。あまりの人気ぶりに闇市場まで出現し、ネットに出まわっている空のボトルに、味はそっくりでずっと安価なバーボン（W・L・ウェラーのブランドなど）を詰めたものが、三桁や四桁のドル値で売られていたりする。二〇一三年には製造元のバッファロー・トレースからパピーが何箱もごっそり盗まれるという事件が起き、全国的なニュースになった。

だが、少年時代からパピー・ヴァン・ウィンクルとつき合いのあったビル・サミュエルズ・ジュニアは、彼の名前を冠したブランドを取り巻く狂騒にあきれ顔を隠さない。「まともな味の二〇年もののウイスキーなんて飲んだことがないな。木とタンニンの味しかしないだろう。頭のほうをその味に馴れさせるなら話は別だが――『あれだけ高かったんだから好きにならなくちゃ』ってね」。この発言には、見すごされがちなバーボンの真実がふたつ含まれている。われわれはウイスキーの味の大半を頭で鑑賞しているということ、そして、どれだけ人気があって騒がれていようが、買う価値のないブランドもなかにはあるということ。そのふたつだ。

ビルの態度は、バーボンの味にうるさい人々の意見を代表している。彼らはみな、そうした〝半端でないオーク香〟のバーボンが人気を得た理由は質のよさではなく過剰広告にあると以前から考えていた。人のいないところでは、蒸溜責任者たちは二〇年も寝かせたようなバーボンなど「鉛筆をかじっている」ような味がするというお気に入りの表現を使い、そんな年数のバーボンに人気が集まるのは単にめずらしいからだろうとにべもなく指摘する。パピー・ヴァン・ウィンクルのシリーズはその落とし穴をどうにか回避しているが――パピーのバーボンが倉庫内の気温変化のとくに穏やかな場所で熟成されたものであるのは明らかだ――宣伝で大げさに吹聴されている品質に現実はまったく追いついていない。はるかに安価なブランドにも、同等かそれ以上に質のよいものはいくらでもあるだろう。ただし、ここで言いたいのはそのことではない。味よりずっと興味深いのは、パピーがいかにバーボン界の頂点に立ち、バーボンのマーケティングの新しい地平を切り開いたか、という点である。

一九九〇年代のはじめにジュリアン・ヴァン・ウィンクル三世は、祖父の名前にちなんだブランドをつくった。当時、アメリカ人は熟成年数の長いバーボンにほとんど興味がなかったので、彼はスティッツェル・ウェラーやオールド・ブーン・ディスティラリーのようないまはなき蒸溜所から売れ残りの余剰在庫を簡単に入手することができた。だが、二〇〇〇年代初頭にはそうした古い在庫は底をつきかけ、ヴァン・ウィンクルはバッファロー・トレースと契約してよく似たバーボンをつくってもらうことでブランドの危機を乗り越えた。当初のボトルは五〇ドルから七〇ドルという最高級の価格帯で、正直なところバーボンにそんな金を払う者などいないだろうと思うような値段だった。だからパピーのボトルはいつも酒屋の棚に長く居座り、埃をかぶっていた。

ところが二〇〇七年頃、ビバレッジ・テイスティング・インスティテュートなどの格づけ機関からいくつか比較的高い評価を受けると状況が一変した。そして二〇一一年には、『フォーチュン』誌が言うところの「究極のカルト・ブランド」になった。同誌がジュリアン・ヴァン・ウィンクル三世にどうやってブランドを創造したのかと尋ねると、「欠乏の戦略に沿ってつくり上げた」という答えが返ってきた。毎年、パピーはおよそ七〇〇〇ケースを市場に出す。全国の高級リカーショップの大半に二、三本ずつ行き渡るぐらいの、国内の注目をようやく集める程度の数だ。影響力は持てるが、稀少性をそこなうほどは多くない。この周到な位置づけと覚えやすい名称と目を引く熟成年数によって、パピーは有名シェフやフードライターや、食品産業にかかわる官僚など、自身の好みを国民的なブームに反映させることができる人々を惹きつけるマーケティングの最適領域（スイート・スポット）にまんまと入り込んだのだ。その後の「パピー」は、バーボンのブランドなどひとつも知らない人々にも、パピーだけは飲んでみたいと噂されるような存在になった。

すべてが完璧にはまった。パピーのボトルは高嶺の花になり、酒屋との強いコネとある程度のお金がなければ入手困難なものとなった。毎年、パピーが市場に出される時期になると、幸運にも入手できた者たちが誇らしげに戦利品を披露してソーシャルメディアを沸かせた。一九八〇年代のニューヨークの株屋にとってのポルシェや一七世紀のオランダ商人にとっての珍種のチューリップの球根がそうだったように、パピーは成金趣味のブルジョアたちにとって格好の玩具になったのだ。だれもがパピーの値段を知っていたが、その真実の価値を知るものはジュリアン・ヴァン・ウィンクル三世をのぞいてほとんどいなかった。ただ、三層システムのために、人々がヴァン・ウィンクルのブランドに支払った金の大部分は中間業者に流れていった。『ウォール・ストリート・ジャーナル』が、天文学的な金額を人々が支払っていることについて訊いたとき、ヴァン・ウィンクルはただこう返した。「それだけ無駄金を払えるほど愚かだというのも、それはそれでひとつの才能ですよ」*

＊　三層システムのために一部のブランドは小売業者によって生産者が意図するより高値がつけられていることが多い。

パピーの現象はプレミアム・バーボンという新しいタイプの高級ウイスキーを生み出すのに一役買った。現在に至るまで、ウイスキー業界は各ブランドを三つのカテゴリーに分類している。プレミアム（高級）、ハイエンド・プレミアム（最高級）、スーパー・プレミアム（超高級）の三種類である。その区別は価格とブランディングのみを基準にしており、生産手法などは考慮されていない。二〇〇〇年から一三年にかけて、ワイルドターキーやオールド・フォレスター、メーカーズマーク、フォアローゼズなどに代表される最初のふたつのカテゴリーの売り上げは全体で一七パーセントの増加にとどまったが、スーパー・プレミアム――五〇ドル以上するブランドならなんでも――の売り上げは、DISCUSの統計によると九〇パーセント近く上昇した。パピーの流行が示したとおり、人々は稀少価値がありそうなブランドを欲しがり、市場は予想通りの反応を見せた。新しいブランドが棚の上位を狙って、必ずしもその位置にふさわしくないものまで価格を高めに設定するようになったのだ。

プレミアム・バーボンの流行はすぐに厳しい批評にさらされた。ある市場アナリストは二〇一三年に『ウイスキー・アドヴォケート』誌のインタビューで、近頃の高級ウイスキーは本物の味利きではなくただの金持ちを相手に商売していると述べた。そうした新たな顧客は、商品が値札に見合っていなくてもほとんど気づかず、その結果、最高価格帯のウイスキーの品質は全体的に低下してしまった。それでも多くはまずまずよいものをつくっていたのだが、業界事情を知る格づけ雑誌からは冷酷な評価を受ける回数が目に見えて増えていった。

いつもながら、人々が買ったつもりのものと実際に買ったもののずれは、巧みなマーケティングで穴埋めされた。一九五〇年代の『ニューヨーク・タイムズ』は、ボトルを豪華にすることでウイスキーの高級化を図ろうという作戦を「味を改良できないウイスキー蒸溜業者が容器に救いを求める」との見出し記事であげつらったが、半世紀後、作戦はさらに巧妙になった。二〇一三年、ミクターズは「ウルトラ・プレミアム」という新しいウイスキーのカテゴリーをつくり、セレブレーション・サワー・マッシュという名のブランドを発売した。値段は一本四〇〇〇ドル。アメリカン・ウイスキー史上最高の小売価格だ。価格はもちろん恣意的だったが、高値をつけることでミクターズはメディアの注目を集めることに成功し、なかでも『ロブ・リポート』誌や『エリート・トラベラー』誌といった空港のビジネスクラスのラウンジに散らばっているような高級誌に掲載されて大きな宣伝効果を上げた。セレブレーション・サワー・マッシュは「限定版」として売り出された。これもまた一九九〇年代以来のバーボン好きにはおなじみのマーケティング手法であり、数が十分にないことをほのめかして飢餓感を煽ることで、「限られた」本数がなくなる前に消費者を買いに走らせようというものだった。

セレブレーション・サワー・マッシュには実際に四〇〇〇ドルの価値があったのだろうか？　なんとも言えない。製造は外部事業者に委託されていたし、専門家がくわしいこと――ボトルの中身については、だれが、何を、どこで、なぜ、どんなふうに、実際に手がけたのか――を尋ねても、ミクターズは「秘密保持契約」を持ち出して回答を避けた。業界ではよく使われる方便で、回答しないことが法的に許されるのはもちろんのこと、そう言っておけば企業はウイスキーの製造元や詳細を隠すことができる（さらに、そっくりの酒がラベルを変えて安く売られているのを消費者に見つけられる心配もない）。しかし、世界一高価なバーボンをめぐって騒ぎ立てるメディアの陰で小さな声を上げていたのが、ウイスキーに造詣の深いブロガーや業界研究者たちである。彼らはすぐにセレブレーション・サワー・マッシュの裏にある巧妙なマーケティング構造を指摘し、「成金のバーボン」「金メッキ」などとあだ名をつけた。

もちろん、うなるほどの金を持つ人々を相手にしたマーケティング自体は目新しいことではない。バーボンが労働者の飲み物だった時代や一九六〇年代から七〇年代にかけての冬の時代にも、バーボン企業は〝高級〟ブランドをつくっていた。それでも、そうした先駆者たち――スティッツェル・ウェラーのベリー・オールド・フィッツジェラルドや、そのラインナップの延長であるベリー・ベリー・オールド・フィッツジェラルドなど――が平均価格より二倍も三倍も高くなることはめったになかった。あの「安くないね……価格も、味も」で有名なメーカーズマークでさえ、大衆向けの競合ラベルより数ドル高いだけだった。

パピー・ヴァン・ウィンクルやミクターズのセレブレーション・サワー・マッシュのようなブラ

ンドに天文学的な価格がついた原因は、需要の高まりもあるだろうが、同時に一九九〇年代のITバブルと二〇〇八年の世界的金融危機が過大評価された市場によって引き起こされた状況を表現するのにアラン・グリーンスパン前連邦準備制度理事会（FRB）議長が使ったあの言葉、「根拠なき熱狂」の結果とも言える。長年のウイスキー愛好家たちは、バーボンの〝パピー化〟は値をつける側と買い手とのいたちごっこを生んで市場バブルにつながりかねない、といらだちを口にする。

ウイスキーの市場は、これまでずっとそうだったように、これからも浮き沈みを繰り返すだろう。一九世紀の株式仲買人たちはわざと価格を乱降下させながら、ウイスキーを商品（コモディティ）として取り引きした。二一世紀初頭の強気のウイスキー市場もまた、時代を反映しているにすぎない。消費者はよみがえったバーボン人気にあやかろうと、ラスベガスで開かれる「ユニバーサル・ウイスキー・エクスペリエンス」のような高級ウイスキー・マニア向けのイベントなどでボトルを交換し合っている。収集家は、新たな「限定品」や稀少品が発売されることをインターネットで知るとすかさず買いだめし、あわよくば価値が上がったら転売しようとボトルを積み上げる。*そうしてクローゼットや地下室にため込まれた厖大なウイスキーのコレクションは、「バーボン格納庫（バンカー）」と呼びならわされている。そこでは、ウイスキーはひっそりと積み置かれたまま、だれかが――オークションの目録に書かれたボトルの値段をチェックするのではなく――それを飲んでくれるのを待っている。二〇一三年にある有名な収集家が死んだとき、故人が一〇〇〇本を超えるコレクションを残していたことがわかり、格納庫の持ち主のあいだに衝撃が広がった。人々は収集家の妻が未開封のボトルを出品するオークションに群がった。こうした風景を『ウイスキー・アドヴォケート』はウイスキーの「パラダイム・シフト」と呼び、筋金入りのウイスキー・ファンたちは、バーボンが成金連中の飲み物になり下がりつつあることに心を痛めた。

＊ウイスキー会社は「ウイスキー不足」を喧伝することでこの衝動的なサイクルに拍車をかけることがある。「不足」の宣言は例年ウイスキーの売り上げが落ち込む夏などに行なわれるが、切迫感を煽ることで売り上げを増やすという効果がある。そういうときにえてして語られないのは、「不足」は割当の問題（個別の流通網が一定期間決まったブランドの割当量を限ること）によるものであり、たいがいごく一時的な現象であるという点である。ただし、たとえその一時期に一部のブランドが手に入らなくても、ウイスキーはほかにもたくさんあるから、飲み手は干上がる心配をしなくてもよい。

いずれにせよ、そうした現象はバーボンの物語に新たな一章をつけ加え、未来の一部も垣間見せてくれた。バーボンはこれからも古い処世訓の通りに「なにより大事なのは人生の単純な楽しみである」と教えてくれるだろうが、巧妙なマーケティングと不実な誇大広告のまやかしが真実を曇らせることもある。そんなときには、フランスのブルボン王朝を思い出すといい。バーボンの名前の本家であるその王朝が、近親婚を繰り返し、硬直した貴族政治を行ない、民衆とのかかわりを失った末にどうなったかを。マリー・アントワネットよろしく「パピーを飲めばいいじゃない！」の声が聞こえたら、われわれはすでに、ブルボン朝と同じ運命をたどりつつあることに気づくはずだ。

だが、メロドラマはここまでにしておこう。ビル・ジュニアに会った午後、私がパピーの話を持ち出すと、ビルはうんざりした顔をしながら、あの酒のせいで消費者の意識がすっかりおかしくなったとこぼした。一方で、こんなこともつけ加えた。「（パピーを扱う会社が）ウイスキーをつくっていないとしても、大事なのは、みんながそれを買って喜んでいるっていうことじゃないかな」。それからにやりと笑い、彼のビジネス観の核心をつく言葉を口にした。「ケンタッキー州が独占している商売がさらに繁盛するなら、なんだって歓迎するよ」

第17章 クラフト・ムーブメント

アメリカはいま、第二のウイスキー税反乱のただなかにある。今世紀に入り、合衆国のクラフト蒸溜所の数は雨後の筍のように増えた。小規模の蒸溜業を制限していた州や地元自治体が規制を緩和したために、二〇〇〇年にはほんの数か所だったのが、二〇一五年には六〇〇か所に迫るほどになった。その変化を語るうえで欠かせないのが、すでにビールやワインの文化に変革をもたらしている「地産地消（ロカヴォア）」運動である。

アメリカで起きているクラフト・ムーブメントは、食品でもそれ以外でも、ハミルトンの理想がジェファーソンの理想をしのいでいるという意識への反発によるところが大きい。両者が互いの長所と短所に依りながら釣り合いを保てればいいのだが、実際の国の命運はわずかな数の企業や銀行の手に集約されつつあるように見える。「自分のボスは自分だ」と宣言できるアメリカ人もますます減っている。ヴァージニア州パーセルビルで妻のベッキーとともにカトクティン・クリーク・ディスティラリー（Catoctin Creek Distillery）を営むスコット・ハリスは、蒸溜業をはじめたきっかけについて私に話してくれたとき、多くの新興蒸溜業者が抱いている思いをこんなひと言で表現した。「一国一城の主になりたい」。そのためにハリスは、「とんでもない額の金」を稼ぎ出していた官公庁からの受注仕事を投げ打ち、ベージュ色の仕切りに囲まれた殺風景な事務所から勇んで抜け出したのだった。

迫り来る統合や均質化の流れと闘う手段のひとつとしてアメリカ人が選んだのが、食べ物である。昔から食事づくりは常に手間のかかる家事である。二〇世紀のあいだに、アメリカはその手間を少しでも省こうと時間の節約になる加工食品をどんどんつくりだした。TVディナー、朝食用の粉末ドリンク、工場の組立ラインから出てきたようなカット野菜。けれども、そうした変化の末にわれわれの食習慣は悲惨なことになり、それに気づいた多くのアメリカ人が針路を変える決心をした。食べることによる喜びを取りもどし、ストレスの多い現代生活から逃れてほっとできるひとときを手に入れ、友人や家族との絆をふたたび確認するために。スローフードや地産地消運動はまさに、日常生活のさまざまなスピードを遅くしてもっと家庭を大切にしようという改革を謳っている。この改革では、なんでも自分の手でつくることがよいとされる。それはまた、さまざまなものを個人に回帰させ、人生のバランスを立て直そうという流れの表れでもあった。蒸溜所の創業ブームもその流れのなかにある。自分のペースを取りもどして自由を手に入れ、さらには好きなことを好きなようにする欲を充たせるひとつの手段なのである。

アメリカのウイスキー・シーンを支配する少数の大企業はよい製品をつくっている。だが、二世紀にわたる統合によってその勝利の方程式は片手で数えるほどに絞られ、以前はもっと多様だったウイスキーのスタイルも少なくなった。かつてアメリカの国道や脇道を、ときには薄汚れた裏通りをのんびりと走っていたロードトリップが、いまではケンタッキーの郡をひとつふたつ抜けたら州境を飛び越えてテネシーに入って終わる、短い遠足になってしまったようなものだ。

新しい蒸溜所は、多様性をふたたび生み出してくれそうだ。ナッシュビルのコルセア・ディスティラリー（Corsair Distillery）は、アメリカの「オルト・ウイスキー」ブーム――通常とは違う原料（ソバ、キヌア、小麦一〇〇パーセントのマッシュ）や熟成技術を使ってつくるウイスキーの流行――の最前線にいる。コルセアのトリプル・スモークというラベルは、三つの材料（サクラ材、ピート、ブナ材）で燻してモルティングした大麦を使い、れっきとしたアメリカン・ウイスキーでありながらスモーキーなスコッチ・スタイルを踏襲している。シトラ・ダブル・IPAは蒸溜過程でホップを使い、変化しながら長く残るフィニッシュ［ティスティング用語で飲んだあと口中に残る香りの余韻］が特徴的だ。映画『チャーリーとチョコレート工場』に出てくるウィリー・ウォンカの永遠になくならない飴玉がウイスキーだとしたら、こんな味がするかもしれない。また、グレイニアックと呼ばれる別のラベルは、スペルト小麦をはじめとする九種類の穀物を使っている。二〇一五年の時点では、アメリカの新しい蒸溜所の生産量はすべての国産蒸溜酒のわずか五パーセントにも満たない――残りの九五パーセントは大手八社が生産している――が、斬新なウイスキーづくりが話題となり、現実の生産量には不釣り合いなほどメディアの注目を集めている。バッファロー・トレースやジムビームなどの既存の蒸溜所もすぐに目をつけ、これまで以上に実験的な商品の開発に乗り出した。ジムビームは二〇一四年、ライコムギ（ライ麦と小麦のハイブリッド種）や玄米、押しオート麦からつくった蒸溜酒を売り出す計画を発表した。

もちろん、コルセア・ディスティラリーのようなウイスキーのスタイルは、見かけこそ前衛的だがそれほど新しいものではない。もとをたどれば一八世紀の末から一九世紀初頭に書かれた蒸溜手引書に出てくる実験的な製法だ。当時のアメリカ人は手近な材料を片っ端から醱酵させてスチルに投げ込み、どんなものができるかを確かめていたのである。コルセアは限られた量のバーボンしかつくらない――既存の蒸溜所が十分につくっているからだ。その代わり、ほかとは違うものをつくることに専念している。成功する可能性のいちばん高そうな戦略に賭けているのだ。多くの新興蒸溜所の相談に乗っているメーカーズマークの前蒸溜責任者デイヴィッド・ピッカレルは、コルセアのその戦略を「〝壁にスパゲティ〟作戦」と呼ぶ。「アイデアの束を壁に投げつけて、どれがくっつくか試している」というわけだ。

ただし、この戦略もとりたてて目新しいわけではない。そもそもバーボン自体がそうやって生まれたのだ。蒸溜業者のハリソン・ホールが一八一一年に指摘したように、東海岸のアメリカ人は当初トウモロコシを原料にした西部のウイスキーの質に対して懐疑的だった。それ以前のヨーロッパ人たちも、トウモロコシは「獣しか食わない」穀物だと考えていた。だが、そうした人々もやがて納得し、バーボンは誰もが認めるアメリカン・ウイスキーの盟主となる。また、ピッカレルの言う「壁にスパゲティ作戦」からは、チャレンジ精神旺盛な起業家型スタートアップ企業が直面するもうひとつの現実も透けて見える。それは、失敗の連続だということだ。コルセアは評判のいい蒸溜所だが、キヌア・ウイスキーは湿った埃を思わせるような味だし、ライ・ムーンというラベルも同じくらい後味が悪い。それでも、コルセアの大胆さと新しいことに挑戦しようという勇気には胸踊らされる。努力がいつも報われるとは限らないが、彼らの試みはいつだって興味深い。

紆余曲折はあるものの、アメリカの新しい蒸溜所の多くはジンやラム酒などの熟成を必要としないか、短期間の熟成で仕上がる蒸溜酒についてはすでに自分のものとしている。ただ、そんな蒸溜所が手にしていない成功がバーボンなのである。上質なバーボンをつくるには一〇年近くの年月がかかるが、わずかな資金でやりくりしているクラフト蒸溜所にとって、それは永遠に近い。同じ時間を費やせばほかの蒸溜酒やビールなら何百回とつくり直せるのに、バーボンや伝統的なスタイルのウイスキーはたった一回しかつくることができないのだ。

残念ながら、時間不足をごまかしたい多くの新興蒸溜業者が、良質な生産者の証である〝クラフト〟の地位を矮小化し、本当に質のよいアメリカン・ウイスキーが育つ機会をつぶしかねない安直な手段に頼ろうとしている。もっともわかりやすいのは、大手の供給業者から仕入れたウイスキーのラベルを変えて価格を釣り上げるという、昔からおなじみの手法だ。公表さえしていれば問題ないのだが、多くはその事実をごまかしている。そこで、E・H・テイラー・ジュニアやハーヴェイ・ワイリーといった消費者保護の英雄の精神に共鳴するウイスキー・マニアたちが、多忙な連邦取締官に代わって、お節介にも、見すごされている規則違反の商品を洗い出す手伝いをしている。二〇一四年には、あるソーシャルメディアのウイスキー愛好家のグループが、酒類タバコ税貿易管理局（TTB）の要請に応じて、蒸溜地の明記を義務づける連邦規則集の五条三六項（d）に違反している三〇種類近くの商品を報告したという。違反のいくつかは、制度や規制が幅を利かせる業界事情をまだ知らない新参会社が犯した悪意のないミスのようだった。だが一方で、故意に印象操作をしたような怪しげなバーボンもあった。

時間不足をごまかすもうひとつの方法は、いわゆる「インスタント・ウイスキー」をつくることだ。新興蒸溜所のなかには、小型の樽やウッドチップ、超音波照射器、加圧器などを使えば、ウイスキーを数年どころか数か月で熟成できると主張するところもある。そうした手段にも一定の効果はあるが、伝統と質が大事にされる業界でそうした機器を実際に使うのは難しい。クラフト・ウイスキーの流行は、ときとしてＩＴブーム初期の浮き足だった時代の雰囲気と似ている。手軽な熟成法を使うことをためらう生産者は、進化に逆行しているとか、未来が見えていないなどと言って非難されるからだ。だが、未来を見たければ、むしろ過去に目を向けて思い出したほうがいい。熟成の早道を見つけたと主張する企業も過去にはあった――一九三〇年代のパブリッカーなど――が、いずれもろくな評価を得られずに結局は事業をたたんでしまったのだ。実験や思い切った試みはいつの時代にも称賛されるべきだろうが、技術革新の皮をかぶった安っぽい手抜きは、しょせん手抜きでしかない。

二〇〇九年、トム・リックスという名の男がクリーブランド・ウイスキー（Cleveland Whiskey）というブランドを立ち上げた。リックスは、わずか六か月で一〇年ものに匹敵する味のウイスキーをつくったと豪語した。基本の工程は単純だ。外部の供給者からウイスキーの原酒を仕入れ、樽を小さな木片になるまで断裁したものと一緒にステンレスのタンクに投入する。それから圧力をかけて、水がスポンジに染み込むように原酒を木片に染み込ませる。そうやって浸透と加圧の工程を繰り返す。リックスはその工程をシリコンバレー流に「破壊的技術」と呼び、「伝統なんて知るか」とプリントしたTシャツを着てブランドを宣伝した。

一般的な六か月熟成のウイスキーは薄く色づいているだけだが、クリーブランド・ウイスキーはコーヒーのように真っ黒だ。ノーズ［鼻で嗅ぎ取る香り］は甘い。だが、ややケミカルな香り――電子レンジで溶かした砂糖を詰めたゴミ袋のような――もあり、極端に若いウイスキーと極端に古いウイスキーの両方の最悪の欠点が同居している。強烈な穀物の香りと、紅茶のティーバッグを何時間も煮出したような、目を刺すほどの渋いタンニン臭がそれだ。リックスはよく、自分のウイスキーをノブ・クリークと比較するよう、飲み手にすすめる。ノブ・クリークはクリーブランドよりずっと安価だが、圧力を加えて六か月でこしらえたものではなく、一〇年近くかけてじっくり熟成されている。

リックスが言うには、彼のウイスキーは地元クリーブランドではけっこう売れているらしい。消費者は地元愛から地域の産品を支持してくれる。それこそ、たとえ勝者でなくとも地元のチームを無意識に応援してしまう「地産地消」運動のなせる業だろう。だが、クリーブランドの住民以外がそのウイスキーをはじめて口にしたときの反応はそんなに甘くはない。あちこちの評価を読むと、リックスは、ウイスキーに投入するためにばらばらにされた樽片と同じくらい容赦なくこき下ろされている。『ウイスキー・アドヴォケート』や『ウイスキー・マガジン』に長年記事を書いているチャック・カウダリーは、自身のブログ――こうした書き手はたいてい雑誌には本音を書かない――で、リックスの「フランケンシュタイン」じみた製法は「揺りかごのなかの赤ん坊を絞め殺してまわっている」と書いた。カウダリーはまた、技術革新を通じて旧態的な業界に揺さぶりをかける勇気ある小規模経営者としてリックス社を肯定的に紹介した、アメリカ国営放送のNPRや『フォーブス』誌に激しく反論した。「だれも、あの裸の王様に真実を教えてやらないのか？」とカウダリーは嘆いた。それがカウダリーの本音だった。

リックスのウイスキーとそれを取り上げたメディアに対するカウダリーの反発は、アメリカン・ウイスキー復興ブームの隠れた一面を浮き彫りにした。つまり、ほとんどの人は自然と判官びいきになり、たとえそれが標準以下の品質であっても、挑戦者のウイスキーをけなすのをためらう。また、そうした反発は別のメッセージも浮かび上がらせた。興味を惹く物語に釣られて明らかな欠点を見すごしたら、つくり手にも飲み手にもいいことはないということだ。たとえクラフト・ウイスキーでも、飲み手がグラスのなかの液体に真剣に向き合い、雑音を排さない限り、真の価値を測ることはできない。

もちろん、クリーブランド・ウイスキーは極端な例である。もっと一般的な例としては小さな樽を使って熟成を早める方法があり、こちらも問題はあるが、ほどほどに使うぶんには可能性もある。一〇ガロン（約三八リットル）や一五ガロン（約五七リットル）の樽はウイスキーと接する表面積が大きくなるので、インスタント・ウイスキーであっても通常サイズの樽で何年もかけて熟成したような色の濃さと甘みを帯びる。ただし、小さな樽では、若いウイスキーに見られる密造酒のような粗さをやわらげるのが難しい。不快な性質をただ覆いかくしているだけで、大きな樽のように性質ごと変えてしまえるわけではないのだ。小さな樽で熟成すると樽材成分の溶出が速いのでバニラの甘い香りを帯びるが、一方でベニヤ板やホームセンターの店内のような匂いも鼻につき、エステル化がほとんど進んでいないことがはっきりわかる。ときには、ボジョレー・ヌーヴォーなどの若さを楽しむフレッシュなワインに似た、生き生きとした味に仕上がることもあるが、ほかの熟成過程を飛ばしているので複雑さに欠け、グラスの底が見える頃にはその味に飽きてしまうことが少なくない。

それでも、新顔の蒸溜業者のなかには、小さな樽で熟成するからこそ自分たちの求める風味を育てることができると主張する者もいる。もちろん、味というのは主観的なものだし、一九世紀の〝ドラマー〟の時代にさかのぼれば、売り物がなんだろうとかまわず宣伝してもっともらしく説明したものだ。その点、カトクティン・クリークは通常の五三ガロン樽より少しだけ小さな三五ガロン（約一三〇リットル）樽で上々のライ・ウイスキーをつくっている。二年未満という短い熟成期間ながら、そのウイスキーは穀物と樽の香りがバランスよく調和している。テキサス州の小さい蒸溜所バルコーニズ（Balcones）は、小さな樽と大きな樽の両方を使って熟成した、魅力的な若いウイスキーをつくった（熟成中のある時点で大きな樽に移し替えることにより、小さな樽で熟成するときの難点をある程度抑えているのだという）。

そうした条件がありながらも、ほとんどのインスタント・ウイスキーは、諸経費が比較的高くスケールメリットの低い小さい蒸溜所でつくられているので価格が高い。そんな値段では、クラフト・ウイスキーに目覚めた飲み手が目新しさから買ってみても、なかなか二本目には手が伸びないという事態になりかねない。市場が好調なときはどんなものでも飛ぶように売れるが、いつか減速することは過去の例から明らかなので、ほかの商売原則が必要になる。そのため多くの新興蒸溜業者は、いずれは従来の樽に移行するつもりがあることを言外に認めている。小さな樽は経費を抑えられるが、それはウイスキーを早く出荷できるからであり、樽そのものが安いからではない（意外な話だが、樽の大小で値段に差はない。また、小さな樽は液体の量に比してより多くの木材を使うので環境に悪いとも言われている）。大きな樽はウイスキーの風味に——十分な時間があれば——奥行きを与えてくれるうえに、量の経済が生かされるので、蒸溜業者にとってはコスト節減になる。ウイスキー業界にひとつだけ永遠の真実があるとすれば、それはコストがいつでも重要だ、ということだろう。

だが、型破りな熟成技術がよいウイスキーを生むかどうかはともかく、それらが貴重な宣伝材料になっていることは疑いようがない。ニューヨーク州ガーディナーのタットヒルタウン・スピリッツ（Tuthilltown Spirits）が二〇〇六年に創業した当時、蒸溜所にはクラブフロアさながらにベース・ミュージック［ダンスミュージックの一種］の低音が鳴り響いていた。訪問者はその低音が蒸溜所の小さな樽に響いてウイスキーをかすかに振動させていることに気づいた。奇をてらったやり方だったが、それにもかかわらずニューヨーク市周辺の記者たちの関心を集め、タットヒルタウンのハドソン・ウイスキーの各ラベルはクラフト・ウイスキーのブーム初期の人気商品になった。ただし、その話から抜け落ちていたことがひとつだけある。感じのいい起業家二人組を持ち上げる、お決まりの美辞麗句を並べたその話には、天文学的な価格の根拠を説明するのに思わず悩むような凡庸なウイスキーに対する、率直で厳しい評価は出てこなかったことである。

タットヒルタウンはシリコンバレーのスタートアップ企業並みの速さでめきめきと頭角を現した。それを支えたのは、世界有数のウイスキー市場であるニューヨーク市を「地元」に抱えているという安心感である。二〇一〇年、創業からわずか四年後にタットヒルタウンは、ウィリアム・グラント・アンド・サンズという一四〇年続くスコットランド企業にハドソン・ウイスキーのラインナップを売却した。言うまでもないことだが、ボトルのなかのウイスキーは二の次だった。二〇一四年、ニールセンの評価調査によって、アメリカのX世代［一九六一年から一九八一年前後に生まれた世代］とミレニアル世代［一九八〇年代から二〇〇〇年代前半に生まれた世代］は、「味」をなにより重視する古風な考えのベビーブーマー世代［一九四六年から一九五九年前後に生まれた世代］よりも、「地元産（ローカル）であること」と「正統的（オーセンティック）であること」を酒の価値として高く評価していることがわかった。

アメリカン・ウイスキーの人気復活により、業界は「正統的」という言葉の明確な定義づけに追われている。ケンタッキー州の大手蒸溜業者は故郷の州の長い蒸溜の歴史にそれを求めるが、新しいクラフト事業家たちは起業家精神と独立自営の個人主義こそがアメリカのビジネスの理想を体現していると主張する。けれども、どちらの立ち位置も矛盾をはらんでいる。ケンタッキー州の大企業は、業界の神話的なことはじめに、いまや似ても似つかない。新興クラフト生産者は、資本と経験の不足が成長の足を引っぱっている。ここにジレンマがあり、だから多くの小規模事業家が成功するためには妥協を余儀なくされるのだろう。たとえばタットヒルタウンは、蒸溜所が成功したのは非凡なウイスキーを生み出したからではなく、現代の食通たちが求めてやまない、小さいけれど自分たちでがんばっているという独立自営のオーラを獲得したからだと言われており、そうやって海外の巨大企業との提携を手に入れたのである。

だが、仮買収のもとで、タットヒルタウンはまだ自分たちで生産を管理している。見すごされがちなことだが、これをきっかけに蒸溜業者は買収についての従来の考え方をがらりと変えるかもしれない。ハイラム・ウォーカーがメーカーズマークを買収したとき、メーカーズマークは絶頂期にあり、買収はその水準を落とさないための自衛策だった。ところがハドソン・ウイスキーは、ウィリアム・グラントの専門知識と経験から恩恵を受けることができた。タットヒルタウンが大企業の資本力を活かしてウイスキーの質を高め、価格を下げることができたら、ビル・サミュエルズの「連中は端から売るつもり」という批評にもひと筋の光が見えてくることになる。[*]

＊　実際にタットヒルタウンのウイスキーは買収後に品質が向上した。二〇一五年には使用する樽も大きくなり、明るく確かな兆しを見せている。

新しい蒸溜所のいくつかが巻き起こす過剰な、ときとして分不相応な熱狂は、同業の小規模生産者たちを悩ませている。二〇一四年三月に「アメリカン・クラフト・ディスティラーズ・アソシエーション」の第一回会議が開かれたが、多くの参加者は、過大評価されたブランド――ウイスキーのつくり方よりマーケティングの技術に習熟した蒸溜所――が、消費者のクラフト疲れを招くのではないかと心配していた。著しい成長率で第一波のクラフト蒸溜所がどんどん拡大していたにもかかわらず、会議のムードはきわめて重苦しかった、とウェイン・カーティスは『アトランティック』誌の記事で述べている。「何人かは小声で、新興蒸溜所の多くが売り出している新しい酒は熟成が足りていない、と懸念を口にした。口当たりが荒すぎるか風味がきつすぎ、哀れだが四〇ドルの値札ほどの価値はないと言うのだ」とカーティスは書いた。「いまは地元産の〝正統的な〟製品がもてはやされているから、最初の一本を売るのは難しくない……だが、品質が価格に見合わなければ、アメリカ中の家庭の酒棚に中身のほとんど減っていない残念な「クラフト蒸溜酒」が一本ずつ並ぶであろうことは目に見えている」

それがわかっているから、もっとも将来性のある新興蒸溜業者の多くは自ら目立つようなことはしない。ニューヨークのようなメディアの中心地にすり寄ることもなく、自身の製品についてぺらぺら語る前に、それを究めることに時間を割いている。マーケティング本位の世界にあって不利なやり方であるのは否めないが、それに挑戦しているのがワシントンDCのニュー・コロンビア・ディスティラーズ（New Columbia Distillers）である。彼らはインスタント・ウイスキーを売らないことに決め、代わりに最低六年は市場に出さないつもりのライ・ウイスキーを標準サイズ樽にたくわえはじめた。当面はグリーン・ハットという、従来のセイヨウネズの代わりにカルダモンなどの植物を使った熟成のいらない上等なジンをつくって、やりくりしている。クラフトビールのメッカである五大湖周辺の州や太平洋岸北西部にも、高い将来性を持ちながらほとんど話題になっていない新しい蒸溜所がたくさんある。シアトルのウエストランド・ディスティラリーはシングルモルト・ウイスキーを手がけているが、シングルモルトは繊細な性質なので、新樽で熟成させると比較的早く熟成のピークを迎え、豊かで複雑な味に仕上がる（彼らは標準サイズの樽を使って低いプルーフで樽詰めしている。古い製法へのうれしい回帰だ）。ウエストランドはウイスキー通たちの求めに応じて、醱酵の回数や樽を具体的にどうトースト［樽の内側を軽く焙ること］してチャー［樽の内側を焼き焦がすこと」しているかなど、マニアックな詳細をこころよく提供している。次の一〇年から二〇年にかけて、アメリカのウイスキー・ルネサンスの可能性を存分に発揮するのは、こうして製法の向上に力を注ぎ、マニアックな情報を公開し、長期的な視野に立つ新しい蒸溜所だろう。

ウイスキーの変わりゆく現状について意見を求めたとき、クラフト・ムーブメントの事実上の守護聖人であるビル・サミュエルズ・ジュニアがうれしそうに語っていたのが、ニュー・コロンビアやウエストランドのような、どちらかというと目立たない蒸溜所の話だ。ビルのもとには、助言を求める新人蒸溜業者から毎日のように電話が入る。「四、五分も話せば、だれがウイスキー自体に興味があって、だれが時流に乗っかることに興味があるのか、すぐにわかるものだよ。売却益で五～六〇〇万ドル儲けてやろうと思っているのかもね。けっこういるんだ、その手の輩が」とビルは言った。「われわれの業界でうんざりするのは、そうした奇をてらったやり方ばかりに熱心な新参者が現れることだな」と彼はつけ加えた。メーカーズマークは伝統をほんの少しいじっただけで――ライ麦の代わりに小麦を使い、ラックハウス内の樽の位置を入れ替えて――現在の成功を築き上げた。ビルの言葉は、本当の革新と、革新に見せかけた怪しげな手抜きや、クリーブランド・ウイスキーの「伝統なんて知るか」のような下品なスローガンを取り違えることに警鐘を鳴らしている。

いずれにせよ、今世紀に生まれた新しいアメリカン・ウイスキーの第一波は、メーカーズマークが切り開いたわずか三〇年前とは大きく違うビジネス環境のなかで大人になろうとしている。今日、新興企業がしのぎを削る世界では時間の概念が圧縮されていて――先人たちが何十年もかけてこつこつと成長してきたのとは対照的に、実体のないデジタル世界のなかだけで一瞬にして何百万ドルという存在に変身することもある。タットヒルタウンのような蒸溜所は見事にこの風潮に乗っている。彼らは、メーカーズマークがはじめて市場に出すウイスキーをつくるのにかかったのとほぼ同じ時間で、ウィリアム・グラント・アンド・サンズへの売却に成功した。だが、あらゆるものの速度が増したいまでも、本当に上質なバーボンの基準は何も変わらない。バーボンは自制して楽しみを先延ばしすることで偉大になった。小舟に積まれてミシシッピ川に浮かび、水位が変わってニューオーリンズへ下っていけるときを、じっと待つことで。だから今日もまた、われわれはバーボンを飲む。現代の混沌を解きほぐし、急かされることを拒む、その変わらぬ姿を求めて。

第18章　新しい「伝統」

ベトナム人は酒や炭酸飲料のボトルを開けるとき、ポンと音がすることを期待する。シャンパンの開栓音を抑えたようなその音がすれば飲んでも大丈夫とわかるのだそうで、ポンという音を聞くことはベトナムの飲料文化の一部になっている。「この〝ポン〟が大事なんだ」と、ジムビーム・コーラの缶を手にした白衣姿の科学者が私に説明する。そのコーラは、ジムビームがアジア市場向けに開発した製品である。

私は「リキッド・アーツ・スタジオ」という、ジムビームが新製品を評価する部屋に立っている。ケンタッキー州クレアモントのジムビーム・ディスティラリー本社の敷地に建つ、ビームのグローバル・イノベーション・センター内にあるが、一般には開放されていない。五万七〇〇〇平方フィート（約五三〇〇平方メートル）のその複合施設は、二〇一二年に三〇〇〇万ドルかけて建設された。洗練されたモダンなデザインは、アディダスやオフィス・デポ、ホワイト・キャッスル、J・P・モルガンなどの同様の研究施設を手がけた建築事務所によるものだ。自然光がさんさんと差し込む巨大な窓の向こうにはケンタッキーの田園風景が広がっている。そこでは二世紀ほど前、無数の農民蒸溜業者が酒づくりに精を出していた――白衣は着ていなかったが。

施設の案内はふたりのガイドを中心に、ほかの科学者も随時参加しながら行なわれた。ガイドのひとりは、ビームの海外研究開発部門VPのメアリーケイ・ボーリス。メジャーブランドの海外市場開拓について豊富な知識をたくわえている人物で、その道では一〇年以上のキャリアを持つ。過去の職場では、南米市場向けに「タコス風味」のスポーツドリンクを開発しようとしたこともあるそうだ。

もうひとりのガイドはアダム・グレイバー。グローバル・イノベーション部門の部長である。四〇代前半、礼儀正しく穏やかな口ぶりで、バーボンの未来図の作成を任された科学者や心理学者などの研究者軍団を束ねるのにぴったりの経歴の持ち主だ。南アジア言語や文化人類学、土壌学といった分野の博士課程で学んだあと、MBAを取得してマーケティングの世界に入ってきた。ビームでの自分の仕事は、とアダムは私に語る。「科学と消費者ニーズとトレンドを組み合わせて製品の物語をつくることです」

酒のブランドの物語と、とくにバーボンの物語と白衣の科学者を結びつけて考える人はほとんどいない。パピー・ヴァン・ウィンクルは、スティッツェル・ウェラーの蒸溜所のドアに「化学者お断り」の看板を下げていたことで有名だった。だが、ここビームのグローバル・イノベーション・センターには、数階建ての施設にテクスチャー・アナライザーや分光光度計や微量分光光度計や超音波装置がひしめいている。そこで、ある疑問が頭に浮かぶ。コバルト60照射装置はいったいどんなふうに製品の物語づくりに役立つのだろうか？

アダムとメアリー・ケイの説明によると、そうした大半の装置は、実際に製品の物語を守るのに役立つのだという。あるラボには、中国で押収されたジムビームの偽造品が並んでいる。あるボトルの液体はイカ墨のように真っ黒で、別のボトルにはタバコの浸出液のようなものが詰まっている。今日の中国は、世界の工場でありながら自分たちの独自のルールにのみしたがっているという点において、大好況時代のアメリカを彷彿とさせる。ビームの専門技術者たちは大好況時代のアメリカのウイスキーに入っていたような毒性物質がその偽造ウイスキーに入っていないかを分析し、ことによっては当地の公衆衛生当局に違反を報告している。現代のアメリカは「世界の警察官」の役割にまい進しているが、偽造ウイスキーを分析するビームはさしずめ「世界の用心棒」だろうか。

ブランドの保護にはコストを下げる努力も必要である。技術者はボトルの構造や梱包材を研究し、破損を最小限に抑えられるものを考案する。「パレット輸送シミュレーター」は、海外への輸送中、どこまで手荒な扱いに耐えられるかを測るものだ。コルク栓抜きはコルク栓を引き抜くのに必要な圧力を実測する。というのも、温暖な地域ではコルクの栓を抜くのに力がよけいに必要だからだ。ジェイムズ・クロウが一五〇数年前に近隣のウッドフォード郡で学んだように、神は細部に宿り、増益もまた細部に宿るのである。

実商品の開発は別のいくつかの部屋で行なわれている。ある部屋ではジェイコブズ・ゴーストを試飲させてもらった。密造酒をイメージした商品の流行に乗ってビームが発売したホワイト・ウイスキーだ（何百万ドルもの資金を有するラボで科学者に密造酒もどきをすすめられるという皮肉に気づいた人間はこの部屋にはいない）。正直なところ、ビームの新製品開発の多くは、バーボンそのものよりもビームの強力なブランド・ネームを利用したほかの製品を生み出すことに力を入れている。ジムビーム・コーラもそうだが、多くの新製品はアメリカ以外の市場に合わせてつくられる。食品科学者のヘザー・ディンズは私を案内しながら、ベースとなる蒸溜酒の入ったひとそろいの試料カップとレモングラスやライムの香りを染み込ませた試験紙を見せてくれた――これらがそのうちバーボン・モヒートのような飲料になるのかもしれない。

壁沿いにはほかのフレーバー飲料のボトルが並んでいる。そのひとつであるレッド・スタッグはバーボンにチェリーのフレーバーを加えたもので、フレーバード・ウォッカの市場にヒントを得てつくられた。アメリカではベストセラーになったのだが、案の定ウイスキー・マニアの受けは散々で、ウイスキーに対する冒瀆に近いと酷評されている。ビーム一族の遠い親戚のひとりは、一族の者たちもフレーバード・ウイスキーには失笑していると私に打ち明けた（彼がそうしたウイスキーを「コップがべたべたになる」バーボンと呼んだのは、蜂蜜やシナモンやチェリーなどのシロップが入っているからだろう）。彼らはストレート・バーボンで知られた一族の名が貶められると危惧しているが、フレーバード・ウイスキーから上がる利益が大きいので、その声はかき消されている。＊

＊フレーバード・ウイスキーは甘味料で味をごまかせるため、酒類会社にとっては熟成状態の悪いウイスキー（ハニー・バレルの対極にあるもの）を商品にできる格好の手段となっている。

現在のビームのラインナップにはさまざまな製品が並んでおり、一九五〇年代に中規模のバーボン・メーカーだった企業が、いまや幅広い商品ポートフォリオを抱える大企業になったことがよくわかる。二〇一四年までに、ビーム・グローバルはかつてのライバル企業を次々に買収した。カナディアンクラブ、スコッチのラフロイグ、クルボアジェ、オールド・オーバーホルト、オールド・グランダッド、メーカーズマーク。ウイスキー以外には、テキーラ、ラム酒、ウォッカ、そしてリアリティ番組のスターがはじめたスキニーガール・ワインのラインナップまで数多くのブランドを所有している。グローバル・イノベーション・センターがオープンしたとき、ビーム社CEOのマット・シャトックは、同社の年間売上成長率の二五パーセントは新製品が生み出していると公表した。

だが、ほかのブランドがいくつあっても、ビームという神秘的企業の核をなしているのはやはりバーボンである。世界のバーボンの九五パーセントはケンタッキー州産だが、ビームは一社でその五〇パーセントを生産している。そうしたすべての中心にあるのは、トレードマークの白いラベルでおなじみの旗艦ブランド、ジムビーム・ケンタッキー・ストレート・バーボンだ。[*] 一九三〇年代につくられたこのブランドが二〇世紀の同社の成長を支え、冷戦時代には各地の米軍基地で人気を博し、兵士たちには故郷の味としての、現地の人々にはアメリカの象徴としての地位を確立したのだ。頂点にのぼりつめたあらゆる象徴と同様に――そしておそらく同時期のアメリカの国際的な地位向上と相関して――この有名ブランドは愛されると同時に嫌悪された。

＊ 厳密に言うとジャックダニエルのほうがブランドとしては大きいが、地域の誇りを大事にしているジャックダニエル（第6章を参照）は、みずからをバーボンではなく「テネシー・ウイスキー」だと明言している。ジャックダニエルも象徴的なブランドだが、リンカン郡製法を用いていることとその独特の位置づけにより、ウイスキー界ではやや例外的な扱いを受けている。

ジムビームが象徴になったのは、マスマーケティングの究極の武器である「親しみやすさ」をものにしたからである。ブランド自体は比較的新しいが、その源泉は人々の憧れる徹底した個人主義や自給自足、実用主義の精神に呼応する辺境地帯のイメージにある。そうしたマーケティングの勝利により、ジムビームはテールゲート・パーティ［アメリカンフットボールなどの試合前に、スタジアムの駐車場に停めたトラックやバンの荷台を使って行なわれるパーティ］や自宅の裏庭でのバーベキューで愛飲される、手ごろな中間層向けの主力商品のひとつになった。最高のバーボンではないが、けっして最低のバーボンでもない。

至るところで目につくので、通ぶった人たちからそれなりに批判されるものの、本当に真剣なプロのウイスキー・ライターは——最後に自宅用に買ったのはいつだったか思い出せない者がほとんどだとしても——その魅力をきちんと評価している。野生酵母の混じる酵母株を使うジムビームは、酸味のあるスパイシーな風味が特徴で、四年熟成のバーボンとしては価格は安いほうだが、かなりなめらかな味わいだ。プルーフは八〇とやや軽く、少し強すぎる穀物香と木香の物足りなさから熟成の若さが感じられる。確かにもっといい酒はある。だからといって、いつもいい酒ばかり飲む必要はない。高級かどうかはともかく、それがビーム社に圧倒的な成功をもたらした、世界でもっとも売れているバーボンなのだ。

現在のビームの対外的な顔はジェイムズ・〝ジム〟・ビームのひ孫に当たる、フレッド・ノーである。フレッドはジムビームの全ラベルに加えて、ノブ・クリーク、ベイカーズ、ブッカーズ、ベイシル・ヘイデン、オールド・クロウ、オールド・グランダッドなど、一二ブランド以上のビーム製ウイスキーを統括している。いずれのブランドの製法も生産態勢も十分確立されているので、蒸溜責任者としてのフレッドの仕事は、糖化槽をかきまわすよりもブランドのスポークスマンを務めることだと言える（最大手企業の蒸溜責任者を務めるには広報写真のためにポーズを取るのにも慣れる必要がある。バーボンの入ったスニフター・グラスに鼻を突っ込み、目を閉じて、ものやわらかな表情を浮かべるのだ）。ビジネスの話をすれば、ビーム帝国でもっとも影響力のある人物が同時に最大の株主であることには賛否両論だ――サントリーによる買収時には大物資産家でヘッジファンド経営者のビル・アックマンが脇に控えていた――が、フレッドは対外的な顔として消費者に歴史や伝統を伝えることが自分の役割だと考えている。

バーボン界にとってのビーム家は、政界にとってのケネディ家のようなものである。業界のあちこちに関係者がいるし、「バーボンの名門一族」を自称することも厭わない。もはやバーボンという言葉は、かつてほどブルボン王朝との由縁を強調する必要はなくなったようだ。おおぜいのビーム一族のメンバーが、自分の名をつけた会社以外にも活躍の場を広げ、ビームのライバル企業で働いていることもある。チャールズ・ビームはボルティモアのシーグラムで蒸溜責任者をしていたし、エヴェレット・ビームは第二次世界大戦後にペンシルベニア州の蒸溜所でバーボンをつくっていた。もっとさかのぼれば、パピー・ヴァン・ウィンクルやフォアローゼズ、エライジャ・クレイグ、エヴァン・ウィリアムスなどの競合ブランドにもビームの血統は見つかる。禁酒法時代、ガイ・ビームはカナダで蒸溜所を経営し、ジョセフ・ビームとハリー・ビームはメキシコのシウダー・ファアレスで酒づくりをしていた。ジョセフはヘブンヒル蒸溜所の設立にたずさわった人物であり、パーカーとクレイグのふたりのビームは現在のヘブンヒルの蒸溜責任者を務めている。フレッド・ノーの息子であるフレディ・ノー四世は現在ビーム社で働いており、父の引退後はその地位を引き継いで、由緒正しい名前との貴重な絆を守っていく意志を固めているようだ。

ビーム王朝の始祖――家系図の頂点にいる男――はヨハネス・ジェイコブ・ビームである。ジェイコブはドイツ人のメノナイト［プロテスタントの一派］の農夫で、一八世紀末にケンタッキー州へ移り住んだ初期の開拓者のひとりだった。彼についてわかっていることはほとんどないが、ビーム社はジェイコブが当時「オールド・ジェイク・ビーム・サワー・マッシュ」というブランドを売りはじめたと説明している。実際にはそんなものはなかった。当時、「サワーマッシュ」という言葉はまだ普及していなかったはずであり、ブランド名の使用が一般的になるのはジェイコブが死んで何十年も経ってからだ。それでも、ブランドを発明して名前をアメリカ風に変えたと説明すれば、現代の消費者にもイメージしやすくなる。彼がどんな種類のウイスキーをつくっていたとしても、現代人のわれわれが知るバーボンとはまったくの別物だった。

一八六四年に生まれたジェイムズ・ボーリガード・ビームはジェイコブのひ孫である。仕事人としてのジェイムズは、ウイスキー業界一般がひどく腐敗して無責任だった時代に上質なウイスキーをつくってまずまずの糧を得ていた数少ない蒸溜業者のひとりとして尊敬されていた。ジョゼフ・グリーンハットなどの大物に比べると同業者のなかでは目立たない存在だったが、一九〇六年の純正食品・薬品法をはじめとする進歩主義時代の法律が制定されると、ビームのような今日よく知られる蒸溜業者が名声を築く道が開かれた。その後、禁酒法時代を経て、大きな生産者を優遇する政策によって連邦議会が荒廃したウィスキー業界を再建した頃、ビームはシカゴの投資家三人組と組んでふたたび業界に参入した。投資家たちはウィスキーづくりについては無知だったが、古い名前に引き継がれる歴史と知識が重要な資産であることは承知していた。その時代にジェイムズ・B・ビーム・ディスティリング・カンパニーが、今日のわれわれもよく知る形で誕生したのだった。

だが、ビーム一族の系譜を埋めるどの先人よりも、フレッドの父親であるブッカー・ノーのような二〇世紀のビームたちこそが、今日のビームをこれだけ風格のある企業にした立て役者だろう。ビーム社の最高峰のバーボンはブッカーにちなんで名づけられ、樽から出したままのプルーフ（カスクストレングス）でボトリングされる。つまり、一二〇プルーフから一三〇プルーフという強いアルコールの刺激を弱めるための加水をしておらず、ストレートで飲むとむせ込むような強さを持つ酒だということだ。風味はきりっとしていながら複雑、トップノートの最後にスパイスと革の香りが豊かに広がり、やがて甘い紅茶を思わせるドライでゆるやかなフィニッシュに移り変わる。

ブッカーは、厳しいが情の深い人物だった。父のことを話すとき、フレッドの声はわずかに震える。ある晩夕食をともにしながらフレッド本人が語ってくれたのだが、若い頃のフレッドは好き放題にやっていて、いくつもの大学に入っては辞め、入っては辞めを繰り返していた、いわば遅咲きの人間だったという。フレッドはブッカーの再三の説得で家業に入ったが、気まぐれな息子に父は根気よく蒸溜業を教え込んだ。自分がここまで成功できたのは運がよかったからだとフレッドは自嘲気味に認め、バーボンの英雄たちの逸話によく出てくるような立身出世話とは違うと言う。代わりに彼が語るのは、第二のチャンスを与えられた放蕩息子の物語だ。バーボンはいまやフレッドの人生そのものであり、彼は業界の生きる象徴のような存在になっている。

だが、その夕食時に彼の口にした言葉がどれだけ正直で嘘のないものだったとしても、それもブランドの売り込みだった可能性がないわけではない。夕食後にホテルへ戻る道すがら、ビームのギフトショップの前を通りがかった私は、『ビームについて、ストレートに話そう *Beam, Straight Up*』という、フレッドが会社の広報担当者に手伝ってもらって書いた自伝を手に取った。そこには、フレッドの生い立ちについての真情あふれる詳細が、さっき聞かされたのとほぼそっくりそのままの言葉で世の読者に向けて書かれていた。私は思い出した。ウイスキー業界における成功とは、伝統と正当性という観点を軸に、だれよりも説得力のある神話と親しみやすさを生み出す者に贈られる褒美であることを。そしてバーボンの商売では、その物語をだれよりもうまく語る者が勝利をつかむのだ。

◉

アンガス・マクドナルドはその昔、ウエディングケーキを蒸溜したことがある。ケーキをつぶして醱酵させ、ねばねばになった物体をスチルで蒸溜し、それをボトルに詰めた〝ケーキ・ムーンシャイン〟を友人の結婚式でふるまったのだ。また、朝食用のシリアルをひと山蒸溜したこともある。それらの味やいかに？　ウエディングケーキの反応は、「悪くなかった」。アンガスの声のトーンからすると、結婚式の招待客はあながちお世辞を言ったわけではないようだ。そしてシリアルは、「ありえないほどうまかった」。アンガスは声をひそめて、ジャンクなシリアルの蒸溜酒は本気で取り組めばウイスキーをしのぐ人気が出るかもしれないとささやいた。「考えてみりゃ、シリアルってのはそもそも精製したトウモロコシなんだよな」とつけ加えた。

アンガスは歳の頃は五〇代、しわがれた声と白髪の交じりはじめたあごひげを持つ陽気な男だ。オーバーオールを着てワークブーツを履いた彼は、ニューヨーク州ウエストパークにある古い倉庫のなかに立っている。地図でいうとハドソン渓谷の中流域あたり、アメリカでもっとも名高い初期の蒸溜業者たちを思い出させるアルスター郡に位置する。二〇一二年にアンガスと共同事業者たちがその場所でコッパーシー・ディスティリング（Coppersea Distilling）をはじめる数年前まで、通りの向かいのホーリー・クロス修道院がこの倉庫を印刷所として使っていて、その前は廃屋だった。引っ越してきたアンガスと数名の仲間はクモの巣を払って蒸溜装置を設置した。倉庫のなかはかなり殺風景だ。トイレはコンクリートの床から便器が突き出しているだけで、その横に洗面台が取りつけてある。壁はなく、ベニヤ板でまわりを囲って仕切りがわりにしている。トイレに鏡はないが、アンガスは洗面台の上に貼り紙をするという妙案でその問題を解決した。その貼り紙には「今日もかっこいいぜ」と書いてあるのだ。

外観はともかく、コッパーシーはもうひとつの「リキッド・アーツ・スタジオ」である。ただし、ビームのグローバル・イノベーション・センターに見られるのとは対照的だ。ビームの施設がきわめて現代的な未来像を掲げているのに対し、コッパーシーの考える未来は過去から着想を得ている。彼らは「ヘリテージ製法」という技術——コッパーシーの造語で、長く忘れられていた手法を復活させた独自の製法を表す——を使ってウイスキーづくりをしている。たとえば、そのなかの「グリーン・モルティング」という手法は、およそ二〇〇年前に広く実践されていた製麦法だ。このやり方では麦芽を乾燥させずに挽くのだが、そうすることですっきりした果物のような香りをウイスキーにまとわせることができる。また、コッパーシーではポットスチルを採用しており、樽詰めはだいたい一〇〇プルーフ前後で行なう。今日の大半のメーカーよりかなり低い樽詰めプルーフだが、そのぶん原料の風味を残すことができる。原料となる穀物は蒸溜所の近くで自分たちで育てている。スチルは直火加熱式。パンを焼くときにオーブンではなくかんかんに熱した石窯を使うのと原理は同じである。直火スチルは今日ではめずらしいが、それは、熱の入り方にむらがあるので原料を焦がしてしまうことがあるからだ（石窯焼きのパンの黒っぽく焦げた部分を思い出すとわかるだろう）。蒸溜中はそばについて注意深くタイミングを見計らう必要があるが、その甲斐あって、ウイスキーの風味にいっそうの奥行きと複雑さが加わる。コッパーシーのやり方は「ものすごく原始的」だ、とアンガスは語る。

だが、コッパーシーが昔のウイスキーを模しているのは、単に古い製法をよみがえらせるのが目的ではない。過去を受け入れることからはじまる彼らの挑戦を見ていると、アメリカの歴史が「第二幕」の連続にすぎないことをあらためて実感する。コッパーシーは新しいものを生み出すという確かな信念のもとに古い製法を復活させている。理に適っていれば現代的な技術も利用しつつ、そのうえで古い製法からきちんとしたものをつくり出している。アンガスは私に、一九二一年製のホバートのフードチョッパーと、一九三六年製のA&Pのコーヒーミルを見せてくれた。どちらも戦艦並みの堅牢さをもち、当時はそういうものを使い捨てるという発想が少なかったのだろう、半永久的な使用に耐えるどっしりとした道具だ。そのふたつは、ほかのどんな粉砕機よりも――古い新しいにかかわらず、アンガスや蒸溜所長のクリストファー・ウィリアムズがこれまで見つけたものよりも――麦芽を均一に挽くことができるので、醱酵の工程を管理しやすいのだという。そのそばには自作の電気冷却装置があり、それも製造工程のきめ細やかな管理に一役買っている。そうした新旧取り交ぜた製法の数々を見れば、彼らが最終製品の品質を制限しかねない「古いものを純粋視する思想」にとらわれているわけではないことがよくわかる。

この〝ハイブリッド〟なものの見方は重要だ。クリストファーは感傷的な懐古趣味に惑わされることなく、昔のウイスキーは味の悪いものが大半だったと思うが、だからといって当時の製法がすべてだめだったわけではない、と主張する。ブランド名が登場する以前、ウイスキーがおもに卸売業者向けに売られていた時代には、蒸溜業者が冒険してよいものをつくっても見返りは少なかった。いくつかの古い手法は上質なものをつくり出す力があったが、ウイスキー業界が成長するなかで、大量生産するには経済的に見合わないと切り捨てられた。コッパーシーの目標は、現代的な食の考え方にそうした本物の個性を持つ古い手法を接ぎ木することなのである。

アンガスとクリストファーは、〝クラフト〟という言葉を食品業界が独占している状況を危惧し、自分たちのウイスキーづくりの姿勢を説明するときは〝クラフト〟ではなく〝フォーク〟という言葉を使う。その理由としてクリストファーが引き合いに出すのは、フォークミュージシャンのジョン・フェイヒー（一九三九～二〇〇一）である。ジョン・フェイヒーはクラシック音楽理論の素養があったが、音楽人生を通じてアメリカの片田舎を旅してまわり、独学のミュージシャンたちが生み出した、型にはまらないすばらしい奏法を身につけた。数十年前にアンガスも、農村部に住むアメリカの蒸溜者のもとで消えゆくマイノリティの文化に触れた――その蒸溜者の多くは南北戦争のウイスキー税より古い時代にルーツを持つ人々で、自給自足の手段として酒づくりをしていた。彼らは製法と腕前(クラフトマンシップ)に誇りを持っていた。蒸溜方法は独創的だが常識の逆を行くものが多く、フォークミュージシャンたちのユニークな音楽的方法論と似通った血を感じさせた。

そうした〝フォーク〟な蒸溜製法のいくつかは驚くほどうまくいったが、あとは「すこぶる怪しい」ものだった、とアンガスは語る。たとえば、スイートマッシュを月の出た晩にだけつくり、糖化槽を夜気にさらして野生酵母の胞子を取り込んでいる蒸溜者もいた(「ムーンシャイン」のもうひとつの語源である)。この手法には科学的な根拠があることをのちに研究者が発見する――野生酵母は日光の紫外線によって変質する場合があるらしい。この種のスイートマッシュは運がいいと絶妙な効果をウイスキーにもたらすのだが、非常に不安定な性質でできあがりが読みにくいため、商業的な蒸溜業者には実用的でないと切り捨てられたのだった。

「ウイスキーにとってのぼくらは、言ってみれば、アメリカン・カントリーミュージックにとってのウィルコやオールド97'Sやジェイホークスみたいなオルタナティヴ・カントリーのバンドなんです」とクリストファーは語る。「オルタナティヴ・カントリーは、ハンク・ウィリアムズやロイ・エイカフのような伝統的なカントリーとは似て非なるものです。とにかくいい音を追求して、そこから自然に生まれたものを自分たちの音楽にしている。小さくて、活きがよくて、複雑で、ふつうじゃないものを」。さらに、ニルヴァーナも引き合いに出された。「あまり取りあげられない話だけど、カート・コバーンはレッドベリーやドッグ・ボッグスといったオールドタイム・ミュージックに傾倒していたんですよ。もちろん、少年時代はマイナーなパンクや同時代のアマチュアバンドも熱心に聴いていたようだけど」。そのふたつの音楽との比較から、コッパーシーの目指しているものがハイブリッド画像のように浮かび上がる。ロイ・エイカフの名前を出したのは、音楽評論家のグリール・マーカスが「古くて奇妙なアメリカ」と称した、失われた世界をよみがえらせようとしているコッパーシー自身の試みと比較するためだろう。一方、ニルヴァーナの名前からは、アメリカのクラフト・フードの多くが明らかにまとっている、反体制的な気持ちを強調する目的が感じられる。ただし、ニルヴァーナがそうだったように、そうしたクラフト・フードも適切なパッケージに入れられれば商業的に大きく成功する可能性がある。クリストファーは大手ブランドのウイスキーもよく飲み、なかでもフォアローゼズのファンなのだが、そうしたありふれた大衆好みのウイスキーと自分のウイスキーとの違いもやはり考えるという。「ジムビームとかジャックダニエルとか、ああいうのはブルックス&ダンやテイラー・スウィフトですね。巨大で口当たりがよくて、わかりやすくてなじみがあって」

ほとんどの蒸溜所では、ウイスキーを飲むのは訪問の最後と決まっている。たっぷり時間をかけて物語を聞かされ、気分を盛り上げてから試飲タイムとなるのだが、コッパーシーは訪ねるなり試飲させてくれた。この順序のおかげで、その後は製品についてすでに知っていることに情報を補完していくことができた。意図してそういう順番になっていたわけではないだろう。そこはとても小さく、辺鄙な場所にあり、事前に約束した訪問者だけを受けつける蒸溜所だ——到着して間もなく私は、アンガスがツアーガイドのやり方がわからず少しまごついているのを見て取った。考えた末に彼は客を迎えた主人のように振る舞い、よい主人が最初にすることとして、客に飲み物を勧めたのだった。

われわれはコッパーシーの「ロー・ライ」からはじめた。蒸溜所の近くの畑で栽培しているライ麦でつくった未熟成のウイスキーだ。異なる季節に収穫されたライ麦をそれぞれ蒸溜したものを試飲する。ライ麦は季節が進むにつれてデンプンや糖のレベルが変化し、それにともなってウイスキーの味も変わる。春に蒸溜したものは締まった青い香り。それが夏になると濃い蜂蜜の香りを帯びる。秋に蒸溜したものは花のような繊細なノーズがあり、熟したメロンのパレート［口に含んだときの香りや味わい］に溶けてゆく。一般的に、未熟成のウイスキーは飲みやすいものではない。強烈な青臭さゆえに、知識の豊富な飲み手でもそのウイスキーの「将来性」を疑ってしまうし、売り方も仰々しくてうんざりする。だが、飲むに足る未熟成ウイスキーというものもまた存在する。それらはいわば、絶滅寸前の稀少な生物種を発見するような、奇跡に近いものだと思われている。アカフウキンチョウをひと目見ようと、一〇年かけて森を捜しまわるバードウォッチャー並みの苦労をしてはじめて見つかるようなものだ。コッパーシーのロー・ライの秋ものは、そうした稀少なウイスキーのひとつである。「名作」と呼んでもいいだろう。多くの最上級の熟成ウイスキーにも感じられない、いく層も重なる複雑な風味をたたえている。

みずみずしく熟した果物の香りはホワイトドッグではめずらしいが、コッパーシーのバーボンの原酒（トウモロコシ五三パーセントで製造）には、それらもたっぷりと含まれている。ついでアンガスは、樽で熟成中のウイスキーのサンプルを私に渡す。それはまだ若いのに早くも豊かな奥深さをそなえていた。いろいろな意味で、コッパーシーのウイスキーは癖のあるチーズに似ている。風変わりで複雑な味なのに、そのなかでは必ず調和が取れている。そうした独特の風味はたまたま生まれたわけではない。下手な蒸溜業者なら明らかな欠点としてはじくこともある異質なニュアンスを、コッパーシーは時間と手間をかけてはぐくんでいるのだ。

コッパーシーは奇をてらわない。ボトルのラベルもシンプルだ。つくられた背景物語など皆無で、その代わりにラベルの空いたスペースにはウイスキー・マニアの喜ぶ、だがブランドによっては隠したがる類の情報が印刷されている。マッシュビル、原料、使用された製法、熟成年数。倉庫には実験用の小さな樽もいくつか転がっているが、市場に出す予定のウイスキーの大半は大きな樽で熟成されている。「小さい樽はどうも好きになれなくてね。ウイスキーを風味づけすることと熟成させることは違うんだよ、やっぱり」とアンガスは言う。多くの小規模蒸溜業者が採用し、しかし評論家には疑問視されがちな製法には、コッパーシーを最初から否定的だった。手抜きは一切しない。ビル・サミュエルズ・ジュニアの言葉を借りれば、アンガスとクリストファーは、どこまでも「ものづくり(プロダクト)の男たち」なのだ。*

＊　二〇一四年、コッパーシーはウイスキーにさらなる「テロワール［酒の味わいに影響を与える特有の土壌や風土や製法］」を加えるために地元の樽職人と組んで蒸溜所専用の樽をつくりはじめた。その小型の専用樽で熟成されたライモルト・ウイスキーのサンプルはすばらしく、小さな樽での熟成に懐疑的な面々——筆者自身も含め——に、どんなルールにも例外があることを教えてくれた。

ところで、業界の統合によってアメリカン・ウイスキーから失われたものはほかにもあるだろうか？　今日の多くのトップブランドの場合、過去と比べて変わらないのは名称ぐらいである。かつてはどのブランドも、それぞれの蒸溜所でつくられ、製法も少しずつ異なっていた。穀物を挽くときの粗さが違い、酵母の種類が違い、モルティングの方法が違い、樽材の乾燥のさせ方が異なり、樽自体も蒸溜所ごとに規格があった。だが、ブランドの買収が進むにつれ、無数にあったラベルはしだいに少数の大きな蒸溜業者のもとに集約された。工程は合理化され、画一的な手法が導入された。酵母と製法が共有され、糖化作業も一度に行なわれた。樽をつくる製樽業者など、業界の周辺でも統合は進み、ブランド同士のささやかな差異はますます失われることになった。アメリカ各地で個性ある方言が失われていくように、アメリカの各地のウイスキーのスタイルも――言うなれば、ウイスキーの「テロワール」も――姿を消した。バーボンは国民酒になるためにライ・ウイスキーを押しのけ、ケンタッキー州はその主たるスタイルを定義するためにほかの州を押しのけた。よいものをつくっていることに変わりはないが、だんだんとその多様性の範囲が狭まっていることは認めざるをえない。

アメリカのウイスキーの大部分を生産している八社はよい仕事をしている――個性の違いはそれほどないが、どの会社を取っても勝利の方程式を体現している――が、何か肝心なものが抜け落ちているという印象は否めない。アメリカの経済史は、トーマス・ジェファーソンとアレクサンダー・

ハミルトンの政治観の差に表されるように、異なるシステムのバランスを取るために常に試行錯誤してきた。いずれのシステムにも利点があると同時に弱点がある。一九五二年、ジョン・スタインベックは一方のシステムの利点についてこんなふうに書いた。「ひとりより集団でやるほうが自動車は早く正確につくれるだろう。パンも大工場でつくるほうが安く均一に仕上がる」。ただしスタインベックは、そうした利点には負の面があることも認めている。「衣食住のすべてが大量生産という複雑な状況から生まれる時代において、大量生産という方式はわれわれの思考にも入り込み、ほかの思考を排除してしまいかねない」。コッパーシーが一翼を担う新しい蒸溜業の流れは、ふたつのシステムのバランスをもとに戻してくれるのではないだろうか。「このところのアメリカの文化は、どうも振り子が片方に振れすぎている」とクリストファーは言う。「ぼくらはそれを押しもどしたいんです」

コッパーシーはマーケティングをほとんど行なわない。だれもが無料(ただ)で自己宣伝できる時代にあって、その潔さは余裕さえ感じさせるほどだ。とはいえ、泥くさい宣伝や売り込みをはっきりと見下すその姿勢は新鮮かもしれないが、事業を営む者にとってはやはり足かせになる。二〇一二年に創業してから二年間のコッパーシーの経営状態について私が尋ねると、アンガスは渋い顔をする。食品産業を取り巻くメディアの本拠地であるニューヨーク市の近郊にもかかわらず、蒸溜所がメディアに取り上げられた機会は数えるほどしかない。不公平にもほどがある。ニューヨーク州産の大半の蒸溜酒よりもコッパーシーのウイスキーのほうがはるかにおもしろくて味わい深いというのに。コッパーシーよりうまくやっている州内の同業者を見ていると、最高のウイスキーなどできなくても、マーケティングさえうまければ売れるという事実を痛感させられる。

成功とは、「帝国」を築けるかどうかで測れるものなのだろうか？　アンガスはその考えにただ肩をすくめてみせるが、アメリカのウイスキー生産者の多くは、大も小もその理想像を躍起になって追っているように見える。この、よく踏みならされた道は、ビル・サミュエルズの「連中は端から売るつもり」という言葉と響き合い、アメリカのビジネスが追うべき真実の理想像はたったひとつしかないような錯覚を、われわれに抱かせる。

だが、クリストファーはそれに異を唱える。「ぼくらのやり方には確かにアメリカ的でない部分がある」。そう認める彼の目標は、事業の規模を自分の手に負える範囲にとどめることだ。大金持ちにはなれないかもしれないが、不自由なくやっていける程度であればいい。必要なものを買えて子供たちを大学にやれ、快適な暮らしを送ることができればそれでいい。会社が成長しても、自分の目がまったく行き届かなくなるような規模にはしないつもりだ。そうすれば、自分のつくるものに絶対の誇りを持つことができ、大企業の傘下に入って会計士が四半期ごとに顔を見せるようになったあとで、そんな会社にしたことを後悔する必要もない。

コッパーシーはたくさんの矛盾を抱えている。伝統を否定しつつも受容し、一方のルールを破りながらも、他方では厳しく守っている。さまざまに語られてきたバーボンの物語も、裏を返せば、魅力的な真実と奇妙で小さな嘘からなる手の込んだ寄せ集めにすぎない。だが、結局のところは、真実でも嘘でもどちらでも関係ないのかもしれない。神話はすでに創造され、その神話の語ることが究極の真実なのだから。考えてみれば、なぜルールを書き換えて物語をつくり直してはいけないのだろう？　そもそも、だれがそんなルールや物語をつくり出したのだろう？

私がコッパーシーを辞する前、アンガスはアメリカン・ウイスキーの歴史に思いを馳せた。その物語がどのように業界の支配者たちに語られ、自由に形を変えてきたかということに。アンガスの言葉は、バーボンにだけでなく、それを発明した国にも向けられていた。「もっともらしい嘘を思いついて、その正当性を筋道立てて説明できたら、その嘘はもう嘘でなくなるのかもしれないな。それが実際にはどうだったかという『本当のこと』は、やがて忘れられてね。ただ、そうした嘘の物語ばかりつくってきた人間も、『本当のこと』をまったく語らなかったわけじゃない……結局のところ、何が真実で何がそうでないかなんて、だれに決められるものでもないんじゃないかな？」

謝辞

本書のように論評と歴史がブレンドされている本を書くには、多くの人と話す必要がある。ルイビルにあるフィルソン歴史協会のマイク・ヴィーチは、いつも嫌な顔ひとつせず時間を割いてくれた。ウイスキーについて理解を深めることができたのは、アメリカのウイスキー評論家の重鎮、チャック・カウダリーのおかげだ。彼のブログ（www.chuckcowdery.blogspot.com）、著書、業界向けニュースレター、そしてこちらの質問に対し折々に返ってくるメールは、計り知れないほどの価値を持った情報源となった。元バーズタウン市長であり、ネルソン郡の蒸溜所にかんする著書もあるディクシー・ヒブズと過ごした午後は、執筆にまつわる楽しい思い出のひとつだ。

ウイスキー業界の多くの方々が協力してくれたが、なかでもグレッグ・デイヴィス、マット・ホフマン、フレディ・ジョンソン、アンガス・マクドナルド、クリス・モリス、アミール・ピー、デイヴィッド・ピッカレル、ポール・ポーグ、ビル・サミュエルズ・ジュニア、エイミー・プレスク、ジョン・ユーセルトン、クリストファー・ウィリアムズにはとくに感謝したい。また、合衆国蒸溜酒会議のフランク・コールマン、リサ・ホーキンズ、アレクサンドラ・スクランスキーはいつも協力的で有益な情報を与えてくれた。

私が日頃から愛読しているウイスキー・ブログのブロガーが、親切にもリサーチに付き合ってくれ、私を教え導いてくれた。実際に会って話すことができなかった人もいたが、それはこちらが至らなかったせいだ。メディアに流れる蒸溜酒の情報に霧のように覆いかぶさるバナー広告に負けずに視界をはっきりさせることができたのは彼らのおかげだ。ジョシュ・フェルドマンのサイトwww.cooperedtot.com は読んでいて楽しい。彼はウイスキーを本当に理解している。ジャック・サリヴァンのブログ www.pre-prowhiskeymen.blogspot.com は禁酒法時代以前の蒸溜業者のすばらしい歴史について書いたもので、得るところが多かった。Sku's Recent Eats（www.recenteats.blogspot.com）のスティーヴ・ユーリーは根気強くて綿密で思慮深い人だ。www.sippncorn.blogspot.com のブライアン・ハーラはニッチに君臨する弁護士ブロガーで、一九世紀末のウイスキー業界を訴訟面からとらえたブログが興味深い。www.thebourbontruth.tumblr.com のブロガー名は本人の希望で明かさないことになっている。『ウイスキー・アドヴォケート』のブログ、www.whiskyadvocate.com/blog はいつも有益な情報源だ。カリフォルニア州のワインショップ、K&L・マーチャンツのデイヴィッド・ドリスコルが発信する spiritsjournal.klwines.com は、業界人の書くブログのなかでもひときわ考え抜かれた、機知に富んだブログである。『ウイスキーを救った女たち *Whisky Women*』の著者であり、『ウイスキー・アドヴォケート』や『ウイスキー・マガジン』の定期寄稿者でもあるフレッド・ミニックのウイスキーに関する貴重な知識には、www.fredminnick.com で触れることができる。そのほかにも、www.ellenjaye.com, www.inwithbacchus.com, www.whiskyfun.com, www.bourbonguy.com, www.whiskycast.com, www.alcademics.com, www.themashnotes.

com, www.matthew-rowley.blogspot.com（現在は休止中だが過去のエントリーがすばらしい）, www.sourmashmanifesto.com, www.bourbonr.com などのすぐれたブログがあり、www.straight-bourbon.com と www.bourbonenthusiast.com にはディスカッション・フォーラムがある。

フォリオ・リテラリー・マネージメントのミシェル・ブラワーには、このプロジェクトのために最高の本拠地を見つけてくれたことに感謝したい。ヴァイキングのリズ・ヴァン・フースは、すべてがうまく運ぶように取り計らってくれた。また、大きなミスもなくこの仕事を終えられたのはメラニー・トートロリの助けがあったからだ。

本人たちの多くはご存じないだろうが、貴重な案内役になってくれた作家が何人かいる。ウィリアム・ホーグランド、ヘンリー・クラウジー、マーニ・デイヴィス、ウェイン・カーティス、ウィリアム・グライムス、W・J・ロラバウ、トーマス・スローター、リチャード・テイラーに感謝したい。

一杯の酒をおごられ、ともに語らうなかでじつに貴重なことを教えてくれた人もいる。デレク・ブラウン、ルー・ブライソン、ダグ・カンポウ、シエラ・クラーク、ミッキー・ミース、モーリーン・ペトロスキー、ローレンス・パウエル、クレイ・ライズン、アダム・ロジャーズ、アラン・ロス、ジェイ・サマセット、ブライアン・スパトーラ、ローレン・ヴィエラ、エイミー・ザヴァトに感謝を。それから、初期の原稿を読みアドバイスをくれた友人たち、エリック・ブロックスマイヤー、オースティン・コンシダイン、マット・ライアン、ライアン・スタール、ライアン・ステイトン、アリソン・トーマス、トッド・ズウィリックにもお礼を言いたい。

そしてもちろん、私の両親、そしてセアラとピートには、言葉では言い表せないほど感謝している。デイヴとパットというすばらしい義理の両親がいてくれたことも幸運というほかない。彼らが世に送り出した作品である私の妻のローレンあればこそ、この仕事をなしとげられたのだから。

監訳者あとがき

本書は、一七世紀の昔、はるかヨーロッパから新大陸に足を踏み入れた入植者たちの時代まで遡り、アメリカンウイスキーの成り立ちやバーボン業界の歴史を詳細に書いた本である。私の知る限り、これまで日本で出版された本のなかで、バーボンの歴史についてここまでくわしく書いた本は見たことがない。

バーボンの店を始めて二五年になる。最初は見よう見まねでやっていたが、二〇年ほど前から意識してケンタッキーをはじめとするバーボンの現地に足を運ぶようになり、気がつくとバーボンに関する記事を書いたり、書籍の仕事もするようになった。そうした記事や本は、基本的には、稼動中か閉鎖してしまった蒸溜所、人気の現行ボトルや販売終了品のボトルなどにスポットを当てたものだ。日本のバーテンダーやバーボニアンの興味がそのあたりに多いからだ。まずは行けるところから行き、私に書けそうな話題について書いてきた。私に限らず、こうした情報の蓄積がいままでのバーボンの本だったと思う。著者なら誰もがひとつでも多くの新鮮な情報を書こうと努力してきた。それは間違いないのだが、しかし限界もある、と痛感する。日本人が調べて書くのだから――

私もそうであったように——限られた時間と予算のなかで広いアメリカの隅々まで調べることは残念ながら不可能に近い。

著者のリード・ミーテンビュラーは地の利を活かし——もちろん地の利だけではなく、情熱も愛情も並々ならぬものがあることは読めばわかる——たっぷりと時間をかけて調べたうえで書いている。すでにこの本を読み終えた日本の読者は、今まで刊行されたさまざまなバーボンの本を読んでもわからなかった疑問や謎の多くが本書で解決されたのではないかと思う。もちろん、バーボンの本は初めて読むという方にも、建国以来のアメリカが酒とどのように関わってきたのか、独立戦争、南北戦争、二度の世界大戦や朝鮮戦争、ベトナム戦争などとの関係、アメリカ史上最悪の法と言われている禁酒法について、さらには政治やバーボン業界の興亡の歴史など、興味深く読める内容となっている。

著者はさまざまな面からバーボンについて語る。一九世紀以前のアメリカにおけるバーボンの歴史や位置づけ。過去のアメリカンウイスキーはコーン使用なのかライ麦使用なのか。ウイスキー税の度重なる増税に対するウイスキー業者の知恵と対応。後半になってくると日本人のわれわれにも馴染みのある名称や人物名が度々登場してくる。現在でもひんぱんに繰り返されている蒸溜所の閉鎖や買収の歴史。冷戦になぞられたウォッカとのシェア争い。二極化する市場（スタンダードかスーパープレミアムか、大手メーカーかクラフト蒸溜所か）。最後の二章では、二一世紀以降に再びブームになったクラフト・ウイスキーと、近年のライウイスキー事情やこれからのアメリカンウイスキーへの期待について書いている。酒は文化だ、とはよく言われる言葉だが、まさしくバーボンの歴史はアメリカとアメリカ人の文化であることがよくわかる。

さて、本書の中でたびたび日本市場の話が取り上げられている。今やキリンがフォアローゼズ、サントリーがジムビームを所有しているので、著者もそのあたりの事情を考慮したと思われる。著者の日本人の味覚についての記述にひとつ補足しておきたいことがある。「海外市場は過熟成のバーボンをさばくには絶好の場所で、長く熟成されているほど質がよいと単純に考える」と書いてあるところがあり、「ウイスキー全体をスコッチの基準でしか理解していない日本の市場に過熟成バーボンを売りつけて」云々と続いている（第14章）。確かに一般的に長熟ウイスキーは市場価格も高いし入手しづらいことから、ありがたがる傾向がある。私見では長熟ウイスキーをよしとする傾向は現代のアメリカの消費者にも共通している（たとえば一本一〇万円を超えるスーパープレミアムボトルなどが普通に売買されている）ものの、アメリカの蒸溜所で働く多くの人間が著者同様に思っている面があることも否めない。私の個人的な体験だが、本書にも登場するクラフト・ウイスキーの神様的存在のデイヴィッド・ピッカレルもそうだった。彼が以前メーカーズマークの蒸溜責任者をしているときに樽の貯蔵庫に案内され、サンプルをテイスティングさせてもらった。その中の九年以上のメーカーズマークが渋みもあるが非常に複雑で深みがあり、なぜこれを売らないのかと尋ねたところ、こんなものがお前はうまいと思うのか、熟成しすぎでピークを過ぎているから使い物にならないと笑われたことがある。告白すれば少々むっとした私は、最近のレッドトップは昔のものに比べてスパイシーに（若く）なっていないかと続けて尋ねたら、いつの話だ、我々は常に変わらない味を保っていると、とにかく自信満々なのであった。

しかし、社長のビル・サミュエルズ・ジュニアの一言で目が覚めた。「我々はスペシャルな限定ボトルは作らない（ここで言う限定ボトルとは毎年チャリティーにだすトップのワックスの色違いやラベル違いではなく、甘く良い原酒を使う「〜年物」やスペシャルリザーブ、リミテッドエディションなどを指す）。通常の樽も出来の良い樽も全てを入れるレッドトップ一本でバランスを取っているからだ」。脱帽した。確かにいくらか若くなったとはいえ、現行品のメーカーズマークはこの価格帯で考えれば、十分にうまいのだ（現在は「メーカーズ46」「メーカーズマーク・カスクストレングス」とふたつアイテムが増えたが）。

もちろん、日本人の繊細な味覚をわかっている人もいる。現メーカーズマークの蒸溜責任者、グレッグ・デイヴィスだ。大手メーカーのなかで一番若い蒸溜責任者の彼がバートン蒸溜所で蒸溜責任者をしていたときに、彼の案内でやはり熟成庫に入れてもらい、南側の一番日当たりのいい七階建ての最上階で、彼の「自分の樽」なるものをテイスティングさせてもらった。色の濃い長期熟成物の原酒をグラスに注いだ瞬間に香り立つバニラの匂いがやがてメープルのそれへと変化する。僕も好きだけれど君たちもこういう味が好きだよねと、日本人の舌を理解したコメントをたっぷりの原酒とともに頂戴した。おいしかったことは言うまでもない。

本書ではクラフト蒸溜所についての記述も充実しており、興味深いことが多く書かれている。日本にいてはこの種の情報はほとんど入ってこない。たとえばケンタッキー州にクラフト蒸溜所はいくつあるのか知りたくても、誰に聞いても正確な数は解らないだろう。なぜなら蒸溜酒協会などに加盟していないところが多く、そもそも正確な数を把握することすらできないからだ。私もいくつか見学したが、本書にある通り蒸溜のコンセプト、マッシュビルへのこだわり、経営理念がしっかりとしている蒸溜所はいつでも迎えてくれるが、リカーショップで見かけるめずらしい（怪しい）ボトルはラベルに書いてある住所で本当に作っているのかもわからなかったりするのが現実だ。そういう意味でも、本書のクラフト・ウイスキーに関する記述はとてもありがたい。

二〇一四年から翌春にかけて放送された連続テレビドラマ『マッサン』のヒットにより、日本市場にも空前のウイスキーブームが沸き起こった。ジャパニーズウイスキー、そしてスコッチウイスキーは近年になく好調な売り上げをみせている。日本のウイスキーファンがバーボンウイスキーにも注目する日が近いことを私は祈り、期待している。本国アメリカではバーボンは現在かなりの好調で、日本向け製品の一部を販売終了や出荷調整しているくらいだ。ともあれ、バーボンについてより深く知り、時勢や市場価格にとらわれない、自分だけの本物を選ぶための手引書として本書を読んでいただければ、監訳者としてこれ以上にうれしいことはない。

白井慎一

二〇一五年大晦日

主要参考文献

◉書籍および記事

Adams, George Worthington. *Doctors in Blue: The Medical History of the Union Army in the Civil War*. New York: Henry Schuman, 1952.

Ade, George. *The Old-Time Saloon: Not Wet - Not Dry, Just History*. New York: Ray Long & Richard R. Smith, Inc., 1931.

Anderson, Oscar. *The Health of a Nation: Harvey W. Wiley and the Fight for Pure Food*. Chicago: University of Chicago Press, 1958.

Bailyn, Bernard. *The Peopling of British North America: An Introduction*. New York: Vintage, 1988.

——*The Barbarous Years: The Peopling of British North America; The Conflict of Civilizations, 1600 - 1675*. New York: Knopf, 2012.

Bakeless, John. *Daniel Boone: Master of the Wilderness*. New York: William Morrow, 1939.

Barr, Andrew. *Drink: A Social History of America*. New York: Carroll & Graf, 1999.

Belasco, Warren. *Appetite for Change: How the Counterculture Took on the Food Industry, 1966-1988*. New York: Pantheon, 1989.（ウォーレン J. ベラスコ『ナチュラルとヘルシー――アメリカ食品産業の変革』新宿書房，1993年）

Bernheim, Isaac Wolfe. *The Story of the Bernheim Family*. Louisville, KY: John P. Morton & Co., 1910.

Bolton, Charles Knowles. *The Private Soldier Under Washington*. New York: Charles Scribner's Sons, 1902.

Brinton, John H. *Personal Memoirs of John H. Brinton*. New York: Neale Publishing Co., 1914.

Brookhiser, Richard. *Alexander Hamilton, American*. New York: Free Press, 1999.

Brown, George Garvin. *The Holy Bible Repudiates "Prohibition": Compilation of All Verses Containing the Words "Wine" or "Strong Drink", Proving that the Scriptures Commend and Command the Temperate Use of Alcoholic Beverages*. Louisville, KY: self-published by George Garvin Brown, 1910.

Bryce, J. H., and G. G. Stewart, eds. *Distilled Spirits: Tradition and Innovation*. Nottingham: Nottingham University Press, 2004.

Bunting, Chris. "Japanese Whisky". In *Whisky and Philosophy: A Small Batch of Spirited Ideas*, edited by Fritz Allhoff and Marcus Adams. Hoboken, NJ: John Wiley & Sons, 2010.

Burns, Eric. *The Spirits of America: A Social History of Alcohol*. Philadelphia: Temple University Press, 2004.

Carr, Jess. *The Second Oldest Profession: An Informal History of Moonshining in America*.

Englewood Cliffs, NJ: Prentice-Hall, 1972.
Carson, Gerald. *The Social History of Bourbon*. New York: Dodd, Mead, 1963.
Cashman, Sean Dennis. *America in the Gilded Age*. New York: New York University Press, 1993.
Cecil, Sam. *Bourbon: The Evolution of Kentucky Whiskey*. New York: Turner Publishing Company, 2010.
Chernow, Ron. *Alexander Hamilton*. New York: Penguin Press, 2004.（ロン・チャーナウ『アレクサンダー・ハミルトン伝――アメリカを近代国家につくり上げた天才政治家』日経 BP 社，2005年）
Clark, Norman. *Deliver Us from Evil: An Interpretation of American Prohibition*. New York: Norton, 1976.
Clay, Karen, and Werner Troesken. "Strategic Behavior in Whiskey Distilling, 1887-1895". *Journal of Economic History*62, no. 4（December 2002）.
Coffey, Thomas. *The Long Thirst: Prohibition in America, 1920-1933*. New York: Norton, 1975.
Collins, Lewis. *Historical Sketches of Kentucky*. Cincinnati: Collins & James, 1847.
Cook, William A. *King of the Bootleggers: A Biography of George Remus*. Jefferson, NC: McFarland, 2008.
Coulter, Ellis Merton. *The Confederate States of America, 1861-1865*. Baton Rouge: Louisiana State University Press, 1950.
Cowdery, Charles K. *Bourbon, Straight*. Chicago: Made and Bottled in Kentucky, 2004.
――*The Best Bourbon You'll Never Taste*. Chicago: Made and Bottled in Kentucky, 2012.
Cowdery, Charles K. *Small Barrels Produce Lousy Whiskey*. Chicago: Made and Bottled in Kentucky, 2012.
Crèvecoeur, J. Hector St. John de. *Letters from an American Farmer*. New York: Dutton, 1957. Originally published 1782.
Crowgey, Henry. *Kentucky Bourbon: The Early Years of Whiskey Making*. Lexington: University Press of Kentucky, 1971.
Curtis, Wayne. *And a Bottle of Rum: A History of the New World in Ten Cocktails*. New York: Three Rivers Press, 2007.
Dabney, Joseph Earl. *Mountain Spirits*. Asheville, NC: Bright Mountain Books, 1974.
David, Elizabeth. *Harvest of the Cold Months: The Social History of Ice and Ices*. New York: Viking, 1995.
Davis, Marni. *Jews and Booze: Becoming American in the Age of Prohibition*. New York: New York University Press, 2012.
Davis, Marni. "Despised Merchandise: American Jewish Liquor Entrepreneurs and Their Critics". In *Chosen Capital: The Jewish Encounter with American Capitalism*, edited by Rebecca Kobrin. New Brunswick, NJ: Rutgers University Press, 2012.
Davis, Willian C. *The Pirates Laffite: The Treacherous World of the Corsairs of the Gulf*. New York: Harcourt, 2005.

Dickens, Charles. *Martin Chuzzlewit*. New York: University Society, 1908.（チャールズ・ディケンズ『マーティン・チャズルウィット』ちくま文庫，1993年）
Dowd, William, ed. *Barrels and Drams: The History of Whisk(e)y in Jiggers and Shots*. New York: Sterling Epicure, 2010.
Edmunds, Lowell. *Martini, Straight Up: The Classic American Cocktail*. Baltimore: Johns Hopkins University Press, 1998.
Embury, David. *The Fine Art of Mixing Drinks*. New York: Mud Puddle Books, 2008. Originally published 1948 by Doubleday.
Faith, Nicholas. *The Bronfmans: The Rise and Fall of the House of Seagram*. New York: Thomas Dunne, 2006.
Felten, Eric. *How's Your Drink? Cocktails, Culture, and the Art of Drinking Well*. Evanston, IL: Surrey Books, 2007.
Fishlow, Albert. "Antebellum Interregional Trade Reconsidered". *American Economic Review* 54, no. 3, Papers and Proceedings of the Seventy-sixth Annual Meeting of the American Economic Association（May 1964）.
Foner, Eric. *The Story of American Freedom*. New York: Norton, 1999.（エリック・フォーナー『アメリカ自由の物語――植民地から現代まで』岩波書店，2008年）
Gethyn-Jones, Eric. *George Thorpe and the Berkeley Company*. Stroud, UK: Sutton Publishing, 1981.
Getz, Oscar. *Whiskey: An American Pictorial History*. New York: David McKay Company, 1978.
Gjelten, Tom. *Bacardi and the Long Fight for Cuba: Biography of a Cause*. New York: Penguin, 2008.
Greene, Graham. *Our Man in Havana*. New York: Viking, 1958.（グレアム・グリーン『ハバナの男』早川書房，1979年）
Grimes, William. *Straight Up or On the Rocks: A Cultural History of American Drink*. New York: Simon & Schuster, 1987.
Hall, Harrison. *The Distiller*. Philadelphia, 1811.
Hamilton, Alexander. "Report on the Difficulties in the Execution of the Act Laying Duties on Distilled Spirits". In *The Papers of Alexander Hamilton*, edited by Harold C. Syrett. New York: Columbia University Press, 1962.
Handlin, Oscar, ed. *This Was America: As Recorded by European Travelers in the Eighteenth, Nineteenth, and Twentieth Centuries*. New York: Harper & Row, 1949.
Hanes, Merv, MD. "The Search for the Old Forrester". http://innominatesociety.com/Articles/The%20Search%20for%20the%20Old%20Forrester.htm.
Harwell, Richard Barksdale. *The Mint Julep*. Charlottesville: University Press of Virginia, 1975.
Herman, Arthur. *How the Scots Invented the World*. New York: Three Rivers Press, 2001.（アーサー・ハーマン『近代を創ったスコットランド人――啓蒙思想のグローバルな展開』昭和堂，2012年）

Hibbs, Dixie. *Before Prohibition: Distilleries in Nelson County Kentucky, 1880 -1920*. New Hope, KY: St. Martin de Porres Print Shop, 2012.

Hofstadter, Richard. *The Age of Reform*. New York: Vintage, 1960.（R. ホーフスタッター『改革の時代——農民神話からニューディールへ』みすず書房，1988年）

——*The American Political Tradition and the Men Who Made It*. New York: Vintage, 1989.（R. ホーフスタッター『アメリカの政治的伝統〈1〉——その形成者たち』および『アメリカの政治的伝統〈2〉その形成者たち』岩波書店，2008年）

Hogeland, William. *The Whiskey Rebellion: George Washington, Alexander Hamilton, and the Frontier Rebels Who Challenged America's Newfound Sovereignty*. New York: Scribner, 2006.

Hopkins, Kate. *99 Drams of Whiskey: The Accidental Hedonist's Quest for the Perfect Shot and the History of the Drink*. New York: St. Martin's Press, 2009.

Horne, Gerald. *Class Struggle in Hollywood, 1930-1950: Moguls, Mobsters, Stars, Reds, and Trade Unionists*. Austin: University of Texas Press, 2001.

Horwitz, Tony. *Confederates in the Attic: Dispatches from the Unfinished Civil War*. New York: Vintage Departures, 1998.

Hudson, Karen. "Millville and the Old Taylor Distillery: Industry and Community". In *Kentucky's Bluegrass Region: Tours for the 11th Annual Meeting of the Vernacular Architecture Forum, May 10 & 11, 1990*, edited by Julie Riesenweber and Karen Hudson. Frankfort: Kentucky Heritage Council, 1990.

Jefford, Andrew. "Scotch Whisky: From Origins to Conglomerates". In *Whiskey and Philosophy*, edited by Fritz Allhoff and Marcus P. Adams. Hoboken, NJ: John Wiley & Sons, 2010.

Keneally, Thomas. *American Scoundrel: The Life of the Notorious Civil War General Dan Sickles*. New York: Anchor, 2003.

Kosar, Kevin. *Whiskey: A Global History*. London: Reaktion, 2010.（ケビン R. コザー『ウイスキーの歴史』原書房，2015年）

Krafft, Michael. *American Distiller: Or, the Theory and Practice of Distilling, According to the Latest Discoveries and Improvements, Including the Most Improved Methods of Constructing Stills, and of Rectification*. Philadelphia: Thomas Dobson, 1804.

Krass, Peter. *Blood and Whiskey: The Life and Times of Jack Daniel*. Hoboken, NJ: John Wiley & Sons, 2004.

Labunski, Richard. *James Madison and the Struggle for the Bill of Rights*. New York: Oxford University Press, 2006.

Lacour, Pierre. *The Manufacture of Liquors, Wines, and Cordials Without the Aid of Distillation*. New York: Dick and Fitzgerald, 1863.

Lender, Mark Edward, and James Kirby Martin. *Drinking in America: A History*. New York: Free Press, 1982.

Lukacs, Paul. *Inventing Wine*. New York: Norton, 2012.

McCary, Ben C. *Indians in Seventeenth-Century Virginia*. Charlottesville: University of Virginia Press, 1980.
McCusker, John J. *Rum and the American Revolution: The Rum Trade and the Balance of Payments of the Thirteen Continental Colonies*. New York: Garland, 1989.
Mancall, Peter. *Deadly Medicine: Indians and Alcohol in Early America*. Ithaca, NY: Cornell University Press, 1995.
Maurer, David. *Kentucky Moonshine*. Lexington: University Press of Kentucky, 2003.
Meier, Kenneth J. *The Politics of Sin: Drugs, Alcohol, and Public Policy*. Armonk, NY: M. E. Sharpe, 1994.
M'Harry, Samuel. *The Practical Distiller*. Harrisburg, PA: John Wyeth, 1809.
Mill, John Stuart. *Auguste Comte and Positivism*. London, 1865.（ジョン・スチュアート・ミル著，『コント実証哲学――附功利主義論』日本図書センター，2008年）
Minnick, Fred. *Whiskey Woman: The Untold Story of How Women Saved Bourbon, Scotch, and Irish Whiskey*. Lincoln: University of Nebraska Press/Potomac Books, 2013.
Mintz, Sidney. *Tasting Food, Tasting Freedom: Excursions in Eating, Culture, and the Past*. Boston: Beacon, 1996.
Morgan, Robert. *Boone: A Biography*. Chapel Hill, NC: Algonquin Books, 2007.
Murdock, Catherine Gilbert. *Domesticating Drink: Women, Men, and Alcohol in America, 1870-1940*. Baltimore: Johns Hopkins University Press, 1988.
Newman, Peter C. *The King of the Castle: The Making of a Dynasty; Seagram's and the Bronfman Empire*. New York: Atheneum, 1979.
Nickell, Joe. *The Kentucky Mint Julep*. Lexington: University Press of Kentucky, 2003.
Noe, Fred. *Beam, Straight Up*. Hoboken, NJ: John Wiley & Sons, 2012.
Ogle, Maureen. *Ambitious Brew: The Story of American Beer*. New York: Harcourt, 2006.
Okrent, Daniel. *Last Call: The Rise and Fall of Prohibition*. New York: Scribner, 2010.
Pacult, F. Paul. *American Still Life: The Jim Beam Story and the Making of the World's #1 Bourbon*. Hoboken, NJ: John Wiley & Sons, 2003.
Park, Peter. "The Supply Side of Drinking: Alcohol Production and Consumption in the United States Before Prohibition". *Contemporary Drug Problems* 12（Winter 1985）
Perkins, Edwin. *The Economy of Colonial America*. New York: Columbia University Press, 1980.
Pierce, Daniel S. *Real NASCAR: White Lightning, Red Clay, and Big Bill France*. Chapel Hill: University of North Carolina Press, 2010.
Powell, Lawrence. *The Accidental City: Improvising New Orleans*. Cambridge, MA: Harvard University Press, 2013.
Regan, Gary, and Mardee Haidin. *The Book of Bourbon and Other Fine American Whiskies*. Shelburne, VT: Chapters, 1995.
——*The Bourbon Companion*. Philadelphia: Running Press, 1998.
Risen, Clay. *American Whiskey, Bourbon, and Rye: A Guide to the Nation's Favorite Spirit*.

New York: Sterling Epicure, 2013.
Rogers, Adam. *Proof: The Science of Booze*. New York: Houghton Mifflin Harcourt, 2014.
Root, Waverley. *Eating in America: A History*. New York: Morrow, 1976.
Rorabaugh, W. J. *The Alcoholic Republic: An American Tradition*. Oxford: Oxford University Press, 1979.
Rothbaum, Noah. *The Business of Spirits: How Savvy Marketers, Innovative Distillers, and Entrepreneurs Changed How We Drink*. New York: Kaplan, 2012.
Rowley, Matthew B. *Moonshine!* New York: Lark, 2007.
Rutkow, Eric. *American Canopy: Trees, Forests, and the Making of a Nation*. New York: Scribner, 2012.
Samuels, Bill Jr. *Maker's Mark - My Autobiography*. Louisville, KY: Saber, 2000.
Schlesinger, Arthur M. "A Dietary Interpretation of American History". *Proceedings of the Massachusetts Historical Society*, 3rd series, vol. 68（October 1944-May 1947）
Simmons, James C. *Star-Spangled Eden: 19th Century America Through the Eyes of Dickens, Wilde, Frances Trollope, Frank Harris, and Other British Travelers*. New York: Carroll & Graf, 2000.
Sismondo, Christine. *America Walks into a Bar: A Spirited History of Taverns and Saloons, Speakeasies and Grog Shops*. Oxford: Oxford University Press, 2011.
Slaughter, Thomas. *The Whiskey Rebellion: Frontier Epilogue to the American Revolution*. Oxford: Oxford University Press, 1998.
Smith, Daniel Blake. "This Idea in Heaven". In *The Buzzel About Kentuck*, edited by Craig Thompson Friend. Lexington: University Press of Kentucky, 1999.
Smith, George. *A Compleat Body of Distilling*. London: Henry Lintot, 1731.
――*The Nature of Fermentation Explained*. London: n.p., 1729.
Steinbeck, John. *East of Eden*. New York: Penguin, 1952.（ジョン・スタインベック『エデンの東』早川書房，2005年）
Sullivan, John Jeremiah. *Blood Horses: Notes of a Sportswriter's Son*. New York: Farrar, Straus & Giroux, 2004.
Taylor, Richard. *The Great Crossing: A Historic Journey to Buffalo Trace Distillery*. Frankfort, KY: Buffalo Trace Distillery, 2002.
Thompson, Neal. *Driving with the Devil*. New York: Three Rivers Press, 2006.
Timberlake, James H. *Prohibition and the Progressive Movement, 1900-1920*. Cambridge, MA: Harvard University Press, 1963.
Tocqueville, Alexis de. *Democracy in America*. 2 vols. New York: Vintage, 1959. Originally published 1835-40.（トクヴィル『アメリカのデモクラシー』岩波書店，2015年）
Trachtenberg, Alan. *The Incorporation of America: Culture and Society in the Gilded Age*. New York: Hill & Wang, 1982.
Trollope, Frances. *Domestic Manners of the Americans*. Mineola, NY: Dover Publications, 2003. Originally published 1832.（フランセス・トロロープ『内側から見たア

メリカ人の習俗――辛口1827～31年の共和国滞在記』彩流社，2012年）
Van Winkle Campbell, Sally. *But Always Fine Bourbon: Pappy Van Winkle and the Story of Old Fitzgerald*. Frankfort, KY: Old Rip Van Winkle Distillery, 2004
Veach, Michael. *Kentucky Bourbon Whiskey: An American Heritage*. Lexington: University Press of Kentucky, 2013.
Wallace, Benjamin. *The Billionaire's Vinegar*. New York: Crown, 2008.（ベンジャミン・ウォレス『世界一高いワイン「ジェファーソン・ボトル」の酔えない事情――真贋をめぐる大騒動』早川書房，2008年）
Watman, Max. *Chasing the White Dog: An Amateur Outlaw's Adventures in Moonshine*. New York: Simon & Schuster, 2010.
Weightman, Gavin. *The Frozen Water Trade*. New York: Hyperion, 2003.
Wiley, Bell I. *The Life of Johnny Reb: The Common Soldier of the Confederacy*. Indianapolis: Bobbs-Merrill, 1943.
Young, Al. *Four Roses: Return of a Whiskey Legend*. Louisville, KY: Butler Books, 2010.
Zoeller, Chester. *Bourbon in Kentucky: A History of Distilleries in Kentucky*. Louisville, KY: Butler Books, 2010.

◉定期刊行物および新聞

American Economic Review
Atlantic Monthly
Baltimore Sun
Barron's National Business and Financial Weekly
Bonfort's Wine and Spirit Circular
Boston Daily Globe
Boston Globe
Bourbon County Reader
Chicago Tribune
Collier's Weekly
Contemporary Drug Problems
Drinks Business
Economist
Esquire
Fortune
Japan Times
Lexington（KY）*Leader*
Louisville Courier-Journal
McClure's Magazine
National Tribune（Washington, D.C.）
The New Georgia Encyclopedia
New Republic

New York Times
New Yorker
Proceedings of the Massachusetts Historical Society
Prologue
Punch
Salon
Seagram Spotlight (company newsletter)
Shanken News Daily
Slate
Smithsonian
Spirits Business
Sports Illustrated
Tasting Panel
Time
Wall Street Journal
Washington Post
Whisky Magazine
Whisky Advocate
Wine and Liquor Journal

◉保存記録

Brown University: Alcoholism and Addictions Collection.
Filson Historical Society: Atherton Family Papers; Taylor-Hay Family Papers; Weller Family Papers.
University of Kentucky: Louie B. Nunn Center for Oral History, Bourbon in Kentucky Oral History Collection.
Smyth of Nibley Papers (1673-74) at the New York Public Library (copy courtesy of Berkeley Plantation staff).

リード・ミーテンビュラー（Reid Mitenbuler）

ウイスキーや酒文化をテーマに執筆活動を行なうライター。『アトランティック』『ウイスキー・アドヴォケート』『サヴール』その他の雑誌およびオンラインメディアに積極的に寄稿。ニューヨーク州ブルックリン在住。本作は著者のはじめての書籍。

白井慎一（しらい・しんいち）

1966年埼玉県生まれ。法政大学経済学部卒。在学中からフランス料理店ル・ポワロにて料理，ホールを学び，1990年埼玉県川口市に「ビア＆バーボン・ミルウォーキーズクラブ」を開店。1994年の初渡米以降，ケンタッキー州，テネシー州のすべての大手蒸留所を訪問し，『ザ・ベスト・バーボン』『バーボン最新カタログ』（ともに永岡書店）の取材，編集協力を行なう。バーボンコメンテーターとして雑誌『Whisky World』（ゆめディア）の北米ウイスキーのテイスティング，コラムを創刊以来担当している。

三輪美矢子（みわ・みやこ）

東京都生まれ。国際基督教大学教養学部卒業。レコード会社勤務等を経て，現在は翻訳業に専念。2008年から2013年までインディアナ州およびイリノイ州に在住。ケンタッキー州のバーボン・トレイルや北米のウイスキー蒸留所を探訪する。

This edition published by arrangement with Viking,
an imprint of Penguin Publishing Group,
a division of Penguin Random House LLC
through Tuttle-Mori Agency, Inc., Tokyo

バーボンの歴史(れきし)

●

2016年 1月29日　第1刷
2023年10月31日　第2刷

著者………リード・ミーテンビュラー
監訳者………白井慎一(しらいしんいち)
訳者………三輪美矢子(みわみやこ)
装幀………佐々木正見
発行者………成瀬雅人
発行所………株式会社原書房
〒160-0022　東京都新宿区新宿1-25-13
電話・代表03(3354)0685
振替・00150-6-151594
http://www.harashobo.co.jp

印刷………新灯印刷株式会社
製本………東京美術紙工協業組合

ISBN978-4-562-05280-6 Printed in Japan

スペインワイン図鑑

スサエタ社編　剣持春夫、大橋佳弘監修　五十嵐加奈子、児玉さやか、村田名津子訳

仏・伊に次ぐ、世界第三のワイン生産地スペイン。日本でも「バル」などが注目を集めるなか、多種多彩なスペインワインの人気も急速に高まっている。本書は基礎情報とともに、17自治州の産地、歴史、ワインの特徴など、全土を網羅したビジュアルな地図とともに紹介した決定版！５０００円

世界のシードル図鑑

ピート・ブラウン、ビル・ブラッドショー著　国際りんご・シードル振興会監修　龍和子訳

世界のシードル醸造所と、５００種以上の銘柄を紹介する初のガイドブック。スペインからフランス、ドイツ、イギリス、アイルランド、アメリカ、日本にいたる各地のシードルとその特徴、料理まで豊富なカラー写真により案内する。６０００円

密造酒の歴史

ケビン・Ｒ・コザー著　田口未和訳

密造酒は、酒飲みの欲望と創意工夫によって造り続けられてきた。さらに現代では、本物志向の人々が新たな価値を見出そうとしている。製造者、密輸業者、収税吏らの攻防の歴史を振り返りながら、自家製酒の魅力を探る。２２００円

蒸溜酒の自然誌

ロブ・デサール、イアン・タッターソル著　白井慎一監修　内田智穂子訳

蒸溜酒は誕生以来、技術進化と創意工夫により無限の進化を遂げてきた。ブランデー、ウォッカ、テキーラ、ウイスキー、ジン、ラムのみならず世界中に存在する蒸溜酒について文化、社会、科学、歴史など幅広い分野を背景に迫る。４５００円

ソーダと炭酸水の歴史

《「食」の図書館》

ジュディス・レヴィン著　元村まゆ訳

健康に良いとして親しまれていた炭酸水は、さまざまなフレーバーを加えた炭酸飲料となりビッグビジネスへと発展した。甘さと刺激が同居し、薬効も中毒性もあり、愛されつつ嫌われるソーダと炭酸水の驚きの歴史。レシピ付。２２００円

（価格は税別）